中国科学院中国孢子植物志编辑委员会　编辑

中 国 真 菌 志

第七十六卷

丛赤壳科　生赤壳科（续）

曾昭清　庄文颖　主编

中国科学院前沿科学重点研究项目
国家自然科学基金重大项目
（国家自然科学基金委员会　中国科学院　科技部　资助）

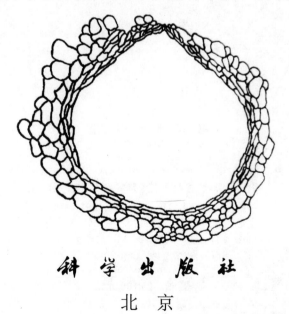

科 学 出 版 社
北 京

内 容 简 介

本卷是《中国真菌志 第四十七卷 丛赤壳科 生赤壳科》的续编。第47卷出版后，我国相继报道了相当数量的新种和中国新记录种，本卷记录了39属148种，其中包括生赤壳科8属16种和丛赤壳科31属132种。按照现行的命名法规和分类系统，对科和属的国内外分类研究概况进行了评述，对部分属和种的名称进行了订正，展现了丰富的真菌物种多样性。提供了物种的形态描述、图示和必要的讨论，以及中国已知种的分属和分种检索表。上述类群主要是植物和其他真菌上的寄生、兼性寄生或腐生菌，其中包括一些重要的经济植物病原菌，部分具有潜在的药用或生物防治价值，少数产生真菌毒素。

本书可供大专院校生物学、菌物学、植物病理学等专业的师生以及从事真菌资源开发方向的工作者参考。

图书在版编目(CIP)数据

中国真菌志. 第七十六卷，丛赤壳科 生赤壳科：续/曾昭清，庄文颖主编. —北京：科学出版社，2023. 11

(中国孢子植物志)

ISBN 978-7-03-076922-0

Ⅰ. ①中… Ⅱ. ① 曾… ②庄… Ⅲ. ①真菌门-植物志-中国 ②赤壳属-真菌门-植物志-中国 Ⅳ. ①Q949.32 ②Q949.325

中国国家版本馆 CIP 数据核字 (2023) 第 216803 号

责任编辑：刘新新/责任校对：郑金红
责任印制：肖　兴/封面设计：刘新新

科 学 出 版 社 出版

北京东黄城根北街 16 号
邮政编码：100717
http://www.sciencep.com

北京中科印刷有限公司 印刷

科学出版社发行　各地新华书店经销

*

2023 年 11 月第 一 版　开本：787×1092　1/16
2023 年 11 月第一次印刷　印张：10 3/4　插页：48
字数：400 000

定价：**298.00 元**

(如有印装质量问题，我社负责调换)

CONSILIO FLORARUM CRYPTOGAMARUM SINICARUM
ACADEMIAE SINICAE EDITA

FLORA FUNGORUM SINICORUM

VOL. 76

NECTRIACEAE ET BIONECTRIACEAE (SUPPLEMENTUM)

REDACTORES PRINCIPALES

Zeng Zhao-Qing   Zhuang Wen-Ying

A Project of the Key Research Program of Frontier Sciences of
the Chinese Academy of Sciences
A Major Project of the National Natural Science Foundation of China
(Supported by the National Natural Science Foundation of China,
the Chinese Academy of Sciences, and the Ministry of Science and Technology of China)

Science Press
Beijing

丛赤壳科　生赤壳科（续）

本 卷 著 者

曾昭清　庄文颖

（中国科学院微生物研究所）

NECTRIACEAE ET BIONECTRIACEAE (SUPPLEMENTUM)

AUCTORES

Zeng Zhao-Qing　Zhuang Wen-Ying

(*Institutum Microbiologicum, Academiae Sinicae*)

中国孢子植物志第五届编委名单

序

中国孢子植物志是非维管束孢子植物志，分《中国海藻志》、《中国淡水藻志》、《中国真菌志》、《中国地衣志》及《中国苔藓志》五部分。中国孢子植物志是在系统生物学原理与方法的指导下对中国孢子植物进行考察、收集和分类的研究成果；是生物物种多样性研究的主要内容；是物种保护的重要依据，对人类活动与环境甚至全球变化都有不可分割的联系。

中国孢子植物志是我国孢子植物物种数量、形态特征、生理生化性状、地理分布及其与人类关系等方面的综合信息库；是我国生物资源开发利用、科学研究与教学的重要参考文献。

我国气候条件复杂，山河纵横，湖泊星布，海域辽阔，陆生和水生孢子植物资源极其丰富。中国孢子植物分类工作的发展和中国孢子植物志的陆续出版，必将为我国开发利用孢子植物资源和促进学科发展发挥积极作用。

随着科学技术的进步，我国孢子植物分类工作在广度和深度方面将有更大的发展，对于这部著作也将不断补充、修订和提高。

中国科学院中国孢子植物志编辑委员会
1984 年 10 月·北京

中国孢子植物志总序

中国孢子植物志是由《中国海藻志》、《中国淡水藻志》、《中国真菌志》、《中国地衣志》及《中国苔藓志》所组成。至于维管束孢子植物蕨类未被包括在中国孢子植物志之内，是因为它早先已被纳入《中国植物志》计划之内。为了将上述未被纳入《中国植物志》计划之内的藻类、真菌、地衣及苔藓植物纳入中国生物志计划之内，出席 1972 年中国科学院计划工作会议的孢子植物学工作者提出筹建"中国孢子植物志编辑委员会"的倡议。该倡议经中国科学院领导批准后，"中国孢子植物志编辑委员会"的筹建工作随之启动，并于 1973 年在广州召开的《中国植物志》、《中国动物志》和中国孢子植物志工作会议上正式成立。自那时起，中国孢子植物志一直在"中国孢子植物志编辑委员会"统一主持下编辑出版。

孢子植物在系统演化上虽然并非单一的自然类群，但是，这并不妨碍在全国统一组织和协调下进行孢子植物志的编写和出版。

随着科学技术的飞速发展，人们关于真菌的知识日益深入的今天，黏菌与卵菌已被从真菌界中分出，分别归隶于原生动物界和管毛生物界。但是，长期以来，由于它们一直被当作真菌由国内外真菌学家进行研究；而且，在"中国孢子植物志编辑委员会"成立时已将黏菌与卵菌纳入中国孢子植物志之一的《中国真菌志》计划之内并陆续出版，因此，沿用包括黏菌与卵菌在内的《中国真菌志》广义名称是必要的。

自"中国孢子植物志编辑委员会"于 1973 年成立以后，作为"三志"的组成部分，中国孢子植物志的编研工作由中国科学院资助；自 1982 年起，国家自然科学基金委员会参与部分资助；自 1993 年以来，作为国家自然科学基金委员会重大项目，在国家基金委资助下，中国科学院及科技部参与部分资助，中国孢子植物志的编辑出版工作不断取得重要进展。

中国孢子植物志是记述我国孢子植物物种的形态、解剖、生态、地理分布及其与人类关系等方面的大型系列著作，是我国孢子植物物种多样性的重要研究成果，是我国孢子植物资源的综合信息库，是我国生物资源开发利用、科学研究与教学的重要参考文献。

我国气候条件复杂，山河纵横，湖泊星布，海域辽阔，陆生与水生孢子植物物种多样性极其丰富。中国孢子植物志的陆续出版，必将为我国孢子植物资源的开发利用，为我国孢子植物科学的发展发挥积极作用。

中国科学院中国孢子植物志编辑委员会

主编 曾呈奎

2000 年 3 月 北京

Foreword of the Cryptogamic Flora of China

Cryptogamic Flora of China is composed of *Flora Algarum Marinarum Sinicarum*, *Flora Algarum Sinicarum Aquae Dulcis*, *Flora Fungorum Sinicorum*, *Flora Lichenum Sinicorum*, and *Flora Bryophytorum Sinicorum*, edited and published under the direction of the Editorial Committee of the Cryptogamic Flora of China, Chinese Academy of Sciences (CAS). It also serves as a comprehensive information bank of Chinese cryptogamic resources.

Cryptogams are not a single natural group from a phylogenetic point of view which, however, does not present an obstacle to the editing and publication of the Cryptogamic Flora of China by a coordinated, nationwide organization. The Cryptogamic Flora of China is restricted to non-vascular cryptogams including the bryophytes, algae, fungi, and lichens. The ferns, a group of vascular cryptogams, were earlier included in the plan of *Flora of China*, and are not taken into consideration here. In order to bring the above groups into the plan of Fauna and Flora of China, some leading scientists on cryptogams, who were attending a working meeting of CAS in Beijing in July 1972, proposed to establish the Editorial Committee of the Cryptogamic Flora of China. The proposal was approved later by the CAS. The committee was formally established in the working conference of Fauna and Flora of China, including cryptogams, held by CAS in Guangzhou in March 1973.

Although myxomycetes and oomycetes do not belong to the Kingdom of Fungi in modern treatments, they have long been studied by mycologists. *Flora Fungorum Sinicorum* volumes including myxomycetes and oomycetes have been published, retaining for *Flora Fungorum Sinicorum* the traditional meaning of the term fungi.

Since the establishment of the editorial committee in 1973, compilation of Cryptogamic Flora of China and related studies have been supported financially by the CAS. The National Natural Science Foundation of China has taken an important part of the financial support since 1982. Under the direction of the committee, progress has been made in compilation and study of Cryptogamic Flora of China by organizing and coordinating the main research institutions and universities all over the country. Since 1993, study and compilation of the Chinese fauna, flora, and cryptogamic flora have become one of the key state projects of the National Natural Science Foundation with the combined support of the CAS and the National Science and Technology Ministry.

Cryptogamic Flora of China derives its results from the investigations, collections, and classification of Chinese cryptogams by using theories and methods of systematic and evolutionary biology as its guide. It is the summary of study on species diversity of cryptogams and provides important data for species protection. It is closely connected with human activities, environmental changes and even global changes. Cryptogamic Flora of

China is a comprehensive information bank concerning morphology, anatomy, physiology, biochemistry, ecology, and phytogeographical distribution. It includes a series of special monographs for using the biological resources in China, for scientific research, and for teaching.

China has complicated weather conditions, with a crisscross network of mountains and rivers, lakes of all sizes, and an extensive sea area. China is rich in terrestrial and aquatic cryptogamic resources. The development of taxonomic studies of cryptogams and the publication of Cryptogamic Flora of China in concert will play an active role in exploration and utilization of the cryptogamic resources of China and in promoting the development of cryptogamic studies in China.

C.K. Tseng

Editor-in-Chief

The Editorial Committee of the Cryptogamic Flora of China

Chinese Academy of Sciences

March, 2000 in Beijing

《中国真菌志》序

　　《中国真菌志》是在系统生物学原理和方法指导下，对中国真菌，即真菌界的子囊菌、担子菌、壶菌及接合菌四个门以及不属于真菌界的卵菌等三个门和黏菌及其类似的菌类生物进行搜集、考察和研究的成果。本志所谓"真菌"系广义概念，涵盖上述三大菌类生物(地衣型真菌除外)，即当今所称"菌物"。

　　中国先民认识并利用真菌作为生活、生产资料，历史悠久，经验丰富，诸如酒、醋、酱、红曲、豆豉、豆腐乳、豆瓣酱等的酿制，蘑菇、木耳、茭白作食用，茯苓、虫草、灵芝等作药用，在制革、纺织、造纸工业中应用真菌进行发酵，以及利用具有抗癌作用和促进碳素循环的真菌，充分显示其经济价值和生态效益。此外，真菌又是多种植物和人畜病害的病原菌，危害甚大。因此，对真菌物种的形态特征、多样性、生理生化、亲缘关系、区系组成、地理分布、生态环境以及经济价值等进行研究和描述，非常必要。这是一项重要的基础科学研究，也是利用益菌、控制害菌、化害为利、变废为宝的应用科学的源泉和先导。

　　中国是具有悠久历史的文明古国，古代科学技术一直处于世界前沿，真菌学也不例外。酒是真菌的代谢产物，中国酒文化博大精深、源远流长，有几千年历史。约在公元300年的晋代，江统在其《酒诰》诗中说："酒之所兴，肇自上皇。或云仪狄，一曰杜康。有饭不尽，委余空桑。郁积成味，久蓄气芳。本出于此，不由奇方。"作者精辟地总结了我国酿酒历史和自然发酵方法，比意大利学者雷蒂(Radi，1860)提出微生物自然发酵法的学说约早1500年。在仰韶文化时期(5000～3000 B.C.)，我国先民已懂得采食蘑菇。中国历代古籍中均有食用菇蕈的记载，如宋代陈仁玉在其《菌谱》(1245)中记述浙江台州产鹅膏菌、松蕈等11种，并对其形态、生态、品级和食用方法等作了论述和分类，是中国第一部地方性食用蕈菌志。先民用真菌作药材也是一大创造，中国最早的药典《神农本草经》(成书于102～200 A.D.)所载365种药物中，有茯苓、雷丸、桑耳等10余种药用真菌的形态、色泽、性味和疗效的叙述。明代李时珍在《本草纲目》(1578)中，记载"三菌"、"五蕈"、"六芝"、"七耳"以及羊肚菜、桑黄、鸡㙡、雪蚕等30多种药用真菌。李时珍将菌、蕈、芝、耳集为一类论述，在当时尚无显微镜帮助的情况下，其认识颇为精深。该籍的真菌学知识，足可代表中国古代真菌学水平，堪与同时代欧洲人(如 C. Clusius，1529～1609)的水平比拟而无逊色。

　　15世纪以后，居世界领先地位的中国科学技术逐渐落后。从18世纪中叶到20世纪40年代，外国传教士、旅行家、科学工作者、外交官、军官、教师以及负有特殊任务者，纷纷来华考察，搜集资料，采集标本，研究鉴定，发表论文或专辑。如法国传教士西博特(P.M. Cibot)1759年首先来到中国，一住就是25年，写过不少关于中国植物(含真菌)的文章，1775年他发表的五棱散尾菌(*Lysurus mokusin*)，是用现代科学方法研究发表的第一个中国真菌。继而，俄国的波塔宁(G.N. Potanin，1876)、意大利的吉拉迪(P. Giraldii，1890)、奥地利的汉德尔-马泽蒂(H. Handel-Mazzetti，1913)、美国的梅里尔(E.D. Merrill，1916)、瑞典的史密斯(H. Smith，1921)等共27人次来我国采集标本。研究发表中国真菌论著114篇册，作者多达60余人次，报道中国真菌2040种，其中含

10 新属、361 新种。东邻日本自 1894 年以来，特别是 1937 年以后，大批人员涌到中国，调查真菌资源及植物病害，采集标本，鉴定发表。据初步统计，发表论著 172 篇册，作者 67 人次以上，共报道中国真菌约 6000 种(有重复)，其中含 17 新属、1130 新种。其代表人物在华北有三宅市郎(1908)，东北有三浦道哉(1918)，台湾有泽田兼吉(1912)；此外，还有斋藤贤道、伊藤诚哉、平冢直秀、山本和太郎、逸见武雄等数十人。

国人用现代科学方法研究中国真菌始于 20 世纪初，最初工作多侧重于植物病害和工业发酵，纯真菌学研究较少。在一二十年代便有不少研究报告和学术论文发表在中外各种刊物上，如胡先骕 1915 年的"菌类鉴别法"，章祖纯 1916 年的"北京附近发生最盛之植物病害调查表"以及钱穟孙(1918)、邹钟琳(1919)、戴芳澜(1920)、李寅恭(1921)、朱凤美(1924)、孙豫寿(1925)、俞大绂(1926)、魏喦寿(1928)等的论文。三四十年代有陈鸿康、邓叔群、魏景超、凌立、周宗璜、欧世璜、方心芳、王云章、裘维蕃等发表的论文，为数甚多。他们中有的人终生或大半生都从事中国真菌学的科教工作，如戴芳澜(1893～1973)著"江苏真菌名录"(1927)、"中国真菌杂录"(1932～1939)、《中国已知真菌名录》(1936，1937)、《中国真菌总汇》(1979)和《真菌的形态和分类》(1987)等，他发表的"三角枫上白粉病菌之一新种"(1930)，是国人用现代科学方法研究、发表的第一个中国真菌新种。邓叔群(1902～1970)著"南京真菌之记载"(1932～1933)、"中国真菌续志"(1936～1938)、《中国高等真菌》(1939)和《中国的真菌》(1963)等，堪称《中国真菌志》的先导。上述学者以及其他许多真菌学工作者，为《中国真菌志》研编的起步奠定了基础。

在 20 世纪后半叶，特别是改革开放以来的 20 多年，中国真菌学有了迅猛的发展，如各类真菌学课程的开设，各级学位研究生的招收和培养，专业机构和学会的建立，专业刊物的创办和出版，地区真菌志的问世等，使真菌学人才辈出，为《中国真菌志》的研编输送了新鲜血液。1973 年中国科学院广州"三志"会议决定，《中国真菌志》的研编正式启动，1987 年由郑儒永、余永年等编辑出版了《中国真菌志》第 1 卷《白粉菌目》，至 2000 年已出版 14 卷。自第 2 卷开始实行主编负责制，2.《银耳目和花耳目》(刘波，1992)；3.《多孔菌科》(赵继鼎，1998)；4.《小煤炱目 I》(胡炎兴，1996)；5.《曲霉属及其相关有性型》(齐祖同，1997)；6.《霜霉目》(余永年，1998)；7.《层腹菌目 黑腹菌目 高腹菌目》(刘波，1998)；8.《核盘菌科 地舌菌科》(庄文颖，1998)；9.《假尾孢属》(刘锡琎、郭英兰，1998)；10.《锈菌目(一)》(王云章、庄剑云，1998)；11.《小煤炱目 II》(胡炎兴，1999)；12.《黑粉菌科》(郭林，2000)；13.《虫霉目》(李增智，2000)；14.《灵芝科》(赵继鼎、张小青，2000)。盛世出巨著，在国家"科教兴国"英明政策的指引下，《中国真菌志》的研编和出版，定将为中华灿烂文化做出新贡献。

余永年
庄文颖　谨识

中国科学院微生物研究所

中国·北京·中关村

公元 2002 年 09 月 15 日

Foreword of Flora Fungorum Sinicorum

Flora Fungorum Sinicorum summarizes the achievements of Chinese mycologists based on principles and methods of systematic biology in intensive studies on the organisms studied by mycologists, which include non-lichenized fungi of the Kingdom Fungi, some organisms of the Chromista, such as oomycetes etc., and some of the Protozoa, such as slime molds. In this series of volumes, results from extensive collections, field investigations, and taxonomic treatments reveal the fungal diversity of China.

Our Chinese ancestors were very experienced in the application of fungi in their daily life and production. Fungi have long been used in China as food, such as edible mushrooms, including jelly fungi, and the hypertrophic stems of water bamboo infected with *Ustilago esculenta*; as medicines, like *Cordyceps sinensis* (caterpillar fungus), *Poria cocos* (China root), and *Ganoderma* spp. (lingzhi); and in the fermentation industry, for example, manufacturing liquors, vinegar, soy-sauce, *Monascus*, fermented soya beans, fermented bean curd, and thick broad-bean sauce. Fungal fermentation is also applied in the tannery, paperma-king, and textile industries. The anti-cancer compounds produced by fungi and functions of saprophytic fungi in accelerating the carbon-cycle in nature are of economic value and ecological benefits to human beings. On the other hand, fungal pathogens of plants, animals and human cause a huge amount of damage each year. In order to utilize the beneficial fungi and to control the harmful ones, to turn the harmfulness into advantage, and to convert wastes into valuables, it is necessary to understand the morphology, diversity, physiology, biochemistry, relationship, geographical distribution, ecological environment, and economic value of different groups of fungi.

China is a country with an ancient civilization of long standing. In ancient times, her science and technology as well as knowledge of fungi stood in the leading position of the world. Wine is a metabolite of fungi. The Wine Culture history in China goes back to thousands of years ago, which has a distant source and a long stream of extensive knowledge and profound scholarship. In the Jin Dynasty (*ca.* 300 A.D.), JIANG Tong, the famous writer, gave a vivid account of the Chinese fermentation history and methods of wine processing in one of his poems entitled *Drinking Games* (Jiu Gao), 1500 years earlier than the theory of microbial fermentation in natural conditions raised by the Italian scholar, Radi (1860). During the period of the Yangshao Culture (5000—3000 B.C.), our Chinese ancestors knew how to eat mushrooms. There were a great number of records of edible mushrooms in Chinese ancient books. For example, back to the Song Dynasty, CHEN Ren-Yu (1245) published the *Mushroom Menu* (Jun Pu) in which he listed 11 species of edible fungi including *Amanita* sp. and *Tricholoma matsutake* from Taizhou, Zhejiang Province, and described in detail their morphology, habitats, taxonomy, taste, and way of cooking. This was the first local flora of the Chinese edible mushrooms. Fungi used as medicines originated in ancient China. The earliest Chinese pharmacopocia, *Shen-Nong Materia Medica* (Shen Nong Ben Cao Jing), was published in 102—200 A.D. Among the 365 medicines recorded, more than 10 fungi, such as *Poria cocos* and *Polyporus mylittae*, were included. Their fruitbody shape, color, taste, and medical functions were provided. The great pharmacist of Ming Dynasty, LI Shi-Zhen published his eminent work *Compendium Materia Medica* (Ben Cao Gang Mu) (1578) in which more than thirty fungal species were accepted as medicines, including *Aecidium mori*, *Cordyceps sinensis*, *Morchella* spp., *Termitomyces* sp., etc. Before the invention of microscope, he managed to bring fungi of different classes together, which demonstrated his intelligence and profound knowledge of biology.

After the 15th century, development of science and technology in China slowed down. From middle of the 18th century to the 1940's, foreign missionaries, tourists, scientists, diplomats, officers, and other professional workers visited China. They collected specimens of plants and fungi, carried out taxonomic studies, and published papers, exsi ccatae, and monographs based on Chinese materials. The French missionary, P.M. Cibot, came to China in 1759 and stayed for 25 years to investigate plants including fungi in different regions of China. Many papers were written by him. *Lysurus mokusin*, identified with modern techniques and published in 1775, was probably the first Chinese fungal record by these visitors. Subsequently, around 27 man-times of foreigners attended field excursions in China, such as G.N. Potanin from Russia in 1876, P. Giraldii from Italy in 1890, H. Handel-Mazzetti from Austria in 1913, E.D. Merrill from the United States in 1916, and H. Smith from Sweden in 1921. Based on examinations of the Chinese collections obtained, 2040 species including 10 new genera and 361 new species were reported or described in 114 papers and books. Since 1894, especially after 1937, many Japanese entered China. They investigated the fungal resources and plant diseases, collected specimens, and published their identification results. According to incomplete information, some 6000 fungal names (with synonyms) including 17 new genera and 1130 new species appeared in 172 publications. The main workers were I. Miyake (1908) in the Northern China, M. Miura (1918) in the Northeast, K. Sawada (1912) in Taiwan, as well as K. Saito, S. Ito, N. Hiratsuka, W. Yamamoto, T. Hemmi, etc.

Research by Chinese mycologists started at the turn of the 20th century when plant diseases and fungal fermentation were emphasized with very little systematic work. Scientific papers or experimental reports were published in domestic and international journals during the 1910's to 1920's. The best-known are "Identification of the fungi" by H.H. Hu in 1915, "Plant disease report from Peking and the adjacent regions" by C.S. Chang in 1916, and papers by S.S. Chian (1918), C.L. Chou (1919), F.L. Tai (1920), Y.G. Li (1921), V.M. Chu (1924), Y.S. Sun (1925), T.F. Yu (1926), and N.S. Wei (1928). Mycologists who were active at the 1930's to 1940's are H.K. Chen, S.C. Teng, C.T. Wei, L. Ling, C.H. Chow, S.H. Ou, S.F. Fang, Y.C. Wang, W.F. Chiu, and others. Some of them dedicated their lifetime to research and teaching in mycology. Prof. F.L. Tai (1893—1973) is one of them, whose representative works were "List of fungi from Jiangsu"(1927), "Notes on Chinese fungi"(1932—1939), *A List of Fungi Hitherto Known from China* (1936, 1937), *Sylloge Fungorum Sinicorum* (1979), *Morphology and Taxonomy of the Fungi* (1987), etc. His paper entitled "A new species of *Uncinula* on *Acer trifidum* Hook. & Arn." (1930) was the first new species described by a Chinese mycologist. Prof. S.C. Teng (1902—1970) is also an eminent teacher. He published "Notes on fungi from Nanking" in 1932—1933, "Notes on Chinese fungi" in 1936—1938, *A Contribution to Our Knowledge of the Higher Fungi of China* in 1939, and *Fungi of China* in 1963. Work done by the above-mentioned scholars lays a foundation for our current project on *Flora Fungorum Sinicorum*.

Significant progress has been made in development of Chinese mycology since 1978. Many mycological institutions were founded in different areas of the country. The Mycological Society of China was established, the journals *Acta Mycological Sinica* and *Mycosystema* were published as well as local floras of the economically important fungi. A young generation in field of mycology grew up through postgraduate training programs in the graduate schools. In 1973, an important meeting organized by the Chinese Academy of Sciences was held in Guangzhou (Canton) and a decision was made, uniting the related scientists from all over China to initiate the long term project "Fauna, Flora, and Cryptogamic Flora of China". Work on *Flora Fungorum Sinicorum* thus started. The first volume of Chinese Mycoflora on the Erysiphales (edited by R.Y. Zheng & Y.N. Yu, 1987) appeared. Up to now, 14 volumes have been published: Tremellales and Dacrymycetales edited by B. Liu (1992), Polyporaceae by J.D. Zhao (1998), Meliolales Part I (Y.X. Hu, 1996), *Aspergillus* and its related teleomorphs (Z.T. Qi, 1997), Peronosporales (Y.N. Yu, 1998), Hymenogastrales, Melanogastrales and Gautieriales (B. Liu, 1998), Sclerotiniaceae and Geoglossaceae (W.Y. Zhuang, 1998), *Pseudocercospora* (X.J. Liu & Y.L. Guo, 1998), Uredinales Part I (Y.C. Wang & J.Y. Zhuang, 1998), Meliolales Part II (Y.X. Hu, 1999), Ustilaginaceae (L. Guo, 2000), Entomophthorales (Z.Z. Li, 2000), and Ganodermataceae (J.D. Zhao & X.Q. Zhang, 2000). We eagerly await the coming volumes and expect the completion of Flora *Fungorum Sinicorum* which will reflect the flourishing of Chinese culture.

Y.N. Yu and W.Y. Zhuang
Institute of Microbiology, CAS, Beijing
September 15, 2002

致　谢

　　本卷编研过程中，长江大学余知和教授，南京师范大学陈双林教授，中国科学院昆明植物研究所杨祝良研究员、彭华研究员、邓涛研究员、王向华副研究员，上海市农业科学院食用菌研究所杨瑞恒副研究员，广东省农业科学院农业资源与环境研究所李文英研究员，吉林农业大学图力古尔教授，河西学院魏生龙教授、牛鑫博士，扬州大学李熠博士，广东省水利水电科学研究院李守才先生，中国科学院微生物研究所庄剑云研究员、蔡磊研究员、董彩虹研究员、郑焕娣博士、王新存博士、朱兆香博士、任菲博士、秦文韬博士、陈凯博士、张玉博博士、王超博士、张意博士、李鹏先生、刘畅女士、曾叶女士和黄婷女士等在野外考察工作中给予了热情帮助，协助采集或提供标本、分离菌株，协助借阅标本，或就有关分类学和命名问题进行讨论等，宋霞女士协助保藏和提供研究菌种。中国科学院微生物研究所菌物标本馆蔡磊研究员、姚一建研究员、魏铁铮副研究员、杜卓女士、杨柳女士协助借调馆藏标本或提供标本信息。中国科学院微生物研究所图书馆阳世青馆长、周淑敏女士和刘淑敏女士在图书借阅和查询方面给予协助。书稿完成后，承蒙庄剑云研究员和吉林农业大学图力古尔教授审阅并提出宝贵意见和建议。没有上述科技工作者热情、无私的帮助，本卷的完成是不可能的。在此一并对他们表示衷心的感谢。

　　本研究是在中国科学院真菌学国家重点实验室完成的。

说　　明

1. 本卷为《中国真菌志 第四十七卷 丛赤壳科 生赤壳科》（以下简称"第47卷"）的续编。2013 年第 47 卷出版至今，在我国相继报道了上述两个科的大量新种和国内新记录属种；随着分类研究的深入，国内外学者对部分属和种的概念进行了更新，本卷采纳了其中较合理的分类学观点。

2. 镰孢属 *Fusarium* 虽然属于丛赤壳科，但将作为独立的卷册出版，不包括在本卷中。

3. 本卷专论包括第 47 卷中未报道的属，根据最新的研究进展，在附录中对已报道的部分属进行了补充和更新。

4. 本卷遵循现行的《国际藻类、真菌及植物命名法规》（*International Code of Nomenclature for algae, fungi, and plants*）（Turland et al., 2018），并采纳 Rossman 等（2013）对肉座菌目名称处理方案和相关的分类学观点，在附录中对第 47 卷中部分属和种的名称进行了订正。文中仅对每个种的正确学名提供中文名称，废弃名称和同物异名仅用拉丁学名。

5. 为了全面反映我国该类群的真菌物种多样性，本卷中的分属和分种检索表包括第 47 卷中记载过的属和种。

6. 本卷所采用的材料和方法及主要形态特征的描述，参照第 47 卷。

7. 本卷中出现的标本馆、保藏中心和基因名称及其缩写如下：中国科学院微生物研究所菌物标本馆，HMAS；中国科学院昆明植物研究所隐花植物标本馆，HKAS；中国普通微生物菌种保藏管理中心，CGMCC；柠檬酸裂解酶基因，*acl1*；肌动蛋白基因，*act*；组蛋白 H3 基因，*his3*；RNA 聚合酶 II 大亚基基因，*rpb1*；RNA 聚合酶 II 第二大亚基基因，*rpb2*；翻译延长因子基因，*tef1*；微管蛋白基因，*tub2*。

目 录

序

中国孢子植物志总序

《中国真菌志》序

致谢

说明

专 论

生赤壳科 BIONECTRIACEAE

子座发达、无子座或着生于菌丝层；子实体为子囊壳，极少数为闭囊壳，肉质，具丛赤壳型中心体，表面平滑或具疣，白色、黄色、橘黄色至黄褐色或褐色，在 3% KOH 水溶液和 100%乳酸溶液中不变色；子囊棒状或近圆柱形，顶环有或无；子囊孢子近椭圆形、近梭形、长椭圆形或豆形，无色，表面平滑、具疣状纹饰、条纹或由疣状物有序排列而成的条纹。

模式属：*Bionectria* Speg.。

讨论：Rossman 等（1999）根据形态学、分子系统学、有性阶段与无性阶段之间的关联、组织化学等特性，将生赤壳科从广义的丛赤壳科中独立出来。该科自建立以来，研究进展比较迅速，新物种不断被发现，属和种数量逐渐增加，科的概念日趋明确，对各类群间亲缘关系的认知也逐步深入。Schroers（2001）对 *Bionectria* 和 *Clonostachys* Corda 进行了世界专属研究，建立了清晰的物种概念，明确了各个种的有性阶段与无性阶段的关联。生赤壳科目前世界已知 48 属 580 余种（Hyde et al., 2020b），广泛分布于热带和亚热带地区，其中包括许多营寄生或兼性腐生生活的物种，大部分栖居于植物组织，少数以真菌为宿主（Rossman et al., 1999；Kirk et al., 2008；Luo and Zhuang, 2010a, 2010b, 2010c）。

本卷遵循现行的《国际藻类、真菌及植物命名法规》（*International Code of Nomenclature for algae, fungi, and plants*）（Turland et al., 2018），并采纳 Rossman 等（2013）对肉座菌目 Hypocreales 名称处理的提案和分类学观点，按照"一菌一名"的原则，将 *Bionectria* 作为枝穗霉属 *Clonostachys* 的晚出异名，并对第 47 卷中出现的 *Bionectria* 名称进行了订正。本卷还新增了晶柱梗属 *Hyalocylindrophora* J.L. Crane & Dumont、毛赤壳属 *Lasionectria* (Sacc.) Cooke 和近柱孢属 *Paracylindrocarpon* Crous, Roets & L. Lombard 和子座丛赤壳属 *Stromatonectria* 等类群（Tibpromma et al., 2018；Zeng and Zhuang, 2018b）。

在邓叔群先生开创性研究的基础上（Teng, 1934, 1939；邓叔群, 1963），第 47 卷记录了我国生赤壳科 11 属 45 种（庄文颖, 2013）。近年来，在规模性资源调查基础上，采纳近代分类学观点，对新近采集的材料进行了深入研究，报道了一些新种和中国新记录属和种。目前我国已知 15 属 61 种（庄文颖, 2013；陈万浩等, 2016；Zeng and Zhuang, 2016b, 2017a, 2018b, 2022a；Tibpromma et al., 2018），充分显示了其丰富的物种多样性。子座的有无，子囊壳的形状和颜色，壳壁的组织结构，子囊和子囊孢子的形状、大小和表面纹饰为该科区分属的主要依据。

中国生赤壳科分属检索表

枝穗霉属 **Clonostachys** Corda

Pracht-Fl. Eur. Schimmelbild.: 31, 1839

Bionectria Speg. 1918

Clonostachyopsis Höhn. 1907

通常生长于腐木、枯枝或其他真菌子实体上；无子座至发达；子囊壳单生至聚生，表生或稍埋生，近球形、球形或卵形，表面平滑或具疣状物、鳞片、毛状物，干后不凹陷或不规则凹陷，白色、黄色、橘黄色或褐色，在 3% KOH 水溶液和 100%乳酸溶液中不变色；子囊窄棒状至棒状，具 8 个孢子；子囊孢子椭圆形至梭椭圆形，罕见豆形，具 1 至多个分隔，无色，表面平滑、具小刺或疣状物；分生孢子梗 verticillium 型、penicillium 型、gliocladium 型或 acremonium 型，分枝松散至致密，无色，表面平滑；瓶梗近圆柱形至烧瓶形，不弯曲或稍弯曲；分生孢子椭圆形至近纺锤形，稍弯曲，具 1 个分隔，无色、淡黄色、淡褐色，极少为褐色或暗绿色，表面平滑。

模式种：*Clonostachys araucaria* Corda。

讨论：在第 47 卷中，该属曾用 *Bionectria* 作为属名，根据一种真菌一个名称的原则（Turland et al., 2018），*Clonostachys* 为其正确名称（Rossman et al., 2013）。该属目前世界已知 68 种（庄文颖，2013；Rossman, 2014；Lombard et al., 2015b；陈万浩等，2016；Dao et al., 2016；Moreira et al., 2016；Prasher and Chauhan, 2017；Lechat and Fournier, 2018, 2020a；Tibpromma et al., 2018；Lechat et al., 2019a, 2020；Forin et al., 2020；Hyde et al., 2020a；Perera et al., 2020；Torcato et al., 2020；Zeng and Zhuang, 2022a），我国已知 27 种，其中第 47 卷报道 20 种，本卷新增 7 种。基物，子囊壳的表面特征，壳壁的结构，子囊孢子的大小、表面特征，以及分生孢子的大小为该属区分种的主要依据。

中国枝穗霉属分种检索表

重庆枝穗霉　图版 1

Clonostachys chongqingensis Z.Q. Zeng & W.Y. Zhuang, J. Fungi 8(10): 1027-4, 2022.

    基部子座；子囊壳单生至少数聚生，球形至近球形，表面粗糙，无乳突，新鲜时为淡黄色，干后呈淡橙黄色，在 3% KOH 水溶液和 100%乳酸溶液中不变色，高 304–353 μm，直径 294–392 μm；壳壁厚 40–70 μm，分 2 层，外层为角胞组织至球胞组织，厚 30–45 μm，细胞 5–15 × 3–12 μm，胞壁厚 0.8–1 μm；内层为矩胞组织，厚 10–25 μm，细胞 8–14 × 2.5–3.5 μm，胞壁厚 1–1.2 μm；子囊圆柱形，无顶环，具 8 个孢子，厚 10–25 μm，60–85 × 6–13 μm；子囊孢子椭圆形至长椭圆形，具 1 个分隔，分隔处不缢缩，无色，表面具小刺，在子囊内单列或上部双列下部单列排列，13–16 × 4.5–5.5 μm。

    在 PDA 培养基上，25℃ 培养 7 d 菌落直径 26 mm，表面絮状，气生菌丝致密，白色，产生淡黄色色素；在 SNA 培养基上，25℃ 培养 7 d 菌落直径 26 mm，表面绒毛状，气生菌丝稀疏，白色；分生孢子梗 acremonium 型或 verticillium 型，瓶梗锥形，长 15–74 μm，基部宽 1.6–2.5 μm，顶部宽 0.3–0.4 μm；分生孢子椭圆形至杆状，无分隔，无色，表面平滑，4–10 × 2.5–4 μm。

    标本：重庆金佛山北坡，桤木属 *Alnus* 植物树皮上生，2020 X 25，曾昭清、郑焕娣、王新存、刘畅 12672，HMAS 290894。

    国内分布：重庆。

    世界分布：中国。

    讨论：该种的子囊壳表生，单生至聚生，子囊棒状至近圆柱形，子囊孢子具 1 个分隔、表面具小刺，上述特征与 *C. sesquicillium* Schroers 相似，但后者的子囊壳干后侧面或顶部凹陷，子囊孢子稍小（8.2–14.4 × 2.2–4.4 μm）（Schroers, 2001）。基于 ITS 和 *tub2* 序列的系统发育树表明，二者关系较远（Zeng and Zhuang, 2022a）。

密集枝穗霉 图版 2

Clonostachys compactiuscula (Sacc.) D. Hawksw. & W. Gams, in Hawksworth & Punithalingam, Trans. Br. Mycol. Soc. 64: 90, 1975. Zeng & Zhuang, Mycosystema 36(5): 660, 2017.

≡ *Verticillium compactiusculum* Sacc., Fungi Italica Autogr. Del. 17-28: tab. 724, 1881.

= *Bionectria compactiuscula* Schroers, Stud. Mycol. 46: 104, 2001.

子座限于基部至发达；子囊壳聚生，少数单生，球形至近球形，表面平滑，乳突小或无，通常孔口呈灰褐色稍凹陷，新鲜时为淡粉红色，干后呈淡黄色，在 3% KOH 水溶液和 100% 乳酸溶液中不变色，高 195–332 μm，直径 168–291 μm；壳壁厚 39.5–55.2 μm，分 3 层，外层为角胞组织或球胞组织，厚 18.4–26.3 μm，细胞 4–13 × 3–10.5 μm，胞壁厚 1.2–1.5 μm；中层由 1–3 层菌丝组成，厚 7.9–10.5 μm；内层为矩胞组织，厚 13.2–15.8 μm，细胞 5.3–15.8 × 2.6–5.3 μm，胞壁厚 0.8–1 μm；子囊棒状，顶部稍平，具 8 个孢子，34–56.7 × 4–8.2 μm；子囊孢子椭圆形至长椭圆形或纺锤形，具 1 个分隔，分隔处不缢缩，无色，表面具小刺，少数平滑，在子囊内上部双列下部单列或不规则多列排列，6.2–13.4 × 2–3.3 μm。

标本：吉林长白山，海拔 800 m，新近砍伐的枝条上生，2012 VII 27，图力古尔、庄文颖、郑焕娣、曾昭清、朱兆香、任菲 8247、8249、8250，HMAS 266544，266545，266526。

国内分布：吉林、台湾。

世界分布：中国、印度、日本、法国、德国、荷兰、厄瓜多尔、百慕大群岛（英）、美国。

讨论：该种主要分布于温带和热带地区（Saccardo, 1882；Hawksworth and Punithalingam, 1975），在我国吉林省长白山、台湾省嘉义和台中有报道。其表观形态与 *C. rosea* (Link) Schroers, Samuels, Seifert & W. Gams 相似，但前者的子囊壳壁平滑和子囊孢子表面具疣状物（Guu et al., 2010）。

异梗枝穗霉 图版 3

Clonostachys impariphialis (Samuels) Schroers, Stud. Mycol. 46: 180, 2001. Zeng & Zhuang, Mycosystema 36(5): 656, 2017.

≡ *Sesquicillium impariphiale* Samuels, Mem. N.Y. Bot. Gdn. 49: 279, 1989.

≡ *Nectria impariphialis* Samuels, Mem. N.Y. Bot. Gdn. 49: 279, 1989.

≡ *Bionectria impariphialis* (Samuels) Schroers, Stud. Mycol. 46: 180, 2001.

基部子座；子囊壳表生于薄菌丝层，结合不紧密，易与基物分离，散生至少数聚生，球形至近球形，表面平滑，无乳突，淡橙色，干后孔口区域颜色略暗，在 3% KOH 水溶液和 100% 乳酸溶液中不变色，高 274–420 μm，直径 225–412 μm；壳壁厚 33–60 μm，分 2 层，外层为角胞组织至球胞组织，厚 18–45 μm，细胞 5–18 × 4–8 μm，胞壁厚 0.8–1 μm；内层由 2–3 层菌丝层组成，厚 8–15 μm；子囊棒状，无顶环，具 8 个孢子，50–75 × 7–15 μm；子囊孢子椭圆形至纺锤形，具 1 个分隔，分隔处不缢缩或稍缢缩，略弯曲，无色，表面具疣，在子囊内上部双列下部单列或不规则多列排列，13–23 × 4.8–7 μm。

在 PDA 培养基上，25℃培养 7 d 菌落直径 14 mm，表面絮状，气生菌丝稀疏，白色，产生粉黄色色素；在 SNA 培养基上，25℃培养 7 d 菌落直径 16 mm，表面绒毛状，气生菌丝稀疏，白色。

标本：广东始兴车八岭，海拔 450 m，腐烂的树皮上生，2015 X 31，曾昭清、王新存、陈凯、张玉博 10503，HMAS 275560。

国内分布：广东。

世界分布：中国、法属圭亚那。

讨论：中国广东材料与 Schroers（2001）的描述一致。该种过去仅报道于法属圭亚那（Rossman et al., 1999），我国材料拓展了该种的分布范围。

薄壁枝穗霉 图版 4

Clonostachys leptoderma Z.Q. Zeng & W.Y. Zhuang, J. Fungi 8(10): 1027-5, 2022.

子座发达；子囊壳单生至少数聚生，球形至近球形，表面粗糙，乳突小或无，新鲜时为黄白色，干后呈淡黄色，在 3% KOH 水溶液和 100%乳酸溶液中不变色，高 216–284 μm，直径 206–265 μm；壳壁厚 13–45 μm，分 2 层；外层为角胞组织至球胞组织，厚 8–23 μm，细胞 5–10 × 4–8 μm，胞壁厚 1–1.2 μm；内层为矩胞组织，厚 5–22 μm，细胞 5–12 × 2–3 μm，胞壁厚 0.8–1 μm；子囊圆柱形，无顶环，具 8 个孢子，53–63 × 4.8–7 μm；子囊孢子椭圆形至长椭圆形，具 1 个分隔，分隔处不缢缩，无色，表面具小刺，在子囊内单列或上部双列下部单列排列，7.5–11 × 2.5–3.5 μm。

在 PDA 培养基上，25℃培养 7 d 菌落直径 31 mm，表面絮状，气生菌丝较致密，白色，产生黄褐色色素；在 SNA 培养基上，25℃培养 7 d 菌落直径 18 mm，表面绒毛状，气生菌丝稀疏，白色；分生孢子梗 verticillium 型，瓶梗锥形，长 9–18 μm，基部宽 1.5–2.5 μm，顶部宽 0.2–0.3 μm；分生孢子近球形、椭圆形至杆状，无分隔，无色，表面平滑，2–7 × 2–5 μm。

标本：重庆缙云山，树皮上生，2020 X 23，曾昭清、郑焕娣、王新存、刘畅 12581，HMAS 255834。

国内分布：重庆。

世界分布：中国。

讨论：该种的子囊壳单生至聚生，子囊孢子椭圆形、具 1 个分隔、表面具小刺等特征与 *C. epichloë* Schroers 相似，但后者的子囊壳稍小（140–240 × 140–200 μm）、干后凹陷，子囊略宽（宽 5–10 μm）（Schroers, 2001）；此外，二者的 ITS 和 *tub2* 序列分别存在 36 bp 和 132 bp 差异（Zeng and Zhuang, 2022a）。

寡孢枝穗霉　图版 5

Clonostachys oligospora Z.Q. Zeng & W.Y. Zhuang, J. Fungi 8(10): 1027-6, 2022.

基部子座；子囊壳单生至 10 个聚生，球形至近球形，表面具疣，乳突小或无，新鲜时为淡黄白色，干后呈淡黄色，在 3% KOH 水溶液和 100%乳酸溶液中不变色，高 225–274 μm，直径 225–265 μm，表面疣状物为角胞组织至球胞组织，高 6–25 μm；壳壁厚 25–48 μm，分 2 层，外层为角胞组织至球胞组织，厚 15–38 μm，细胞 8–18 × 9–15 μm，胞壁厚 0.5–0.8 μm；内层为矩胞组织，厚 10–15 μm，细胞 5–8 × 1.5–2.5 μm，胞壁厚 0.8–1 μm；子囊圆柱形至棒状，无顶环，具 8 个孢子，45–65 × 7.5–11 μm；子囊孢子椭圆形，具 1 个分隔，分隔处缢缩或不缢缩，无色，表面平滑，在子囊内单列或上部双列下部单列排列，9–17 × 3–5.5 μm。

在 PDA 培养基上，25℃ 培养 14 d 菌落直径 50 mm，表面絮状，气生菌丝致密，白色，产生灰白色色素；在 SNA 培养基上，25℃ 培养 7 d 菌落直径 25 mm，表面绒毛状，气生菌丝稀疏，白色；分生孢子梗 verticillium 型，瓶梗锥形，长 9–15 μm，基部宽 1.5–2.5 μm，顶部宽 0.2–0.3 μm；分生孢子近纺锤形至杆状，无分隔，无色，表面平滑，5–13 × 1.8–2.2 μm。

标本：云南楚雄紫溪山仙人谷，枯枝上生，2017 IX 23，张意、郑焕娣、王新存、张玉博 11691，HMAS 290895。

国内分布：云南。

世界分布：中国。

讨论：该种子囊壳单生至聚生，子囊孢子椭圆形、具 1 个分隔、表面平滑等特征与 *C. setosa* (Vittal) Schroers 相似，但后者的子囊具顶环，分生孢子梗为 penicillium 型，分生孢子圆柱形、稍大（8.6–19.2 × 2–3.2 μm）（Schroers, 2001）；此外，二者的 ITS 和 *tub2* 序列分别存在 47 bp 和 128 bp 差异（Zeng and Zhuang, 2022a）。

罗斯曼枝穗霉　图版 6

Clonostachys rossmaniae Schroers, Stud. Mycol. 46: 177, 2001. Zeng & Zhuang, Mycosystema 36(5): 657, 2017.

≡ *Bionectria rossmaniae* Schroers, Stud. Mycol. 46: 177, 2001.

基部子座；子囊壳单生至聚生，表生于薄菌丝层上，球形至近球形，表面平滑，乳突较小，干后不凹陷，淡黄色，通常孔口区域颜色变暗，在 3% KOH 水溶液和 100%乳酸溶液中不变色，高 118–235 μm，直径 157–235 μm；壳壁厚 25–50 μm，分 2 层，外层为角胞组织，厚 20–42 μm，细胞 5–13 × 3–8 μm，胞壁厚 0.8–1.2 μm；内层为矩胞组织，厚 5–8 μm，细胞 5–12 × 2–4 μm，胞壁厚 0.5–0.8 μm；完整子囊未见；子囊孢子椭圆形至纺锤形，具 1 个分隔，分隔处不缢缩或稍缢缩，无色，表面平滑，9–14 × 2.5–3.5 μm。

在 PDA 培养基上，25℃ 培养 7 d 菌落直径 18 mm，表面絮状，气生菌丝致密，白色；在 SNA 培养基上，25℃ 培养 7 d 菌落直径 19 mm，表面绒毛状，气生菌丝稀疏，白色；分生孢子梗 acremonium 型或 verticillium 型，长 15–35 μm，基部宽 3–4.5 μm；瓶梗烧瓶形，长 6–15 μm，基部宽 1.5–3 μm；顶部宽 1–1.5 μm；分生孢子椭圆形，无分隔，无色，表面平滑，3.8–6 × 1.8–2.5 μm。

标本：广东始兴车八岭，海拔 450 m，腐烂树皮上生，2015 XI 3，曾昭清、王新存、陈凯、张玉博 10646，HMAS 275561。

国内分布：广东。

世界分布：中国、法属圭亚那、巴西、厄瓜多尔、委内瑞拉。

讨论：由于中国广东材料错过最佳采集时期，未观察到完整的子囊，其他特征与 Schroers（2001）对该种的原始描述相符。HMAS 275561 与 CBS 210.93 的 ITS 序列仅相差 3 bp，视为种内差异（Zeng and Zhuang, 2017a）。该种过去主要发现于南美洲热带地区，在亚洲罕见报道。

笔者未观察的种

蛛生枝穗霉

Clonostachys aranearum Wan H. Chen, Y.F. Han, J.D. Liang, X. Zou, Z.Q. Liang & D.C. Jin, Mycosystema 35: 1063, 2016.

国内分布：贵州。

世界分布：中国。

讨论：据陈万浩等（2016）报道，该种发现于贵州贵阳黔灵山公园，寄主为蜘蛛，产生两种类型的分生孢子梗：verticillium 型，具 2–5 个瓶梗，瓶梗圆柱形，17.3–27 × 1.1–1.6 μm；penicillium 型，瓶梗窄楔形，5.4–16.2 × 1.1–2.2 μm；分生孢子椭圆形，弯曲，表面平滑，无色，3.2–5.4 × 1.1–2.1 μm。本研究未能得到该种的标本或菌株。

晶柱梗属 Hyalocylindrophora J.L. Crane & Dumont

Can. J. Bot. 56(20): 2616, 1978

Dischloridium B. Sutton, 1977

通常生长于腐木和枯枝上；基部子座；子囊壳单生至聚生，球形至近球形，表面具刚毛，无乳突，干后顶部凹陷，橙褐色至褐色，在 3% KOH 水溶液和 100%乳酸溶液中不变色；壳壁分 2 层；子囊棒状至纺锤形；子囊孢子椭圆形至近椭圆形，无分隔，无色，表面具不规则疣状物；分生孢子梗圆柱形，无色，具厚壁，通常表面具疣状物，分生孢子椭圆形至卵形，无分隔，无色，壁厚。

模式种：*Hyalocylindrophora rosea* (Petch) Réblová & W. Gams。

讨论：该属由 Crane 和 Dumont（1978）建立，最初发现于委内瑞拉，一直是单种属，其有性阶段和系统发育地位未知。Zeng 和 Zhuang（2018b）基于 LSU、*act* 和 *rpb1* 序列的多基因分析，明确了 *Hyalocylindrophora* 的系统发育地位，表明它与 *Clonostachys* 和 *Stephanonectria* Schroers & Samuels 关系较近，属于生赤壳科 Bionectriaceae，并发现另一个种的有性阶段。该属目前世界已知 2 种，我国发现 1 种。瓶梗和分生孢子的大小为该属区分种的主要依据。

双孢晶柱梗　图版 7

Hyalocylindrophora bispora Z.Q. Zeng & W.Y. Zhuang, Mycologia 110(5): 942, 2018.

　　基部子座；子囊壳单生至 3–6 个聚生，球形至近球形，表面具刚毛，无乳突，干后顶部凹陷呈盘状，橙褐色至褐色，在 3% KOH 水溶液和 100%乳酸溶液中不变色，高 206–372 μm，直径 216–343 μm，表面刚毛长 30–88 μm；壳壁厚 20–45 μm，分 2 层，外层为角胞组织至球胞组织，厚 15–32 μm，细胞 2–12 × 5–10 μm，胞壁厚 1–1.2 μm；内层为矩胞组织，厚 5–13 μm，细胞 6–10 × 2–4 μm，胞壁厚 0.8–1 μm；子囊棒状至阔纺锤形，顶部加厚，具 2 个孢子，50–58 × 10–15 μm；子囊孢子椭圆形至近椭圆形，无分隔，无色，25–45 × 10–23 μm，表面具不规则疣状物，高 1–1.5 μm。

　　在 PDA 培养基上，25℃培养 7 d 菌落直径 82 mm，表面绒毛状，气生菌丝白色，产生淡粉黄色色素；在 SNA 培养基上，25℃培养 7 d 菌落直径 84 mm，表面絮状，气生菌丝稀疏，白色；分生孢子梗不分枝，具隔膜，圆柱形，78–235 × 5.5–8.5 μm；瓶梗圆柱形，无色，59–118 × 5–8 μm；分生孢子椭圆形至柠檬形，无分隔，无色，厚壁，表面平滑，具黏性，通常 3–5 个聚集，22–40 × 13–18 μm。

　　标本：广东始兴车八岭，枯枝上生，2015 X 31，曾昭清、王新存、陈凯、张玉博 10524，HMAS 273892。

　　国内分布：广东。

　　世界分布：中国。

　　讨论：该种的分生孢子梗圆柱形、不分枝、具隔膜，分生孢子椭圆形、无分隔、无色等特征与该属的模式种 H. rosea 相似（Seifert and Gams, 1985；Réblová et al., 2011）；后者仅在自然基物上发现其无性阶段，有性阶段和菌落形态未知，其瓶梗（宽 8–12 μm）和分生孢子（宽 16–23 μm）均较 H. bispora 的宽（Seifert and Gams, 1985）。

毛赤壳属 *Lasionectria* (Sacc.) Cooke

Grevillea 12(no. 64): 111, 1884

Nectria subgen. *Lasionectria* Sacc., 1883

　　通常生长于腐木、草本植物或其他真菌子实体上；无子座；子囊壳近球形至球形，表面具毛状物，橙色至暗红橙色或暗褐色，在 3% KOH 水溶液中颜色略暗，在 100%乳酸溶液中不变色；壳壁厚度大于 20 μm，分 2 层；子囊棒状；子囊孢子阔椭圆形，具 1 个分隔，无色；分生孢子梗 acremonium 型。

　　模式种：*Lasionectria mantuana* (Sacc.) Cooke。

　　讨论：Saccardo（1883）将 *Lasionectria* 处理为 *Nectria* 的一个亚属，收录了 9 种。Cooke（1884）将该亚属提升至属的等级，并按子囊孢子分隔状况进一步划分为 2 亚属，收录了 19 种，它们多分布于温带地区（Lumbsch and Huhndorf, 2010）。该属目前世界已知 13 种（Hyde et al., 2020b），我国发现 1 种。子囊孢子的大小和表面纹饰为该属区分种的主要依据。

甲米毛赤壳　图版 8

Lasionectria krabiensis Tibpromma & K.D. Hyde [as 'krabiense'], in Tibpromma et al., Fungal Divers. 93: 95, 2018.

　　无子座；子囊壳单生，球形至近球形，干后顶部凹陷呈杯状，顶部平，乳突小，顶部具有由菌丝发育而成的簇生毛状物；橙色至褐橙色，在 3% KOH 水溶液和 100%乳酸溶液中不变色；子囊近圆柱形至圆柱形或棒状，具 6–8 个孢子，32–50 × 3–6 μm；子囊孢子梭椭圆形至纺锤形，具 1 个分隔，分隔处不缢缩，无色，表面具小刺，在子囊内双列或不规则多列排列，10–18 × 3–5 μm。

　　标本：云南西双版纳纳板河流域国家级自然保护区，露兜树属 *Pandanus* 植物上生，2016 VII 27，Mortimer PE NBH13，HKAS 96213。

　　国内分布：云南。

　　世界分布：中国、泰国。

　　讨论：据 Tibpromma 等（2018）记载，该种的子囊壳单生，球形至扁球形，高 140–200 μm，直径 220–260 μm，壳壁厚 15–30 μm，为矩胞组织；系统发育分析显示，该种与 *L. antillana* (Lechat & Courtec.) Schroers, Ashrafi & W. Maier 以 100%支持率聚类在一起，二者的子囊壳和子囊孢子形态相似，但后者的子囊较大（60–75 × 6–8.5 μm）（Lechat and Courtecuisse, 2010），它们的 ITS 序列存在 34 bp 差异（Tibpromma et al., 2018）。

近柱孢属 Paracylindrocarpon Crous, Roets & L. Lombard
Persoonia 36: 367, 2016

　　通常生长于枯枝和叶片上；无子座；分生孢子梗不分枝，具隔膜，无色；瓶梗近圆柱形，不弯曲或不规则弯曲，顶部斜向增厚，无色，平滑；分生孢子圆柱形，顶部钝圆，基部平截，具（0–）3 个分隔，无色、平滑。

　　模式种：*Paracylindrocarpon aloicola* Crous, Roets & L. Lombard。

　　讨论：该属的模式种生长于芦荟属 *Aloe* 植物上（Crous et al., 2016），其典型特征是分生孢子梗无色、平滑，分生孢子圆柱形，顶部钝圆、基部平截。该属目前世界已知 4 种（Crous et al., 2016；Tibpromma et al., 2018），我国发现 3 种。子囊的大小和孢子数目，子囊孢子的大小，以及分生孢子的形状和大小为该属区分种的主要依据。

中国近柱孢属分种检索表

1. 有性阶段未知 ·· 露兜树生近柱孢 *P. pandanicola*
1. 有性阶段已知 ·· 2
　　2. 子囊孢子 10–16 × 2–4 μm ························· 版纳近柱孢 *P. xishuangbannaensis*
　　2. 子囊孢子 37–47 × 6–7.5 μm ··························· 纳板河近柱孢 *P. nabanheensis*

版纳近柱孢　图版 9

Paracylindrocarpon xishuangbannaensis Tibpromma & K.D. Hyde, in Tibpromma et al.,

Fungal Divers. 93: 104, 2018.

无子座；子囊壳散生，与基物接触松散，易脱离，球形至近球形，表面稍粗糙，无乳突，干后顶部凹陷，橙红色，在 3% KOH 水溶液和 100%乳酸溶液中不变色；子囊棒状，具 8 个孢子，35–60 × 3–10 μm；子囊孢子纺锤形，具（1–）3–5 个分隔，分隔处不缢缩，淡褐色，在子囊内不规则多列排列，10–16 × 2–4 μm。

标本：云南西双版纳纳板河，露兜树属植物上生，2016 VII 27，Mortimer PE NBH04，HKAS 96204。

国内分布：云南。

世界分布：中国。

讨论：Tibpromma 等（2018）首次报道了 *Paracylindrocarpon* 属的有性阶段。*P. xishuangbannaensis* 的子囊壳散生，球形至近球形，高 214.5–346 μm，直径 320–367 μm，壳壁厚 33–70.5 μm，由厚壁、无色至淡褐色的角状细胞组成。形态上，*P. xishuangbannaensis* 和 *P. nabanheensis* 的分生孢子均为纺锤形，但前者的子囊具 8 个孢子，后者子囊含（6–）8 个孢子，它们在子囊和子囊孢子的大小上也存在差异。

笔者未描述的种

纳板河近柱孢

Paracylindrocarpon nabanheensis Tibpromma & K.D. Hyde, in Tibpromma et al., Fungal Divers. 93: 102, 2018.

标本：云南西双版纳纳板河，露兜树属植物上生，2016 VII 27，Mortimer PE NBH10，HKAS 96210。

国内分布：云南。

世界分布：中国。

讨论：笔者借阅了保藏于中国科学院昆明植物研究所隐花植物标本馆的标本（HKAS 96210），由于材料欠佳，未观察到子囊壳，难以提供物种描述。根据 Tibpromma 等（2018）的原始描述，该种子囊壳散生至聚生，球形至近球形，橙色，高 214.5–346 μm，直径 320–367 μm；子囊圆柱形至柱棒状，具（6–）8 个孢子，58–81 × 9–14 μm；子囊孢子纺锤形，末端圆锥形，具 6 个分隔，37–47 × 6–7.5 μm。

露兜树生近柱孢

Paracylindrocarpon pandanicola Tibpromma & K.D. Hyde, in Tibpromma et al., Fungal Divers. 93: 103, 2018.

标本：香港大潭笃水塘，露兜树属植物上生，2016 IX 21，Tibpromma S HK21，HKAS 100863。

国内分布：香港。

世界分布：中国。

讨论：笔者借阅了保藏于中国科学院昆明植物研究所隐花植物标本馆的该种标本（HKAS 100863），其状态欠佳，难以观察到形态解剖特征。根据 Tibpromma 等（2018）

的原始描述，其瓶梗近圆柱形，26–38 × 2–3 μm；分生孢子圆柱形，具 2–3 个分隔，15–22 × 2–4 μm；有性阶段未知。

子座丛赤壳属 Stromatonectria Jaklitsch & Voglmayr

Mycologia 103(2): 435, 2011

通常生长于锦鸡儿属 *Caragana* 植物的树枝和树干上；子座垫状，黄色、橙色、红色或紫色；子囊壳表生或埋生于子座，球形；子囊纺锤形至棒状，具 8 个孢子，无顶环；子囊孢子椭圆形至纺锤形，具 1 个分隔，黄色至粉红色；分生孢子器聚生，分生孢子梗无色，瓶梗锥形至窄烧瓶形，分生孢子腊肠形至圆柱形，无分隔。

模式种：*Stromatonectria caraganae* (Höhn.) Jaklitsch & Voglmayr。

讨论：该属的典型特征是产生 hypocrea 型子座，子囊壳埋生或半埋生，球形，具有 nectria 型中心体，子囊孢子具 1 个分隔（Jaklitsch and Voglmayr, 2011）。该属至今为单种属，我国已有报道。

树锦鸡子座丛赤壳 图版 10

Stromatonectria caraganae (Höhn.) Jaklitsch & Voglmayr, Mycologia 103(2): 435, 2011.

Zhou et al., Journal of Northeast Forestry University 46: 93, 2018.

子座发达；子囊壳聚生，近球形至球形，表面稍粗糙，无乳突，干后不凹陷，褐色至暗褐色，通常孔口颜色稍暗，在 3% KOH 水溶液和 100%乳酸溶液中不变色，高 196–274 μm，直径 196–274 μm；壳壁厚 19–50 μm，分 2 层，外层为角胞组织至球胞组织，厚 14–52，细胞 3–10 × 2–5 μm，胞壁厚 1–1.2 μm；内层为矩胞组织，厚 5–8 μm，细胞 5–9 × 2–4 μm，胞壁厚 0.8–1 μm；子囊圆柱形至棒状，无顶环，具 8 个孢子，42.5–55 × 5–9 μm；子囊孢子椭圆形至纺锤形，具 1 个分隔，分隔处不缢缩，两端对称，无色或淡黄色，表面平滑，在子囊内上部双列下部单列斜向或不规则多列排列，10–15 × 2.5–4 μm。

标本：内蒙古通辽科尔沁左翼后旗努古斯台镇，柠条锦鸡儿 *Caragana korshinskii* 枝条上生，2022 VIII 22，图力古尔，Z22082215。

国内分布：内蒙古、黑龙江。

世界分布：中国、奥地利。

讨论：中国内蒙古的材料符合 Jaklitsch 和 Voglmayr（2011）基于奥地利标本的原始描述。另据周仪等（2018）报道，该种在哈尔滨也有分布。

丛赤壳科 NECTRIACEAE

子座限于基部至发达；子囊壳肉质，单生或聚生，表生，近球形、球形至椭球形，表面平滑、具疣状物或毛状物，颜色鲜艳，橙红色、红色、暗红色、紫色、黄色至褐色，在 3% KOH 水溶液中颜色变暗，在 100%乳酸溶液中呈黄色；壳壁厚度通常大于 25 μm；

子囊棒状、近圆柱形或柱棒状，顶环有或无；子囊孢子椭圆形、柱状或拟纺锤形，无分隔至多个分隔，无色、淡黄褐色或略带红色，表面平滑、具条纹、小刺或疣状突起。

模式属：*Nectria* (Fr.) Fr.。

讨论：丛赤壳科是肉座菌目中物种数量较多的类群，包括子囊壳颜色鲜艳、质地为肉质的种类，子囊孢子形态各异。Rossman 等（1999）在研究了大量肉座菌目模式标本的基础上，结合分子系统学研究的结果，首次引入了狭义的 Nectriaceae 的概念，被多数学者采纳。

在第 47 卷已有记载的属中（庄文颖，2013），名称需要更改者如下：*Chaetopsina* Rambelli 是 *Chaetopsinectria* J. Luo & W.Y. Zhuang 的正确名称，*Fusarium* Link 取代 *Gibberella* Sacc.，*Gliocephalotrichum* J.J. Ellis & Hesselt.取代 *Leuconectria* Rossman, Samuels & Lowen，*Neocosmospora* E.F. Sm.取代 *Haematonectria* Samuels & Nirenberg，*Sarcopodium* Ehrenb.取代 *Lanatonectria* Samuels & Rossman，*Volutella* Tode 取代 *Volutellonectria* J. Luo & W.Y. Zhuang。本卷新增水丛赤壳属 *Aquanectria* L. Lombard & Crous、寡隔镰孢属 *Bisifusarium* L. Lombard, Crous & W. Gams、珊瑚赤壳属 *Corallomycetella* Henn.、小赤壳属 *Cosmosporella* S.K. Huang, R. Jeewon & K.D. Hyde、小帚梗柱孢属 *Cylindrocladiella* Boesew.、光赤壳属 *Dialonectria* (Sacc.) Cooke、梭镰孢属 *Fusicolla* Bonord.、塞氏壳属 *Geejayessia* Schroers, Gräfenhan & Seifer、拟粘帚霉属 *Gliocladiopsis* S.B. Saksena、大孢属 *Macroconia* (Wollenw.) Gräfenhan, Seifert & Schroers、大孢壳属 *Macronectria* C.G. Salgado & P. Chaverri、马利亚霉属 *Mariannaea* G. Arnaud ex Samson、小角霉属 *Microcera*、纳氏霉属 *Nalanthamala* Subram.、新隔孢赤壳属 *Neothyronectria* Crous & Thangavel、近枝顶孢属 *Paracremonium* L. Lombard & Crous、隔孢帚霉属 *Penicillifer* Emden、假赤壳属 *Pseudocosmospora* C.S. Herrera & P. Chaverri、菌赤壳属 *Stylonectria* Höhn.、隔孢赤壳属 *Thyronectria* Sacc.和瘤顶赤壳属 *Tumenectria* C.G. Salgado & Rossman 等 21 属。

该科目前世界已知 69 属 650 余种（Lombard et al., 2015b；Hyde et al., 2020b），我国发现 36 属 195 种，其中第 47 卷记载 15 属 67 种，其余为近年来报道的物种（Goh and Hyde, 1997；Herrera et al., 2013a；Liu and Cai, 2013；Crous et al., 2014；Zeng and Zhuang, 2014, 2015, 2016a, 2016c, 2018a, 2019, 2020, 2021a, 2021b, 2022b；Salgado-Salazar et al., 2016；Hu et al., 2017；Sun et al., 2017；Zhang et al., 2017, 2021；Huang et al., 2018；Li et al., 2018；Tibpromma et al., 2018；Luo et al., 2019；Yang et al., 2019；Zeng et al., 2018；Zhai et al., 2019；Hao et al., 2021；Xu et al., 2021；Liu et al., 2022a；曾昭清和庄文颖，2022；张芙蓉等，2022），主要分布于温带、热带和亚热带地区。子座有无，子囊壳的颜色、形状、乳突有无，表面特征，壳壁结构，子囊的形状和顶端结构，以及子囊孢子的形状和分隔数目为该科区分属的主要依据。

中国丛赤壳科分属检索表

3. 在自然条件下形成珊瑚状子座，在培养基中产生根状菌索 ·············· **珊瑚赤壳属 *Corallomycetella***

3. 无上述特征 ·· 4

    4. 子囊壳白色或淡黄色，在 3% KOH 水溶液中不变色 ············· **白壳属 *Albonectria***

    4. 子囊壳其他颜色，在 3% KOH 水溶液中颜色变暗 ·· 5

5. 子囊壳表面覆盖非细胞的不定形物质 ·· 6

5. 子囊壳表面平滑至粗糙，或具毛状物、疣状突起等细胞结构 ······························· 9

    6. 子囊壳表面覆盖不定形物 ··································· **枝粘头霉属 *Gliocephalotrichum***

    6. 子囊壳表面具鳞状物或疣状物 ·· 7

7. 在子囊中产生子囊分生孢子 ·· **隔孢赤壳属 *Thyronectria***

7. 在子囊中不产生子囊分生孢子 ··· 8

    8. 子囊孢子表面具条纹 ······································· **纳氏霉属 *Nalanthamala***

    8. 子囊孢子表面平滑 ··· **土赤壳属 *Ilyonectria***

9. 子囊壳表面具毛状物 ·· **肉座孢属 *Sarcopodium***

9. 子囊壳表面平滑至粗糙，或具疣状物 ·· 10

    10. 虫生 ·· **小角霉属 *Microcera***

    10. 非虫生 ··· 11

11. 子囊壳直径<300 μm ·· 12

11. 子囊壳直径>300 μm ·· 14

    12. 基物上子囊壳周围形成刚毛状无性阶段 ····························· 13

    12. 基物上子囊壳周围不形成具刚毛状无性阶段 ·············· **光赤壳属 *Dialonectria***

13. 形成分生孢子座或孢梗束；分生孢子梗聚生 ······················· **周刺座霉属 *Volutella***

13. 不形成分生孢子座或孢梗束；分生孢子梗单生 ··················· **锥梗围瓶孢属 *Chaetopsina***

    14. 子囊孢子蠕虫状 ·· **蛇孢赤壳属 *Ophionectria***

    14. 子囊孢子其他形状 ·· 15

15. 水生 ··· **水丛赤壳属 *Aquanectria***

15. 陆生 ··· 16

    16. 分生孢子梗 verticillium 型或 penicillium 型 ················· 17

    16. 分生孢子梗非上述类型 ······································ 23

17. 分生孢子梗 penicillium 型 ·· 18

17. 分生孢子梗 verticillium 型 ··· 21

    18. 子囊孢子绿色 ··· **隔孢帚霉属 *Penicillifer***

    18. 子囊孢子无色 ··· 19

19. 子囊壳表面平滑 ······································ **小帚梗柱孢属 *Cylindrocladiella***

19. 子囊壳表面具疣 ······································ 20

    20. 子囊孢子长椭圆形至梭形 ······················· **丽赤壳属 *Calonectria***

    20. 子囊孢子椭圆形 ······················· **拟粘帚霉属 *Gliocladiopsis***

21. 分生孢子形成孢子链 ······································ **马利亚霉属 *Mariannaea***

21. 分生孢子不形成孢子链 ······································ 22

    22. 产生似镰刀形的大型分生孢子 ··················· **梭镰孢属 *Fusicolla***

    22. 不产生大型分生孢子 ··················· **假赤壳属 *Pseudocosmospora***

23. 分生孢子椭圆形、球形、矩形、近圆柱形至腊肠形 ······················· 24

23. 分生孢子圆柱形或镰刀形 ······························ 27

    24. 分生孢子器分泌淡黄色黏液，形成孢子角或孢子团 ····· **新隔孢赤壳属 *Neothyronectria***

    24. 分生孢子器不分泌黏液，不形成孢子角或孢子团 ·········· 25

25. 子座发达；子囊壳表面具疣 ······························ **丛赤壳属 *Nectria***

水丛赤壳属 **Aquanectria** L. Lombard & Crous

Stud. Mycol. 80: 207, 2015

  通常生长于水中的腐木、枯叶、根部及其他真菌上；无子座；子囊壳散生至少数聚生，卵形至近球形，干后侧面凹陷，褐橙色、橙红色至橘红色；子囊圆柱形至棒状，具 8 个孢子；子囊孢子椭圆形、椭圆梭形至纺锤形，具 0–1 个分隔，分隔处缢缩，无色；瓶梗圆柱形，无色；分生孢子线形，弯曲或 S 形，具 0–1 个分隔，无色；厚垣孢子间生，灰白至暗褐色，具大油滴。

  模式种：*Aquanectria penicillioides* (Ingold) L. Lombard & Crous。

  讨论：近期基于 DNA 序列分析的系统发育结果表明，*Flagellospora* Ingold 并非单系群（Ingold, 1942），该属模式种 *F. curvula* Ingold 属于锤舌菌纲 Leotiomycetes 锤舌菌目 Leotiales（Baschien et al., 2013），而其中 *F. penicillioides* 属于肉座菌目丛赤壳科。Lombard 等（2015b）将 *F. penicillioides* 从 *Flagellospora* 属移除，考虑该种的水生习性和线形分生孢子等形态学特征，建立了 *Aquanectria* 属，笔者采纳了其分类学观点。该属目前世界已知 7 种（Lombard et al., 2015b; Huang et al., 2018; Gordillo and Decock, 2019），我国发现 2 种。分生孢子的形状和大小，子囊和子囊孢子的形状和大小为该属区分种的主要依据。

中国水丛赤壳属分种检索表

1. 子囊长 50–85 μm；子囊孢子长 8–17 μm ························· 类帚状水丛赤壳 *A. penicillioides*

1. 子囊长 90–135 μm；子囊孢子长 15–20 μm ································ 橘红水丛赤壳 *A. jacinthicolor*

类帚状水丛赤壳

Aquanectria penicillioides (Ingold) L. Lombard & Crous, in Lombard et al., Stud. Mycol. 80: 207, 2015. Luo et al., Fungal Divers. 99: 541, 2019.

　≡ *Flagellospora penicillioides* Ingold, Trans. Br. Mycol. Soc. 27: 44, 1942.

= *Nectria penicillioides* Ranzoni, Amer. J. Bot. 43: 17, 1956.

　　标本：云南大理洱海，水浸腐木上生，2015 XII 20，Liu XY S-552，HKAS 92560。

　　国内分布：云南。

　　世界分布：中国、美国。

　　讨论：Luo 等（2019）在云南大理洱海的水浸木头上发现了该种，笔者借阅了保藏于中国科学院昆明植物研究所隐花植物标本馆的标本（HKAS 92560），由于材料欠佳，难以提供形态学描述。根据 Ranzoni（1956）的原始描述，该种子囊壳卵形至近球形，干后侧面凹陷，高 155–380 μm，直径 120–255 μm；子囊圆柱形至棒状，50–85 × 4–10 μm；子囊孢子椭圆梭形，8–17 × 3–7 μm。

笔者未观察的种

橘红水丛赤壳

Aquanectria jacinthicolor S.K. Huang, R. Jeewon & K.D. Hyde, in Huang et al., Cryptog. Mycol. 39(2): 183, 2018.

　　国内分布：云南。

　　世界分布：中国。

　　讨论：据 Huang 等（2018）描述，该种发现于云南保山，生于水中的腐木上，其子囊壳淡橘红色，干后侧面凹陷，卵形至球形，高 270–450 μm，直径 255–300 μm；子囊圆柱形，具顶环，具 8 个孢子，90–135 × 7–15 μm；子囊孢子椭圆形，具 0–1 个分隔，15–20 × 3–7 μm；无性阶段未知。

寡隔镰孢属 **Bisifusarium** L. Lombard, Crous & W. Gams

Stud. Mycol. 80: 223, 2015

　　通常生长于腐茎、果实、土壤、奶酪或人体角膜组织；分生孢子梗简单分枝，单瓶梗，极少数为多瓶梗，圆柱形或烧瓶形；大型分生孢子新月形，具（0–）1–2（–3）个分隔；小型分生孢子椭圆形、腊肠形、阔月牙形至肾形，具 0（–1）个分隔；厚垣孢子球形、近球形至椭圆形，顶生或间生；有性阶段未知。

　　模式种：*Bisifusarium dimerum* (Penz.) L. Lombard & Crous。

　　讨论：Lombard 等（2015b）以 *Fusarium dimerum* Penz. 为模式种建立了 *Bisifusarium*，其典型特征是小型分生孢子椭圆形、腊肠形、阔月牙形至肾形，具（0–）1–2（–3）个分隔（Gerlach and Nirenberg, 1982；Schroers et al., 2009）。该属目前世界已知 11 种

（Lombard et al., 2015b；Sun et al., 2017；Savary et al., 2021；Wang et al., 2022），我国发现 2 种。菌落的生长速率，小型分生孢子的形状、分隔数目和大小为该属区分种的主要依据。

中国寡隔镰孢属分种检索表

1. 小型分生孢子椭圆形至圆柱形 ··· 通湖寡隔镰孢 *B. tonghuanum*
1. 小型分生孢子卵形、肾形或倒卵形 ······································· 无隔寡隔镰孢 *B. aseptatum*

通湖寡隔镰孢　图版 11

Bisifusarium tonghuanum B.D. Sun, Y.G. Zhou & A.J. Chen, Phytotaxa 317(2): 126, 2017.

在 PDA 培养基上，25℃ 培养 7 d 菌落直径 35 mm，表面絮状，气生菌丝致密，白色，产生橙黄色色素；在 SNA 培养基上，25℃ 培养 7 d 菌落直径 11 mm，表面绒毛状，气生菌丝极稀疏，白色，产生淡黄色色素；分生孢子梗圆柱形，无色，6.5–18 × 2–3 μm；小型分生孢子椭圆形至圆柱形，稍弯曲，具 0（–1）个分隔，无色，4–12 × 2–3 μm；大型分生孢子和厚垣孢子未见。

菌株：内蒙古腾格里沙漠通湖草原，37°75'46" N，104°57'43" E，中亚滨藜 *Atriplex centralasiatica* 茎上生，2013 IX 9，孙炳达 CGMCC 3.17369。

国内分布：内蒙古。

世界分布：中国。

讨论：基于 ITS、LSU、*tef1* 和 *tub2* 的系统发育树显示，*B. tonghuanum* 与 *Bisifusarium* sp. CBS 119875 和模式种 *B. dimerum* 关系较近（Sun et al., 2017），但 *Bisifusarium* sp. CBS 119875 的菌落生长速度较慢（25℃，3 d 菌落直径 8 mm）（Vismer et al., 2002），而 *B. dimerum* 的大型分生孢子稍宽（宽 3–4 μm）（Schroers et al., 2009）。

笔者未观察的种

无隔寡隔镰孢

Bisifusarium aseptatum M.M. Wang & L. Cai, in Wang et al., Persoonia 48: 42, 2022.

国内分布：广东。

世界分布：中国。

讨论：*Bisifusarium aseptatum* 的典型特征是大型分生孢子无分隔。据 Wang 等（2022）报道，其瓶梗锥形至近圆柱形，表面平滑，30–35 × 3–5 μm；大型分生孢子卵形至肾形，无分隔，无色，表面平滑，4.4–7.1 × 2.6–4.1 μm；小型分生孢子卵形至肾形或倒卵形，无色，表面平滑，无分隔，5.2–9.7 × 2.1–3.8 μm；厚垣孢子未见。

锥梗围瓶孢属 **Chaetopsina** Rambelli

Atti Accad. Sci. Ist. Bologna, Cl. Sci. Fis. Rendiconti 3: 5, 1956

Chaetopsinectria J. Luo & W.Y. Zhuang, 2010

通常生长于木质基物或腐烂的叶片上；子座小或无；子囊壳单生，倒梨形，顶端平截，表面平滑，干后不凹陷，通常直径小于 300 μm，新鲜时为红色，在 3% KOH 水溶液中变暗红色，100%乳酸溶液中呈黄色；壳壁厚度通常小于 20 μm；子囊柱棒状，顶端简单或具顶环，具 8 个孢子；子囊孢子椭圆形或纺锤形，具 1 个分隔，分隔处不缢缩，无色，表面平滑或具条纹，在子囊中单列排列或上部双列下部单列排列；分生孢子梗直立，刚毛状，顶部渐细，黄褐色，在 3% KOH 水溶液中呈红褐色，不分枝，表面具疣状物，壁厚；瓶梗安瓿形至烧瓶形，无色，表面平滑；分生孢子近圆柱形，无分隔，无色，表面平滑，末端钝圆。

模式种：*Chaetopsina fulva* Rambelli。

讨论：该属的部分种曾被纳入 *Cosmospora* Rabenh.（Samuels, 1985；Rossman et al., 1999）。Luo 和 Zhuang（2010e）将广义的 *Cosmospora* 中子囊壳干后不凹陷，子囊为棒状，子囊孢子表面平滑或具条纹，生长于木质基物或腐烂叶片上且产生 *Chaetopsina* 无性阶段的种类处理为一个独立的属 *Chaetopsinectria* J. Luo & W.Y. Zhuang，模式种为 *Chaetopsinectria chaetopsinae* (Samuels) J. Luo & W.Y. Zhuang。根据命名法规一个真菌一个名称的原则，*Chaetopsina* 具有优先权（Rambelli, 1956），被确定为该类群的正确名称（Lombard et al., 2015b）。该属目前世界已知 26 种（Rossman et al., 2016；Crous et al., 2018b, 2020；Lechat and Fournier, 2019b, 2020b；Dayarathne et al., 2020；Bakhit and Abdel-Aziz, 2021），我国发现 3 种。子囊壳的表面特征，子囊孢子的大小和分隔数目以及分生孢子的形状和大小为该属区分种的主要依据。

中国锥梗围瓶孢属分种检索表

1. 分生孢子具油滴 ···北京锥梗围瓶孢 *C. beijingensis*
1. 分生孢子无油滴 ··2
  2. 分生孢子长柱形，长 7.5–12 μm ···锥梗围瓶孢 *C. fulva*
  2. 分生孢子圆柱形至椭圆形，长 5–8 μm ·······················香港锥梗围瓶孢 *C. hongkongensis*

笔者未观察的种

北京锥梗围瓶孢

Chaetopsina beijingensis Crous & Y. Zhang ter, in Crous et al., Persoonia 32: 267, 2014.

国内分布：北京。

世界分布：中国。

讨论：该种生于油松 *Pinus tabuliformis* 的松针上，分生孢子梗直立，刚毛状，顶部渐细，黄橙色，无分枝，具 12–16 个分隔，200–350 × 8–13 μm；瓶梗安瓿形至烧瓶形，无色，表面平滑，6–20 × 3.5–5 μm；分生孢子近圆柱形，无分隔，具油滴，表面平滑，

11–14 × 2–2.5 μm（Crous et al., 2014）；有性阶段未知。

香港锥梗围瓶孢

Chaetopsina hongkongensis Goh & K.D. Hyde, Mycol. Res. 101(12): 1518, 1997.

国内分布：香港。

世界分布：中国。

讨论：据 Goh 和 Hyde（1997）的描述，该种的分生孢子梗直立，刚毛状，弯曲或不弯曲，具 6–12 个分隔，130–280 × 15–25 μm；分生孢子圆柱形至椭圆形，无分隔，5–8 × 2–2.5 μm；有性阶段未知。

珊瑚赤壳属 Corallomycetella Henn.

Hedwigia 43: 245, 1904

Corallomyces Berk. & M.A. Curtis 1854, non *Corallomyces* Fr. 1849

通常生长于树皮、树根和土壤中，偶尔生于水中；子座小至发达；子囊壳单生至聚生，与根状菌索或孢梗束伴生，倒梨形，表面具污痕，仅孔口区域平滑，橙红色至红色，在 3% KOH 水溶液中颜色变暗，100%乳酸溶液中颜色变淡；子囊柱棒状至圆柱形，具顶环，具 8 个孢子；子囊孢子椭圆形，具 1 个分隔，分隔处缢缩，无色至黄褐色，表面具细条纹；孢梗束弯曲或不弯曲，淡绿黄色至暗绿黄色，在 3% KOH 水溶液中呈红色至紫色；分生孢子梗不分枝至简单分枝，瓶梗圆柱形；分生孢子椭圆形至卵形，无分隔，表面平滑，形成白色至黄色的近球形孢子团。

模式种：*Corallomycetella heinsenii* (Henn.) Henn. [as 'heinesii']。

讨论：*Corallomycetella* 属主要包括子实体为红色，在自然和培养条件下产生菌索的丛赤壳类真菌（Seifert, 1985）。Rossman 等（1999）考虑到 *Corallomyces heinsenii* 的模式标本已不存在，将其处理为 *Corallomycetella repens* (Berk. & Broome) Rossman & Samuels 的异名。Herrera 等（2013a）基于形态学特征和多基因系统发育分析，对属的概念进行了修订，由于 *Corallomycetella repens* 与 *Corallomyces elegans* 位于同一个分支（100%/100%），将 *C. elegans* 转入 *Corallomycetella*。该属目前世界已知 2 种，我国发现 1 种。子囊壳、子囊和子囊孢子的大小为该属区分种的主要依据。

匍匐珊瑚赤壳　图版 12

Corallomycetella repens (Berk. & Broome) Rossman & Samuels, in Rossman et al., Stud.
 Mycol. 42: 113, 1999. Herrera et al., Mycosystema 32(3): 536, 2013.

 ≡ *Sphaerostilbe repens* Berk. & Broome, J. Linn. Soc., Bot. 14: 114, 1875.

在 PDA 培养基上，25℃ 培养 7 d 菌落直径 32 mm，表面絮状，气生菌丝致密，白色，产生黄褐色色素；在 SNA 培养基上，25℃ 培养 7 d 菌落直径 37 mm，表面绒毛状，气生菌丝稀疏，白色；分生孢子梗 acremonium 型，瓶梗圆柱形，无色，顶部渐细，长 39–79 μm，基部宽 2.5–3.8 μm，顶部宽 1.8–2.7 μm；分生孢子椭圆形至卵形，无分隔，表面平滑，无色，13–19 × 7–11 μm。

标本：广东广州，泔水桶内生，2021 III 1，李守才 12901，HMAS 290898。

国内分布：广东。

世界分布：中国、印度、印度尼西亚、斯里兰卡。

小赤壳属 Cosmosporella S.K. Huang, R. Jeewon & K.D. Hyde

Cryptog. Mycol. 39(2): 179, 2018

通常生长于腐木或松树树脂上；无子座；子囊壳单生至聚生，卵形、球形至倒梨形，干后侧面凹陷，橙红色、红色至淡黄色，在 3% KOH 水溶液和 100%乳酸溶液中不变色；子囊圆柱形至棒状，顶部简单，具 8 个孢子；子囊孢子椭圆形至卵形，具 1 个分隔，无色至淡褐色；分生孢子梗不规则分枝，瓶梗圆柱形；小型分生孢子椭圆形至倒卵形，具 0–1 个分隔，无色；大型分生孢子镰刀形，弯曲或不弯曲，具 1–3 个分隔，顶部钝或产生弯钩，基部具足细胞。

模式种：*Cosmosporella olivacea* S.K. Huang, R. Jeewon & K.D. Hyde。

讨论：*Cosmosporella* 属的典型特征是子囊壳无乳突，淡黄色至橙红色，子囊圆柱形至棒状，子囊孢子淡褐色，具 1 个分隔，大型分生孢子较长，具 1–3 个分隔。该属目前世界已知 2 种（Huang et al., 2018；Crous et al., 2021b），我国发现 1 种。子囊壳的大小，子囊孢子的形状和大小为该属区分种的主要依据。

笔者未观察的种

橄榄绿小赤壳

Cosmosporella olivacea S.K. Huang, R. Jeewon & K.D. Hyde, in Huang et al., Cryptog. Mycol. 39(2): 181, 2018.

国内分布：新疆。

世界分布：中国。

讨论：据 Huang 等（2018）报道，该种发现于新疆昭苏的雪山旁边一小湖的腐木上，其子囊壳单生至聚生，卵形至球形，干后侧面凹陷，橙红色，高 270–320 μm，直径 200–270 μm；子囊圆柱形，具 8 个孢子，80–110 × 6–10 μm；子囊孢子椭圆形至卵形，具 1 个分隔，10–15 × 4–7 μm；无性阶段未知。

小帚梗柱孢属 Cylindrocladiella Boesew.

Can. J. Bot. 60(11): 2289, 1982

Nectricladiella Crous & C.L. Schoch, 2000

通常生长于病叶、烂根茎和土壤中；无子座；子囊壳单生，球形至倒梨形，干后侧面凹陷，表面平滑或具较短的褐色刚毛，红色，在 3% KOH 水溶液中颜色变暗，在 100%乳酸溶液中颜色变淡；子囊圆柱形，无顶环，具 8 个孢子；子囊孢子椭圆形至纺锤形，末端钝圆，具 1 个分隔，无色，在子囊内通常单列斜向排列，分生孢子梗 penicillium 型，无色；瓶梗圆柱形、桶形、肾形至舟状，无色，顶部斜向加厚；分生孢子圆柱形，具（0–）1（–3）个分隔，末端钝圆；厚垣孢子褐色，间生或聚集成团。

模式种：*Cylindrocladiella parva* (P.J. Anderson) Boesew.。

讨论：该属以其分生孢子较小、圆柱形，无性阶段泡囊柄无隔膜、cylindrocladium 型为显著特征。多数种栖居于土壤中，部分为植物病原菌，主要分布于温带、亚热带和热带地区（Boesewinkel, 1982；Crous, 2002；van Coller et al., 2005；Scattolin and Montecchio, 2007；Lombard et al., 2012, 2015b）。该属目前世界已知 45 种（Hyde et al., 2020b），我国发现 2 种。子囊壳的大小，子囊孢子的形状和大小，分生孢子的形状、大小和分隔数目为该属区分种的主要依据。

中国小帚梗柱孢属分种检索表

1. 分生孢子 11.5–20 × 2–3 μm ···纤细小帚梗柱孢 *C. tenuis*
1. 分生孢子 52.5–60.5 × 3–6 μm ····················版纳小帚梗柱孢 *C. xishuangbannaensis*

笔者未观察的种

纤细小帚梗柱孢

Cylindrocladiella tenuis Chuan F. Zhang & P.K. Chi, Acta Mycol. Sin. 15(3): 170, 1996.

国内分布：广东。

世界分布：中国。

讨论：*Cylindrocladiella tenuis* 发现于番荔枝 *Annona squamosa* 的根部（张传飞和戚佩坤 1996），其分生孢子梗近 verticillium 型或 penicillium 型，180–356 × 3.5–6 μm；瓶梗圆柱形，无色，8.5–22 × 1.6–3 μm；分生孢子圆柱形，具 0–1 个分隔，无色，11.5–20 × 2–3 μm。该种的显著特征是不产生不育附属丝和顶端泡囊。

版纳小帚梗柱孢

Cylindrocladiella xishuangbannaensis Tibpromma & K.D. Hyde, in Tibpromma et al., Fungal Divers. 93: 105, 2018.

国内分布：云南。

世界分布：中国。

讨论：据 Tibpromma 等（2018）记载，该种生于云南纳板河的露兜树属植物上，其分生孢子梗 penicillium 型或近 verticillium 型，456–476 × 6–7 μm，瓶梗瓶状至舟形，6–47.5 × 2–4 μm；分生孢子圆柱形，具 1 个分隔，52.5–60.5 × 3–6 μm；有性阶段未知。

光赤壳属 Dialonectria (Sacc.) Cooke

Grevillea 12: 109, 1884

通常生长于落叶树上生的子囊菌子实体上；子座小或无；子囊壳单生至聚生，倒梨形，具细尖或钝圆的乳突，干后顶部凹陷，表面平滑，橙红色至暗红色，在 3% KOH 水溶液中颜色变暗红色，在 100%乳酸溶液中颜色变淡；通常高度小于 200 μm；子囊圆柱形至窄棒状，具顶环，具 8 个孢子；子囊孢子具 1 个分隔，无色至淡褐色，表面平滑，成熟后具疣状物，在子囊内单列排列；分生孢子梗 verticillium 型，无色；瓶梗锥形至近棒状，无色；小型分生孢子椭圆形至棒状，无分隔，无色；大型分生孢子近圆柱形，稍弯曲，朝两端变细，通常顶部产生弯钩，具 3–5 个分隔，无色；厚垣孢子未见。

模式种：*Dialonectria episphaeria* (Tode) Cooke。

讨论：该属最初被视为 *Nectria* 的一个亚属（Saccardo, 1883），Samuels 等（1991）对其概念进行了修订，Rossman 等（1999）将其处理为 *Cosmospora* 的异名，Gräfenhan 等（2011）恢复其属级分类地位，并承认了 2 种。该属目前世界已知 5 种（Lechat et al., 2019b），我国发现 2 种。宿主的种类，子囊孢子的大小和表面特征，以及分生孢子的分隔数目为该属区分种的主要依据。

中国光赤壳属分种检索表

1. 子囊孢子表面平滑或具疣，宽 3.2–6 μm ···**球壳生光赤壳 *D. episphaeria***
1. 子囊孢子表面具小刺，宽 2.5–5 μm ···**乌列沃光赤壳 *D. ullevolea***

乌列沃光赤壳　图版 13

Dialonectria ullevolea Seifert & Gräfenhan, Stud. Mycol. 68: 97, 2011. Zeng & Zhuang, Mycosystema 39(10): 1982, 2020.

基部子座；子囊壳散生，球形至近球形，表面粗糙，无乳突，干后侧面凹陷，红色至亮红色，在 3% KOH 水溶液中呈暗红色，在 100%乳酸溶液中呈黄色，高 118–196 μm，直径 127–176 μm；壳壁厚 18–35 μm，分 2 层，外层为球胞组织至角胞组织，厚 13–27 μm，细胞 3–8 × 2–3 μm，胞壁厚 0.8–1 μm；内层为矩胞组织，厚 5–8 μm，细胞 5–8 × 3–5 μm，胞壁厚 1–1.2 μm；子囊近圆柱形至圆柱形，具顶环，具 8 个孢子，53–70 × 2.5–7.5 μm；子囊孢子椭圆形，具 1 个分隔，分隔处不缢缩，淡褐色，表面具小刺，在子囊内单列斜向排列，7.5–10 × 2.5–5 μm。

在 PDA 培养基上，25°C 培养 7 d 菌落直径 30 mm，表面绒毛状，气生菌丝白色、致密，产生黄色色素；在 CMD 培养基上，25°C 培养 7 d 菌落直径 70 mm，表面绒毛状，气生菌丝白色；在 SNA 培养基上，25°C 培养 7 d 菌落直径 25 mm，表面絮状，气生菌丝白色、稀疏。

标本：四川马尔康，子囊菌上生，2013 VII 29，曾昭清、朱兆香、任菲 8462，HMAS 279712。

国内分布：四川。

世界分布：中国、荷兰、加拿大、美国。

讨论：该种最初由 Gräfenhan 等（2011）报道生于荷兰的欧洲水青冈 *Fagus sylvatica* 树枝上，仅描述了子囊孢子的形态并提供 DNA 序列信息。笔者对四川材料的研究表明，其子囊孢子特征与模式标本一致，并补充了子囊壳和子囊等有性阶段特征。

梭镰孢属 Fusicolla Bonord.

Handb. Allgem. Mykol. (Stuttgart): 150, 1851

通常生长于枯枝、腐木、其他真菌子实体、土壤、饮用水和污水、植物伤口分泌液、动物骨头以及空气中；子座小；子囊壳散生至聚生，埋生或半埋生于子座，球形至梨形，表面平滑，具乳突，淡黄色、黄色至橙色，在 3% KOH 水溶液和 100%乳酸溶液中不变色；子囊圆柱形至窄棒状，具顶环，具 8 个孢子；子囊孢子椭圆形，具 1 个分隔，无色至淡褐色，表面平滑，成熟时具疣状物；分生孢子梗 verticillium 型或 penicillium 型，无色；瓶梗圆柱形至锥形，无色；小型分生孢子无或稀疏，椭圆形至腊肠形，无分隔，无色；大型分生孢子镰刀状，弯曲或不弯曲，两端变细，顶部细胞弯曲，具细尖，具 1–5（–10）个分隔，无色；厚垣孢子球形，单生至成链状。

模式种：*Fusicolla betae* Bonord.。

讨论：*Fusicolla* 曾被处理为 *Fusarium* 的异名（Wollenweber, 1916），Gräfenhan 等（2011）重新启用该属名，主要包含 *F. aquaeductuum* (Radlk. & Rabenh.) Lagerh. & Rabenh.和 *F. merismoides* Corda 复合种。该属目前世界已知 21 种（Gräfenhan et al., 2011；Crous et al., 2016, 2018a, 2021a, 2022；Lechat and Rossman, 2017；Dayarathne et al., 2020；Forin et al., 2020；Perera et al., 2020；Singh et al., 2020；Liu et al., 2022a；Zeng and Zhuang, 2023a），我国发现 6 种。基物的类型，子囊壳的大小，子囊和子囊孢子的形状和大小，菌落颜色以及分生孢子的大小为该属区分种的主要依据。

中国梭镰孢属分种检索表

气生丝梭镰孢　图版 14

Fusicolla aeria Z.Q. Zeng & W.Y. Zhuang, J. Fungi 9: 572-3, 2023.

在 PDA 培养基上，25℃ 培养 14 d 菌落直径 35 mm，表面黏状，气生菌丝稀疏，产生橙色色素；在 SNA 培养基上，25℃ 培养 14 d 菌落直径 40 mm，气生菌丝极稀疏，淡灰白色；分生孢子梗不分枝或简单分枝，具隔膜，长度不固定，最长达 100 μm；瓶梗圆柱形至圆锥形，18–40 × 1.5–3 μm；大型分生孢子镰刀形，不弯曲或稍弯曲，具 1–3 个分隔，无色，表面平滑，16–35 × 1.5–2.8 μm；小型分生孢子弯曲至呈 C 形，无分隔，无色，表面平滑，7.5–13 × 0.8–1.1 μm；厚垣孢子未见。

标本及菌株：河南洛阳郁山森林公园，枯枝上生，2013 IX 23，郑焕娣、曾昭清、朱兆香 8875，HMAS 247866，CGMCC 3.24908；焦作云台山，枯枝上与其他真菌伴生，2013 IX 25，郑焕娣、曾昭清、朱兆香 8916a，HMAS 247867。

国内分布：河南。

世界分布：中国。

讨论：在该属的已知种中，*F. aeria* 的小型分生孢子为 C 形的特征与 *F. gigas* 和 *F. matuoi* (Hosoya & Tubaki) Gräfenhan & Seifert 相似，但 *F. gigas* 的大型分生孢子较大（32–80 × 2.3–3.8 μm）且分隔数较多（3–9 个分隔）；*F. matuoi* 的大型分生孢子略长（长 17–56 μm）（Hosoya and Tubaki, 2004；Liu et al., 2022a；Zeng and Zhuang, 2023a）。

水生梭镰孢　图版 15

Fusicolla aquaeductuum (Radlk. & Rabenh.) Gräfenhan, Seifert & Schroers, in Gräfenhan et al., Stud. Mycol. 68: 100, 2011. Huang et al., Cryptog. Mycol. 39(2): 183, 2018.

≡ *Selenosporium aquaeductuum* Radlk. & Rabenh., in Rabenhorst, Hedwigia 2: 73, 1862.

在 PDA 培养基上，25°C 培养 14 d 菌落直径 39 mm，表面黏状，产生粉色色素；在 SNA 培养基上，25°C 培养 14 d 菌落直径 33 mm，表面绒毛状，气生菌丝稀疏，白色；分生孢子梗不分枝或简单分枝，瓶梗圆柱形，长度不固定；大型分生孢子镰刀形，稍弯曲，具 1（–2）个分隔，无色，表面平滑，16–28 × 2–4.5 μm；小型分生孢子和厚垣孢子未见。

标本：北京松山，海拔 200 m，枯枝上生，2011 VII 8，罗晶、曾昭清 7623，7625，HMAS 247868，247869。

国内分布：北京、新疆。

世界分布：中国、德国、荷兰。

讨论：Gräfenhan 等（2011）描述了 *F. aquaeductuum* 的无性阶段，Huang 等（2018）在新疆昭苏雪山旁湖边的腐木上首次发现了该种的有性阶段，其子囊壳单生，卵形至球形，干后侧面凹陷，黄色，高 220–230 μm，直径 135–140 μm；子囊圆柱形，具顶环，具 8 个孢子，55–70 × 3–6 μm；子囊孢子椭圆形至卵形，具 1 个分隔，5–10 × 2–4 μm。北京松山的材料（HMAS 247869）与新疆材料（KUMCC 18-0015）的 LSU 序列完全一致，ITS 序列相差 2 bp，视其为种内变异。

珊瑚状梭镰孢　图版 16

Fusicolla coralloidea Z.Q. Zeng & W.Y. Zhuang, J. Fungi 9: 572-4, 2023.

在 PDA 培养基上，25°C 培养 14 d 菌落直径 34 mm，表面黏状，产生黄色色素；在 SNA 培养基上，25°C 培养 14 d 菌落直径 32 mm，气生菌丝稀疏，淡灰白色；分生孢子梗不分枝或简单分枝，具隔膜，长度不固定，最长达 75 μm；瓶梗圆柱形至圆锥形，18–60 × 2–3 μm；大型分生孢子镰刀形，不弯曲或稍弯曲，具 2–5 个分隔，无色，表面平滑，38–70 × 2–4.5 μm；小型分生孢子椭圆形至杆状，无分隔，无色，表面平滑，3–9.3 × 0.9–3.5 μm；厚垣孢子未见。

标本及菌株：江苏南京，南京师范大学校园，其他真菌上生，2011 VII 25，曾昭清、郑焕娣 7895，HMAS 247870，CGMCC 3.24907。

国内分布：江苏。

世界分布：中国。

讨论：*Fusicolla coralloidea* 以其他真菌为基物，在该属已知种中，其小型分生孢子形状与 *F. epistroma* (Höhn.) Gräfenhan & Seifert 相近（Gräfenhan et al., 2011），但后者的较长（长 3.5–8 μm）；此外，它们的 LSU 序列存在 19 bp 差异（Zeng and Zhuang, 2023a）。

线孢梭镰孢 图版 17

Fusicolla filiformis Z.Q. Zeng & W.Y. Zhuang, J. Fungi 9: 572-6, 2023.

在 PDA 培养基上，25℃ 培养 14 d 菌落直径 20 mm，表面黏状，气生菌丝稀疏，橙色，产生橙色色素；在 SNA 培养基上，25℃ 培养 14 d 菌落直径 17 mm，气生菌丝极稀疏，淡黄白色；分生孢子梗不分枝，具隔膜，无色，表面平滑，长度不固定；大型分生孢子线形，弯曲或不弯曲，具 2–6 个分隔，末端具弯钩，无色，表面平滑，28–58 × 1.5–2.3 μm；小型分生孢子和厚垣孢子未见。

标本及菌株：湖北神农架林区木鱼镇，枯树枝上生，2021 X 25，曾昭清、余知和、邓建新 12994-2，HMAS 247871，CGMCC 3.24910。

国内分布：湖北。

世界分布：中国。

讨论：多基因系统发育树显示，*F. gigas* 与 *F. filiformis* 的关系最近，它们的 *acl1*、ITS、LSU、*rpb2* 和 *tub2* 序列分别相差 25bp、7 bp、9 bp、39 bp 和 21 bp。二者大型分生孢子的长度相似，但前者产生 C 形的小型分生孢子，大型分生孢子为镰刀形、较宽（宽 2.5–3.5 μm）、分隔数更多（达 9 个）（Liu et al., 2022a；Zeng and Zhuang, 2023a）。

大孢梭镰孢 图版 18

Fusicolla gigas Chang Liu, Z.Q. Zeng & W.Y. Zhuang, in Crous et al., Fungal Systematics and Evolution 9: 192, 2022.

在 PDA 培养基上，25℃ 培养 14 d 菌落直径 38 mm，表面黏状，中心产生淡黄色色素，外圈产生粉橙色色素；在 SNA 培养基上，25℃ 培养 14 d 菌落直径 37 mm，无气生菌丝；分生孢子梗不分枝或简单分枝，具隔膜，长度不固定；瓶梗圆柱形至锥形，8–14 × 1.5–3 μm；大型分生孢子镰刀形，不弯曲或稍弯曲，具（1–）4–9 个分隔，无色，表面平滑，16–80 × 2–4.5 μm；小型分生孢子弯曲至 C 形，具 0–4（–5）个分隔，无色，表面平滑，11–32 × 0.9–2.2 μm；厚垣孢子未见。

标本及菌株：重庆巫溪红池坝国家森林公园，土生，2020 X 30，曾昭清、王新存、郑焕娣、刘畅 CS25-8，HMAS 247872，CGMCC 3.20680。

国内分布：重庆。

世界分布：中国。

讨论：该种的典型特征是大型分生孢子镰刀形，长度可达 80 μm；小型分生孢子 C 形，具 0–4（–5）个分隔，11–32 × 0.9–2.2 μm（Liu et al., 2022a）。

广西梭镰孢　图版 19

Fusicolla guangxiensis Chang Liu, Z.Q. Zeng & W.Y. Zhuang, in Crous et al., Fungal Systematics and Evolution 9: 192, 2022.

在 PDA 培养基上，25℃培养 14 d 菌落直径 22 mm，表面黏状，产生橙黄色色素；在 SNA 培养基上，25℃培养 14 d 菌落直径 33 mm，气生菌丝少或无，淡黄白色；分生孢子梗不分枝或简单分枝，具隔膜，长度不固定；瓶梗圆柱形，末端渐细，11–32 × 1.5–2 μm；大型分生孢子长纺锤形至镰刀形，末端具细尖，具 0–3 个分隔，无色，表面平滑，12–49 × 1.3–3.3 μm；小型分生孢子和厚垣孢子未见。

标本及菌株：广西防城港十万大山国家自然森林公园，枯枝上生，2019 XII 10，曾昭清、郑焕娣 12537，HMAS 247873，CGMCC 3.20679。

国内分布：广西。

世界分布：中国。

讨论：在 *Fusicolla* 属的已知种中，该种的分生孢子分隔数目和长度与 *F. ossicola* Lechat & Rossman 的相似，但后者的大型分生孢子较宽（宽 3–4.5 μm），在 PDA 培养基上的生长速度较快（7 d 菌落直径 25–35 mm）（Lechat and Rossman, 2017；Liu et al., 2022a）。

塞氏壳属 Geejayessia Schroers, Gräfenhan & Seifer

Stud. Mycol. 68: 124, 2011

通常生长于黄杨属 *Buxus* 或朴属 *Celtis* 植物的枯芽、叶脉、树皮和枯枝上；基部子座；子囊壳聚生，阔安瓿形或阔椭圆形，表面平滑或粗糙，淡橙色、褐色至红橙色、亮红色至黑色，在 3% KOH 水溶液中颜色变暗（子囊壳本身为黑色的种除外），在 100% 乳酸溶液中颜色变淡；子囊圆柱形至棒状，顶部钝圆或平坦，具 8 个孢子；子囊孢子椭圆形至阔椭圆形，具 1 个分隔，分隔处稍缢缩，无色至淡褐色，表面具疣状物；分生孢子梗单瓶梗至多瓶梗；大型分生孢子镰刀形，弯曲，顶部具弯钩，底部具足细胞；小型分生孢子少见，长椭圆形，弯曲，末端圆或具不对称的脐（Schroers et al., 2011；Lombard et al., 2015b）。

模式种：*Geejayessia cicatricum* (Berk.) Schroers。

讨论：Schroers 等（2011）建立 *Geejayessia* 属时，主要包括子囊壳为阔安瓿瓶形至阔椭圆形、颜色多样，无性阶段为 fusarium 型的种类；系统发育分析显示，它们以很高的支持率聚类在一起。该属目前世界已知 9 种（Schroers et al., 2011；Lechat and Fournier, 2017c, 2021a；Zeng and Zhuang, 2018a），我国发现 2 种。子囊壳的颜色和大小，子囊孢子的大小，以及分生孢子的类型、形状、大小和分隔数目为该属区分种的主要依据。

中国塞氏壳属分种检索表

1. 在培养基上产生棒状、无隔的小型分生孢子 ·················· 棒孢塞氏壳 *G. clavata*
1. 在培养基上不产生小型分生孢子 ·················· 中国塞氏壳 *G. sinica*

棒孢塞氏壳　图版 20，图版 21

Geejayessia clavata Z.Q. Zeng & W.Y. Zhuang, MycoKeys 42: 12, 2018.

基部子座；子囊壳 5–40 个聚生，卵形、近球形至球形，表面平滑，干后侧面凹陷，新鲜时为亮红色，干后红褐色至暗红色，通常孔口颜色稍暗，在 3% KOH 水溶液中呈紫红色，100% 乳酸溶液中呈橙黄色，高 128–175 μm，直径 206–255 μm；壁厚 15–25 μm，仅 1 层，矩胞组织，细胞 2–12 × 2–6 μm，胞壁厚 1–1.2 μm；子囊圆柱形，具顶环，具（4–）8 个孢子，55–75 × 5–9 μm；子囊孢子椭圆形至阔椭圆形，具 1 个分隔，分隔处稍缢缩，两端对称，无色或淡褐色，表面平滑至稍具疣，在子囊内单列斜向排列，7.5–12 × 4.5–5.5 μm。

在 PDA 培养基上，25℃ 培养 7 d 菌落直径 48 mm，表面絮状，气生菌丝白色，产生葡萄酒色色素；在 SNA 培养基上，25℃ 培养 7 d 菌落直径 30 mm，表面绒毛状，气生菌丝稀疏，白色；在 CMD 培养基上，25℃ 培养 7 d 菌落直径 56 mm，表面绒毛状，气生菌丝稀疏，白色，产生葡萄酒色色素；分生孢子梗简单分枝；瓶梗圆柱形，顶部渐细，12–63 × 1.5–3.5 μm；小型分生孢子棒状，无分隔，无色，表面平滑，4–7 × 0.8–2 μm；大型分生孢子和厚垣孢子未见。

标本：河南洛阳龙峪湾，海拔 1500 m，黄杨属植物树皮上生，2013 IX 17，郑焕娣、曾昭清、朱兆香 8728，HMAS 275654，培养物 HMAS 248725。

国内分布：河南。

世界分布：中国。

讨论：基于 *acl1*、ITS 和 *rpb2* 序列的系统发育分析显示，*G. clavata* 与 *G. atrofusca* (Schwein.) Schroers & Gräfenhan 关系最近（Zeng and Zhuang, 2018a），但后者的子囊壳暗褐色至黑色，在 3% KOH 和 100% 乳酸溶液中不变色，子囊稍宽（宽 7.5–15 μm），子囊孢子较长（长 10–17 μm），并且其小型分生孢子为椭圆形至镰刀形（Samuels and Rogerson, 1984）。

中国塞氏壳　图版 22，图版 23

Geejayessia sinica Z.Q. Zeng & W.Y. Zhuang, MycoKeys 42: 14, 2018.

基部子座；子囊壳 5–40 个聚生，梨形、近球形至球形，表面平滑，干后侧面凹陷，红色至亮红色，通常孔口颜色稍暗，在 3% KOH 水溶液中呈紫红色，100% 乳酸溶液中呈橙黄色，高 255–343 μm，直径 176–314 μm；壳壁厚 18–38 μm，仅 1 层，矩胞组织，细胞 8–23 × 2–6 μm，胞壁厚 1.2–1.5 μm；子囊圆柱形至棒状，无顶环，具 6（–8）个孢子，88–123 × 7–12.5 μm；子囊孢子椭圆形，具 1 个分隔，分隔处稍缢缩，两端对称，无色至淡褐色，表面平滑或具疣，在子囊内单列斜向排列，10–20 × 5–7.5 μm。

在 PDA 培养基上，25℃ 培养 7 d 菌落直径 42 mm，表面絮状，气生菌丝白色，产生同心轮纹，产生淡葡萄酒色色素；在 SNA 培养基上，25℃ 培养 7 d 菌落直径 26 mm，表面绒毛状，气生菌丝稀疏，白色；在 CMD 培养基上，25℃ 培养 7 d 菌落直径 40 mm，表面呈辐射状，气生菌丝稀疏，白色，产生葡萄酒色色素；分生孢子梗具简单分枝；瓶梗圆柱形，顶部渐细，长度不固定；大型分生孢子镰刀形，末端具弯钩，具足细胞，无色，表面平滑，具（3–）5 个分隔，3 个分隔：30–53 × 4–5 μm，4 个分隔：50–60 × 4.5–

5.2 μm，5 个分隔：53–80 × 4.6–5.3 μm；小型分生孢子和厚垣孢子未见。

标本：湖北神农架，海拔 2800 m，黄杨属植物树皮上生，2014 IX 15，曾昭清、郑焕娣、秦文韬、陈凯 9606，HMAS 254520，培养物 HMAS 248726。

国内分布：湖北。

世界分布：中国。

讨论：*Geejayessia sinica* 在子囊壳解剖结构、子囊近圆柱形至棒状、子囊孢子椭圆形及大型分生孢子镰刀形等方面与 *G. cicatricum* 和 *G. desmazieri* (De Not. & Becc.) Schroers, Gräfenhan & Seifert 相似，但 *G. cicatricum* 的子囊壳（160–260 × 125–250 μm）和子囊孢子（9.5–14.5 × 4.5–6.5 μm）均较小，壳壁稍薄（12–21 μm），子囊略短（长 65.5–103 μm），大型分生孢子具 2–8 个分隔；*Geejayessia desmazieri* 的子囊较短（长 75.5–100 μm），子囊孢子较小（9.5–15 × 4.5–7 μm）（Schroers et al., 2011）。

拟粘帚霉属 Glliocladiopsis S.B. Saksena

Mycologia 46: 662, 1954

Glionectria Crous & C.L. Schoch, 2000

通常生长于土壤和木质基物上；基部子座；子囊壳聚生，倒卵圆形至阔倒梨形，干后侧面凹陷，表面具疣，红褐色，在 3% KOH 水溶液中呈暗红色，在 100% 乳酸溶液中颜色变淡；子囊圆柱形，顶部平截，具 8 个孢子；子囊孢子椭圆形，具 1 个分隔，无色，表面平滑，在子囊内单列斜向排列；分生孢子梗 penicillium 型，单态型，少数为二态型，具 2–6（–7）个瓶梗；瓶梗桶形、舟形或圆柱形，无分隔，无色，顶部斜向加厚；分生孢子圆柱形，末端圆，弯曲或不弯曲，具（0–）1 个分隔（Saksena, 1954；Lombard and Crous, 2012；Lombard et al., 2015b）。

模式种：*Glliocladiopsis sagariensis* S.B. Saksena。

讨论：由于形态相似，该属模式种 *Glliocladiopsis sagariensis* 曾被 Crous 和 Wingfield（1993）处理为 *G. tenuis* (Bugnic.) Crous & M.J. Wingf. 的异名；其后多基因系统发育分析表明，二者的关系较远（Lombard and Crous, 2012）。在形态上，*G. sagariensis* 的瓶梗（长 10–15 μm vs. 10–25 μm）和次级分枝（长 8–12 μm vs. 10–18 μm）均较后者的短（Saksena, 1954；Crous and Wingfield, 1993）。该属目前世界已知 19 种（Gordillo and Decock, 2019；Zhai et al., 2019；Perera et al., 2020），我国发现 3 种。分生孢子梗的颜色，以及分生孢子的大小为该属区分种的主要依据。

中国拟粘帚霉属分种检索表

1. 分生孢子梗淡褐色 ·· 武汉拟粘帚霉 *G. wuhanensis*
1. 分生孢子梗无色 ··· 2
   2. 分生孢子 8–17.5 × 2–3.5 μm ·································· 广东拟粘帚霉 *G. guangdongensis*
   2. 分生孢子 12–23 × 1.5–2.5 μm ······························· 假细小拟粘帚霉 *G. pseudotenuis*

广东拟粘帚霉　图版 24

Gliocladiopsis guangdongensis F. Liu & L. Cai, Cryptog. Mycol. 34(3): 235, 2013.

在 PDA 培养基上，25°C 培养 7 d 菌落直径 50 mm，表面絮状，气生菌丝致密，白色，产生黄褐色色素；在 SNA 培养基上，25°C 培养 7 d 菌落直径 51 mm，表面绒毛状，气生菌丝稀疏，白色，呈同心轮纹状；分生孢子梗 penicillium 型，无色，12.5–21.5 × 1.5–4 μm；瓶梗舟形至圆柱形，7–19.5 × 1.5–2.5 μm；分生孢子圆柱形，不弯曲，末端稍钝，具 0–1 个分隔，无色，表面平滑，8–17.5 × 2–3.5 μm。

菌株：广东肇庆鼎湖山，水浸木上生，2010 XII 29，刘芳 CGMCC 3.15261。

国内分布：广东。

世界分布：中国。

讨论：*Gliocladiopsis guangdongensis* 在河水中的木头上生，这是该属首次在淡水中发现。该种的分生孢子无色，圆柱形，末端钝，具 0–1 个分隔，表面平滑等特征与 *G. elghollii* L. Lombard & Crous 和 *G. tenuis* 相似，但孢子大小差异明显（Liu and Cai, 2013）。

笔者未观察的种

假细小拟粘帚霉

Gliocladiopsis pseudotenuis L. Lombard & Crous, Persoonia 28: 31, 2012.

≡ *Glionectria tenuis* Crous & C.L. Schoch, Stud. Mycol. 45: 58, 2000. Non *Gliocladiopsis tenuis* (Bugnic.) Crous & M.J. Wingf. 1993.

国内分布：香港。

世界分布：中国、印度、印度尼西亚、泰国、美国、哥伦比亚、巴西。

讨论：Schoch 等（2000）以香港标本 PREM 56381 为模式描述了 *Glionectria tenuis*，并误认为其对应的无性阶段为 *Gliocladiopsis tenuis* (Bugnic.) Crous & M.J. Wingf.。据 Schoch 等（2000）记载，其子座小；子囊壳聚生，倒卵形至阔倒梨形，表面具疣，干后侧面凹陷，橙色至红褐色，高达 400 μm，直径达 350 μm；子囊圆柱形，具 8 个孢子，50–80 × 4–5 μm；子囊孢子椭圆形，具 1 个分隔，无色，表面平滑，9–12 × 2.5–3 μm；分生孢子梗 penicillium 型，无色；瓶梗桶形、舟形至圆柱形，10–25 × 2.5–3 μm；分生孢子圆柱形，末端钝圆，具 1 个分隔，无色，表面平滑，12–23 × 1.5–2.5 μm。

武汉拟粘帚霉

Gliocladiopsis wuhanensis Meng Zhang, N.P. Zhai & Y.H. Geng, in Zhai et al., Mycotaxon 134(2): 316, 2019.

国内分布：湖北。

世界分布：中国。

讨论：*Gliocladiopsis wuhanensis* 来自湖北武汉马铃薯农田土壤，根据 Zhai 等（2019）描述，其分生孢子梗 penicillium 型，表面平滑，淡褐色，初级分枝具 0–1 个分隔，13–38.5 × 2–4.5 μm；次级分枝无分隔，9.5–30.5 × 2–4.5 μm；三级分枝无分隔，2.5–13 × 1–2.5 μm；瓶梗无色至淡褐色，13–37.5 × 2–3.5 μm；分生孢子圆柱形，具 0–1 个分隔，无色，平滑，13.5–18.5 × 2–2.5 μm。

在形态上，该种与 *G. guangdongensis* 相似，但后者的分生孢子梗为二叉分枝且分生孢子稍短（长 13.5–16 μm）（Liu and Cai, 2013；Zhai et al., 2019），二者的 *his3* 基因序列存在 12 bp 差异。

大孢壳属 Macronectria C.G. Salgado & P. Chaverri

Fungal Divers. 80: 448, 2016

通常生长于腐烂的木质基物上；子座限于基部；子囊壳聚生，近球形至梨形，表面平滑，赭石色至褐色，孔口区域颜色较暗，暗红褐色；子囊棒状；子囊孢子椭圆形至纺锤形，具 1 个分隔，分隔处稍缢缩，无色，表面具条纹；分生孢子梗 cylindrocarpon 型，大型分生孢子圆柱形，具 5–8 个分隔。

模式种：*Macronectria jungneri* (Henn.) C. G. Salgado & P. Chaverri。

讨论：Salgado-Salazar 等（2016）的研究表明，该属的典型特征是子囊壳梨形、顶部宽，具颜色较暗的乳突，大型分生孢子较大（长达 110 μm），一般具 5–8 个分隔。该属目前世界已知 5 种，我国发现 2 种。子囊的大小、分生孢子的类型以及大型分生孢子的分隔数目为该属区分种的主要依据。

该属模式种 *M. jungneri* 在《中国真菌志》第 47 卷中曾报道为 *Thelonectria jungneri*。

中国大孢壳属分种检索表

1. 小型分生孢子球形至卵形 ························· 亚洲大孢壳 *M. asiatica*
1. 不产生小型分生孢子 ························· 琼氏大孢壳 *M. jungneri*

笔者未观察的种

亚洲大孢壳

Macronectria asiatica C.G. Salgado & Guu, in Salgado-Salazar, Rossman & Chaverri, Fungal Divers. 80: 448, 2016.

国内分布：台湾。

世界分布：中国、日本。

讨论：据 Salgado-Salazar 等（2016）的报道，该种具基部子座；子囊壳聚生，近球形至梨形，乳突宽 50–120 μm，干后不凹陷，粉红色至橙色，在 3% KOH 水溶液中呈红色，在 100%乳酸溶液中呈黄色，直径 340–560 μm；壳壁厚 20–40 μm，分 2 层；子囊棒状，无顶环，具 8 个孢子，65–100 × 15–30 μm；子囊孢子纺锤形，具 1 个分隔，无色，表面具条纹，19.9–25 × 8–10.3 μm；大型分生孢子圆柱形至纺锤形，具 4–8 个分隔，52–107.3 × 6.8–10.8 μm；小型分生孢子球形至卵形，6.6–10.6 × 4.3–9 μm；厚垣孢子未见。

马利亚霉属 Mariannaea G. Arnaud ex Samson

Stud. Mycol. 6: 74, 1974

通常生长于腐烂的树皮、树干、患病植物根部、松针、线虫和土壤中；子座小或无；子囊壳单生，球形，表面平滑或稍粗糙，干后不凹陷或侧面凹陷，淡黄色、橙色至褐色，在 3% KOH 水溶液和 100%乳酸溶液中不变色；子囊圆柱形至窄棒状，具顶环，具 8 个孢子；子囊孢子椭圆形至阔椭圆形或纺锤形，具 1 个分隔，无色，表面平滑，成熟时具小刺；分生孢子梗 penicillium 型或 verticillium 型，无色；瓶梗烧瓶形，无色；小型分生孢子无分隔，通常形成鳞状链；大型分生孢子少见，杆状；厚垣孢子罕见，球形至椭圆形。

模式种：*Mariannaea elegans* (Corda) Samson。

讨论：Arnaud（1952）发表 *Mariannaea* 时，缺少拉丁描述，系不合格发表。Samson（1974）对该属重新定义，将 *M. elegans* 指定为模式种，并包括 *M. camptospora* Samson、*M. elegans* var. *elegans* 和 *M. elegans* var. *punicea* Samson。梁宗琦（1983，1991）曾报道，粉被虫草 *Cordyceps pruinosa* Petch 的无性阶段为 *M. pruinosa* Z.Q. Liang，Cai 等（2010）将其从 *Mariannaea* 属排除。该属目前世界已知 18 种（Samson and Bigg, 1988；Samuels and Seifert, 1991；Hu et al., 2017；Crous et al., 2019；Hyde et al., 2020a；Yang et al., 2021），我国发现 9 种。菌落的颜色，瓶梗的形状，分生孢子的形状、大小和串联方式，以及厚垣孢子的形状为该属区分种的主要依据。

中国马利亚霉属分种检索表

1. 产生大型和小型分生孢子 ···两型马利亚霉 *M. dimorpha*
1. 仅产生小型分生孢子 ·· 2
  2. 分生孢子具（0–）1 个分隔 ··· 3
  2. 分生孢子无分隔 ·· 4
3. 分生孢子椭圆形 ···链马利亚霉 *M. catenulata*
3. 分生孢子纺锤形 ···层叠马利亚霉 *M. superimposita*
  4. 分生孢子梗褐色，基部膨大 ···木生马利亚霉 *M. lignicola*
  4. 分生孢子梗无色，基部不膨大 ··· 5
5. 瓶梗圆锥形 ··· 6
5. 瓶梗烧瓶形 ··· 7
  6. 厚垣孢子球形至椭圆形 ···塞氏马利亚霉 *M. samuelsii*
  6. 厚垣孢子缺失 ···土生马利亚霉 *M. humicola*
7. 在 PDA 培养基上菌落淡粉色 ··梭孢马利亚霉 *M. fusiformis*
7. 在 PDA 培养基上菌落白色 ··· 8
  8. 厚垣孢子球形至椭圆形 ···厚垣孢马利亚霉 *M. chlamydospora*
  8. 厚垣孢子缺失 ···灰马利亚霉 *M. cinerea*

厚垣孢马利亚霉 图版 25

Mariannaea chlamydospora D.M. Hu & L. Cai, Mycol. Progr. 16: 275, 2017.

在 PDA 培养基上，25℃ 培养 7 d 菌落直径 19 mm，表面絮状，气生菌丝致密，白色；在 SNA 培养基上，25℃ 培养 7 d 菌落直径 30 mm，表面绒毛状，气生菌丝稀疏，白色，产生同心轮纹；分生孢子梗 verticillium 型，具隔膜，无色，340–550 × 6–10 μm，产生 3–6 个瓶梗；瓶梗烧瓶形，无色，表面平滑，10–18 × 3–5 μm；分生孢子纺锤形至椭圆形，无分隔，无色，表面平滑，末端具黏性，通常串联成链状，5–7 × 2–3 μm；厚垣孢子球形至椭圆形，无色，表面平滑，间生或末端生，直径 8–17 μm。

菌株：湖北神农架林区垭口小溪，水浸木头上生，2011 VIII 2，胡殿明 CGMCC 3.17273。

国内分布：湖北。

世界分布：中国。

讨论：在形态上，该种与 *M. catenulata* (Samuels) L. Lombard & Crous、*M. dimorpha* Z.Q. Zeng & W.Y. Zhuang 和 *M. superimposita* (Matsush.) Samuels 相似，但上述 3 个种均产生单分隔的分生孢子，而 *M. chlamydospora* 分生孢子无隔（Hu et al., 2017）。

灰马利亚霉 图版 26

Mariannaea cinerea D.M. Hu & L. Cai, Mycol. Progr. 16: 276, 2017.

在 PDA 培养基上，25℃ 培养 7 d 菌落直径 26 mm，表面絮状，气生菌丝致密，白色；在 SNA 培养基上，25℃ 培养 7 d 菌落直径 32 mm，表面绒毛状，气生菌丝稀疏，白色，产生同心轮纹；分生孢子梗 verticillium 型，无色，具隔膜，64–130 × 3–5 μm，产生 3–6 个瓶梗；瓶梗烧瓶形，无色，表面平滑，11–27 × 3–4 μm；分生孢子椭圆形，无分隔，无色，表面平滑，末端具黏性，通常串联成链状，6–9 × 3–5 μm。

菌株：云南省勐腊县大沙坝水库，水浸木头上生，2010 III 24，胡殿明 CGMCC 3.17274。

国内分布：云南。

世界分布：中国。

讨论：在形态上，*M. cinerea* 的分生孢子和分生孢子梗形状与 *M. aquaticola* Kurniawati, L. Cai & K.D. Hyde 和 *M. chlamydospora* 相似，但 *M. aquaticola* 的分生孢子为纺锤形至椭圆形，*M. chlamydospora* 在 PDA 培养基上的菌落为奶黄色（Cai et al., 2010；Hu et al., 2017）。

两型马利亚霉 图版 27

Mariannaea dimorpha Z.Q. Zeng & W.Y. Zhuang, Mycol. Progr. 13(4): 969, 2014.

子座小或无；子囊壳单生或 2–4 个聚生，近球形至梨形，乳突较小，表面具疣，干后不凹陷或侧面凹陷，新鲜时为橙黄色，干后为橙红色，在 3% KOH 水溶液中呈暗红色，100%乳酸溶液中呈淡黄色，高 220–335 μm，直径 170–300 μm；表面疣状物为角胞组织，高 13.5–51 μm，细胞 5.5–11 × 11–16 μm，胞壁厚 1–1.5 μm；壳壁厚 13.5–30 μm，分 2 层，外层为角胞组织至矩胞组织，厚 11–27 μm，细胞 8–21.5 × 5.5–8 μm，胞壁厚 1–1.2 μm；内层为矩胞组织，厚 2.5–5.5 μm，细胞 8–16 × 2–3 μm，胞壁厚 0.8–1 μm；子囊棒状，无顶环，具 8 个孢子，51–70 × 5–8 μm；子囊孢子椭圆形，成熟后为阔椭圆形，少数纺锤形，具 1 个分隔，分隔处缢缩，两端对称，无色，表面平滑，成熟时具条纹，在子囊内单列排列或上部双列下部单列排列，7.5–13.5 × 3–5 μm。

在 PDA 培养基上，25°C 培养 7 d 菌落直径 28 mm，气生菌丝白色，絮状，产淡黄色色素，背面为黄褐色；在 SNA 培养基上，25°C 培养 7 d 菌落直径 22 mm，气生菌丝白色，絮状；分生孢子梗 verticillium 型，长 113–270 μm，基部宽 2.2–6 μm，产生 2–5 个瓶梗；瓶梗锥形，无色，表面平滑，长 13.5–47.5 μm，基部宽 1–2.5 μm；小型分生孢子椭圆形至纺锤形，无分隔，孢子串联成鳞状链，3–8 × 2–4 μm；大型分生孢子杆状，两端稍尖，具 0–1 个分隔，无色，表面平滑，串联成链状，8–17.5 × 1.5–3 μm；厚垣孢子间生或顶生，单生或串生，球形至近球形或椭圆形，厚壁，无色，表面平滑，6–10 × 5–9.5 μm。

标本：安徽金寨天堂寨，腐烂树皮上生，2011 VIII 24，庄文颖、郑焕娣、曾昭清、陈双林 7873b，HMAS 266564。

国内分布：安徽。

世界分布：中国。

讨论：*Mariannaea dimorpha* 的分生孢子梗 verticillium 型、小型分生孢子椭圆形至纺锤形等特征与 *M. elegens* var. *elegens* 和 *M. aquaticola* 相似，但 *M. elegens* var. *elegens* 的子囊壳壁较厚（35–45 μm），瓶梗较多（3–6 个）且略短（长 9–25 μm），小型分生孢子较窄（宽 1.5–2.5 μm）；*M. aquaticola* 的瓶梗稍短（长 14–25 μm），小型分生孢子较长（长 5–10 μm）（Samson，1974；Cai et al.，2010）。

梭孢马利亚霉 图版 28

Mariannaea fusiformis D.M. Hu & L. Cai, Mycol. Progr. 16: 278, 2017.

在 PDA 培养基上，25°C 培养 7 d 菌落直径 45 mm，表面絮状，气生菌丝致密，白色，产生淡粉色色素；在 SNA 培养基上，25°C 培养 7 d 菌落直径 51 mm，表面绒毛状，气生菌丝稀疏，白色，产生同心轮纹；分生孢子梗 verticillium 型，无色，具隔膜，长度不固定，产生 3–6 个瓶梗；瓶梗烧瓶形，无色，表面平滑，偶尔具小刺，14–38 × 4–5 μm；分生孢子纺锤形至近球形，无分隔，无色，表面平滑，末端具黏性，通常串联成链状，5–10 × 3–4 μm。

菌株：湖北省神农架林区垭口小溪，水浸木头上生，2011 VIII 2，胡殿明 CGMCC 3.17272。

国内分布：湖北。

世界分布：中国。

讨论：*Mariannaea fusiformis* 在 PDA 培养基上产生淡粉色色素、分生孢子纺锤形至近球形等特征与 *M. punicea* (Samson) D.M. Hu & L. Cai 相似，但前者的分生孢子中部最宽，而 *M. punicea* 的分生孢子在基部的 1/4 处最宽（Cai et al.，2010；Hu et al.，2017）。

木生马利亚霉 图版 29

Mariannaea lignicola D.M. Hu & L. Cai, Mycol. Progr. 16: 279, 2017.

在 PDA 培养基上，25°C 培养 7 d 菌落直径 42 mm，表面絮状，气生菌丝致密，白色，产生淡褐色色素；在 SNA 培养基上，25°C 培养 14 d 菌落直径 83 mm，表面绒毛状，气生菌丝稀疏，白色，产生淡褐色色素；分生孢子梗 verticillium 型，褐色，具隔膜，长度不固定，产生 2–6 个瓶梗；瓶梗烧瓶形，无色，表面平滑，偶尔具小刺，12–26 × 4–7 μm；分生孢子椭圆形至纺锤形，无分隔，无色，表面平滑，通常串联成链状，5–7 × 3–4 μm；厚垣孢子未见。

菌株：江西龙南九连山自然保护区，水浸木上生，2011 VIII 14，胡殿明 CGMCC 3.17275。

国内分布：江西。

世界分布：中国。

讨论：在 *Marianna* 属的已知种中，该种以其褐色的分生孢子梗和极宽的菌丝（宽达 26 μm）为显著特征（Hu et al., 2017）。

塞氏马利亚霉　图版 30

Mariannaea samuelsii Seifert & Bissett, in Gräfenhan et al., Stud. Mycol. 68: 103, 2011. Zeng & Zhuang, Mycol. Progr. 13(4): 971, 2014.

子座小或无；子囊壳单生，球形、近球形至梨形，无乳突，表面稍粗糙，干后不凹陷，新鲜时为橄榄色，干后为米白色，在 3% KOH 水溶液和 100%乳酸溶液中不变色，高 210–245 μm，直径 190–250 μm；壳壁厚 26.5–45 μm，分 2 层，外层为矩胞组织至球胞组织，厚 16–32 μm，细胞 8–29 × 8–16 μm，胞壁厚 0.8–1.2 μm；内层为矩胞组织，厚 8–13 μm，细胞 10–29 × 2.5–5.5 μm，胞壁厚 0.8–1 μm；子囊棒状，无顶环，具 8 个孢子，43–70 × 3–8 μm；子囊孢子长纺锤形，少数为椭圆形，无色，具 1 个分隔，分隔处缢缩或不缢缩，表面平滑，在子囊内单列排列或上部双列下部单列排列，7–13.5 × 2–4 μm。

在 PDA 培养基上，25℃ 培养 7 d 菌落直径 26 mm，气生菌丝灰白色，絮状，产生淡灰白色色素；在 SNA 培养基上，25℃ 培养 7 d 菌落直径 24 mm，气生菌丝灰白色，絮状；分生孢子梗 verticillium 型，具隔膜，长度不固定，通常产生 2–3 轮，具 2–5 个瓶梗；瓶梗锥形，顶端渐细，无色，表面平滑，长 11–29 μm，基部宽 2–3.5 μm；小型分生孢子椭圆形至纺锤形，无分隔，表面平滑，无色，通常串联成链状，3.5–7.5 × 2–3.5 μm；厚垣孢子间生或串联生，球形至近球形或椭圆形，无色，5–10.5 × 5–8 μm。

标本：安徽金寨天堂寨，海拔 900–1000 m，腐烂树皮上生，2011 VIII 24，庄文颖、郑焕娣、曾昭清、陈双林 7873c，HMAS 266563。

国内分布：安徽、云南。

世界分布：中国、韩国、危地马拉。

讨论：该种在危地马拉和韩国的报道仅有无性阶段（Gräfenhan et al., 2011；Tang et al., 2012），Zeng 和 Zhuang（2014）在我国安徽首次发现其有性阶段。

笔者未观察的种

土生马利亚霉

Mariannaea humicola L. Lombard & Crous, in Lombard et al., Stud. Mycol. 80: 213, 2015.

Liu, Diversity and Phylogeny of Freshwater Fungi in Wetland of Guizhou Karst Plateau. PhD Thesis, Guizhou University p. 197, 2020.

国内分布：贵州。

世界分布：中国、西班牙、巴西。

讨论：柳玲玲（2020）在贵州都柳江源湿地省级自然保护区分离到该种，其分生孢子梗 verticillium 型，具隔膜，长 159–285 μm，宽 4–6 μm，产生 3–5 个瓶梗；瓶梗圆锥形无色，表面平滑，14.5–26.5 × 2–3.5 μm；分生孢子椭圆形至近梭形，单生或倾斜排列成链状，无色，表面平滑，5–7 × 2.5–4.3 μm；有性阶段未知。

层叠马利亚霉

Mariannaea superimposita (Matsush.) Samuels, Mycologia 81(3): 353, 1989. Luo et al., Fungal Divers. 99: 545, 2019. Liu, Diversity and Phylogeny of Freshwater Fungi in Wetland of Guizhou Karst Plateau. PhD Thesis, Guizhou University p. 197, 2020.

≡ *Penicillifer superimpositus* Matsush., Icon. Microfung. Matsush. lect. (Kobe): 107, 1975.

国内分布：贵州、云南。

世界分布：中国、日本。

讨论：据柳玲玲（2020）报道，该种生于淡水中的木头上，其分生孢子梗 verticillium 型，无色至淡黄褐色，长 439.5–706 μm，宽 14.5–16 μm，产生 3–8 个瓶梗；瓶梗烧瓶形，无色，表面平滑，18–38.5 × 2.5–4 μm；分生孢子椭圆形至近梭形，单生或倾斜排列成链状，无色，表面平滑，11.0–15.5 × 2.5–4 μm；有性阶段未知。

小角霉属 Microcera Desm.

Annls Sci. Nat., Bot., sér. 3, 10: 359, 1848

通常寄生于介壳虫、蚜虫上，偶尔以腐生方式存在于土壤或植物碎片中；基部子座或具菌丝层；子囊壳单生至聚生，球形，干后凹陷，表面稍粗糙，顶部乳突钝圆；橙色至深红色，在 3% KOH 水溶液中呈暗红色至紫色，在 100%乳酸溶液中颜色变黄色；子囊圆柱形至窄棒状，具顶环，具 8 个孢子；子囊孢子圆柱形至腊肠形、椭圆形，具 1（–3）个分隔，无色至淡黄褐色，表面平滑，成熟时具疣状物；分生孢子梗 verticillium 型或 penicillium 型，无色，在宿主表面形成分生孢子座或孢梗束；瓶梗圆柱形至锥形、近棒状，无色；大型分生孢子近圆柱形，具（0–）3–5 个分隔，弯曲，灰白色、橙色、紫色或红色；小型分生孢子和厚垣孢子未见。

模式种：*Microcera coccophila* Desm.

讨论：该属主要包括生长于蚧壳虫上，且产生 fusarium 型无性阶段的种，曾被处理为 *Fusarium* 的异名（Booth, 1971），基于多基因系统发育分析和宿主特性，Gräfenhan 等（2011）恢复使用 *Microcera* 属的名称，并承认了 4 种。该属目前世界已知 5 种（Xu et al., 2021），我国发现 1 种。子囊的大小、分生孢子的类型以及大型分生孢子的分隔状况为该属区分种的主要依据。

线盾蚧小角霉

Microcera kuwanaspidis X.L. Xu & C.L. Yang, in Xu et al., J. Fungi 7(8): 628-14, 2021.

国内分布：四川。

世界分布：中国。

讨论：据 Xu 等（2021）报道，该种生长于贺氏线盾蚧 *Kuwanaspis howarai* 上，子座椭圆形，橙红色，长 500–690 μm，宽 410–600 μm，完全覆盖单个虫体；分生孢子座长 190–280 μm，宽 150–300 μm；大型分生孢子圆柱形，稍弯曲，末端渐细，无色，具 3–8 个分隔，80–120 × 6.5–8.5 μm；小型分生孢子和厚垣孢子未见；有性阶段未知。

纳氏霉属 Nalanthamala Subram.

J. Indian Bot. Soc. 35: 478, 1956

Rubrinectria Rossman & Samuels, 1999

通常生长于棕榈的树干和树皮上；子座发达；子囊壳聚生，球形至阔梨形，具乳突，橙红色，表面具橙色或绿色鳞状物，在 3% KOH 水溶液中颜色变暗，在 100%乳酸溶液中颜色变淡；子囊圆柱形，顶环有或无，具 8 个孢子；子囊孢子阔椭圆形至纺锤形，具 1 个分隔，分隔处稍缢缩，淡褐色至黄褐色，表面具条纹；分生孢子梗 penicillium 型；分生孢子卵形，无分隔，无色，表面平滑。

模式种：*Nalanthamala madreeya* Subram.。

讨论：*Nalanthamala* 为 *Rubrinectria* 无性阶段的名称，Rossman 等（2013）提议将 *Nalanthamala* 作为该类群的正确名称。该属目前世界已知 5 种（Rossman et al., 1999, 2013；Schroers et al., 2005），我国发现 1 种。宿主植物的种类，菌落的颜色和生长速率，以及分生孢子的形状和大小为该属区分种的主要依据。

笔者未观察的种

番石榴纳氏霉

Nalanthamala psidii (Sawada & Kuros.) Schroers & M.J. Wingf., Mycologia 97(2): 385, 2005. Zhang et al., Mycosystema 41(8): 1170, 2022.

≡ *Myxosporium psidii* Sawada & Kuros., Untersuch. Artbildung Roccellaceen Galápagos-Inseln [diss.] 4: 97, 1926.

国内分布：广东、台湾。

世界分布：中国、马来西亚、南非。

讨论：据张芙蓉等（2022）报道，其分生孢子梗 penicillium 型，具 1–2 轮分枝，每轮产生 2–3 个瓶梗；瓶梗锥形至烧瓶形，长 5–12 μm，基部宽 2–3.5 μm，顶部宽 1–2 μm；小型分生孢子梭形、椭圆形或水滴形，无分隔，单生至排列呈链状，3.6–6.2 × 2.5–3.2 μm；

大型分生孢子长椭圆形或圆柱形，无分隔，单生，7–11.3 × 3–3.7 μm。

新赤壳属 Neocosmospora E.F. Sm.

U.S.D.A. Div. Veg. Pathol. Bull. 17: 45, 1899

Haematonectria Samuels & Nirenberg, 1999

通常生长于枯树皮上和土壤中；子座小或无；子囊壳单生至聚生，球形至倒梨形，表面平滑至具疣，黄色至橙褐色或红色，在 3% KOH 水溶液中颜色变暗，在 100%乳酸溶液中颜色变淡；子囊窄棒状至圆柱形，顶部简单或具顶环，具 8 个孢子；子囊孢子球形至椭圆形，具 0–1 个分隔，无色至黄色、黄褐色，表面具条纹；分生孢子梗简单；大型分生孢子近圆柱形，稍弯曲，末端具弯钩，具多个分隔；小型分生孢子卵形、椭圆形至近圆柱形，具 0–1 个分隔，无色，通常聚集成团；厚垣孢子球形至倒卵形，无色至淡黄色，顶生或间生（Rossman et al., 1999；Nalim et al., 2011；Lombard et al., 2015b）。

模式种：*Neocosmospora vasinfecta* E.F. Sm.。

讨论：*Neocosmospora* 是否独立为属，学者间存在不同观点，Geiser 等（2013）认为 *Neocosmospora* 应该纳入 *Fusarium solani* group，属于 *Fusarium* 属；而 Nalim 等（2011）、Lombard 等（2015b）和 Crous 等（2021b）则认为 *Neocosmospora* 是一个独立的属，笔者采纳了后者的观点。基于 18S rDNA 序列分析结果，由于 *Haematonectria haematococca* (Berk. & Broome) Samuels & Rossman（*Haematonectria* 的模式种）与 *Neocosmospora vasinfecta*（*Neocosmospora* 的模式种）的亲缘关系很近，它们互为同物异名（O'Donnell, 2000），*Neocosmospora* 具有优先权，是该类群的正确名称。该属目前世界已知 102 种（Karunarathna et al., 2020；Perera et al., 2020, 2023；Crous et al., 2021b, 2022；Guarnaccia et al., 2021；Wang et al., 2022），我国发现 18 种（陈庆涛等，1986；Hirooka et al., 2012；Zeng and Zhuang, 2017b, 2017c, 2023b；Karunarathna et al., 2020；Hao et al., 2021；Wang et al., 2022）。子囊壳壁的结构，子囊孢子的大小以及是否产生厚垣孢子为该属区分种的主要依据。

中国新赤壳属分种检索表

安徽新赤壳　图版 31

Neocosmospora anhuiensis Z.Q. Zeng & W.Y. Zhuang, Life 13: 1515-4, 2023.

无子座；子囊壳单生至少数聚生，球形、近球形至梨形，表面具疣，无乳突，橙红色，在 3% KOH 水溶液中呈暗红色，在 100%乳酸溶液中呈淡黄色，高 196–245 μm，直径 186–255 μm；子囊壳表面疣状物为角胞组织至球胞组织，高 15–40 μm，细胞 10–25 × 8–18 μm；壳壁厚 28–43 μm，分 2 层，外层为角胞组织，厚 23–33 μm，细胞 10–18 × 6–13 μm，胞壁厚 1–1.2 μm；内层为矩胞组织，厚 5–10 μm，细胞 8–15 × 2–3 μm，胞壁厚 0.8–1 μm；子囊圆柱形至棒状，无顶环，具 8 个孢子，48–70 × 5–9 μm；子囊孢子椭圆形，具 1 个分隔，分隔处不缢缩，无色，表面平滑，在子囊内单列或上部双列下部单列排列，8–15 × 3–5 μm。

在 PDA 培养基上，25℃ 培养 7 d 菌落直径 77 mm，表面绒毛状，气生菌丝致密，白色，产生淡黄色色素；在 SNA 培养基上，25℃ 培养 7 d 菌落直径 70 mm，表面绒毛状，菌丝稀疏，白色；分生孢子梗不分枝至简单分枝，长度不固定；小型分生孢子椭圆形至杆状，部分稍弯曲，具 0–1 个分隔，无色，表面平滑，4.5–15 × 1.5–2.5 μm；大型分生孢子镰刀形，具 2–6 个分隔，无色，表面平滑，25–58 × 3.5–5 μm。

标本及菌株：安徽黄山云谷寺，枯树枝上生，2019 VI 22，曾昭清、郑焕娣 12364，HMAS 255836，CGMCC 3.24869。

国内分布：安徽。

世界分布：中国。

讨论：系统发育树显示，*N. anhuiensis* 与 *N. silvicola* Sand.-Den. & Crous 的关系最近，但后者的子囊较大（74.5–102 × 7–11.5 μm），小型分生孢子较宽（宽 2–5.5 μm），在 PDA 培养基上产生橙色至赭色色素，并产生大量球形至近球形的厚垣孢子（Sandoval-Denis et al., 2019）。

橙色新赤壳　图版 32

Neocosmospora aurantia Z.Q. Zeng & W.Y. Zhuang, Life 13: 1515-5, 2023.

子座小或无；子囊壳单生至群生，球形至近球形或梨形，表面具疣，新鲜时为橙黄色，干后呈黄橙色，在 3% KOH 水溶液中呈暗红色，在 100%乳酸溶液中呈淡黄色，高 235–304 μm，直径 206–323 μm；子囊壳表面疣状物为角胞组织至球胞组织，高 15–63 μm，细胞 10–30 × 8–13 μm；壳壁厚 18–30 μm，分 2 层，外层为角胞组织至球胞组织，厚 13–23 μm，细胞 10–25 × 5–22 μm，胞壁厚 0.8–1 μm；内层为矩胞组织，厚 5–8 μm，细胞 5–10 × 2–3 μm，胞壁厚 0.9–1.2 μm；子囊圆柱形至棒状，无顶环，具 8 个孢子，43–75 × 5–12 μm；子囊孢子椭圆形至长椭圆形，具 1 个分隔，分隔处缢缩或不缢缩，无色，表面平滑，在子囊内单列或上部双列下部单列排列，10–16 × 4–5 μm。

在 PDA 培养基上，25℃ 培养 7 d 菌落直径 28 mm，表面绒毛状，气生菌丝致密，白色，产生淡褐色色素；在 SNA 培养基上，25℃ 培养 7 d 菌落直径 33 mm，表面絮状，气生菌丝稀疏，白色；分生孢子梗简单分枝，长 16–83 μm，基部宽 2–3 μm；大型分生孢子镰刀形，部分为圆柱形，两端略弯曲，具（1–）3–4（–5）个分隔，表面平滑，43–75 × 5–6 μm；小型分生孢子椭圆形至杆状，具 0（–1）个分隔，表面平滑，4–15 × 1.5–2.5 μm。

标本及菌株：湖北神农架木城哨卡，枯树皮上生，2014 IX 22，曾昭清、郑焕娣、秦文韬、陈凯 10053，HMAS 290899，CGMCC 3.24866。

国内分布：湖北。

世界分布：中国。

讨论：系统发育分析显示，该种与 *N. phaseoli* (Burkh.) L. Lombard & Crous 的关系最近，但后者大型分生孢子较短（32–58 μm），小型分生孢子较大（13.5–32.5 × 3.5–6 μm），并且产生近球形至椭圆形的厚垣孢子（Aoki et al., 2003）。此外，二者的 ITS、LSU、*rpb2* 和 *tef1* 序列分别相差 6 bp、11 bp、22 bp 和 22 bp（Zeng and Zhuang, 2023b）。

波密新赤壳　图版 33

Neocosmospora bomiensis Z.Q. Zeng & W.Y. Zhuang, Phytotaxa 319(2): 177, 2017.

子座小或无；子囊壳单生，球形至近球形或梨形，表面具疣，干后侧面凹陷，橙红色，在 3% KOH 水溶液中呈褐红色，在 100%乳酸溶液中呈黄色，高 255–363 μm，直径 206–204 μm；子囊壳表面疣状物为球胞组织至角胞组织，高 20–50 μm，细胞 12–33 × 14–30 μm，胞壁厚 1–1.2 μm；壳壁厚 20–30 μm，仅 1 层，角胞组织至矩胞组织，细胞 10–28 × 4–15 μm，胞壁厚 1–1.2 μm；子囊棒状，无顶环，具 8 个孢子，60–100 × 8–15 μm；子囊孢子椭圆形，具 1 个分隔，分隔处不缢缩，无色，表面平滑，10–20 × 5–8 μm。

在 PDA 培养基上，25℃ 培养 7 d 菌落直径 32 mm，表面绒毛状，气生菌丝白色，产生淡紫色色素；在 SNA 培养基上，25℃ 培养 7 d 菌落直径 40 mm，气生菌丝稀疏，白色；分生孢子梗简单分枝，长 20–63 μm，基部宽 2.5–3.5 μm；大型分生孢子镰刀形，稍弯曲，无色，具（3–）5–6 个分隔，53–70 × 4–5 μm；小型分生孢子和厚垣孢子未见。

标本：西藏林芝波密，海拔 2700 m，树枝上生，2016 IX 22，曾昭清、余知和、郑焕娣、王新存、陈凯、张玉博 11153，HMAS 254519。

国内分布：西藏。

世界分布：中国。

讨论：*Neocosmospora bomiensis* 的子囊壳单生，球形至近球形，橙红色，干后侧面凹陷，子囊壳表面具疣，以及子囊和子囊孢子大小等特征与 *N. rectiphora* Samuels, Nalim & Geiser 相似，但后者的子囊较宽（宽 9–18 μm），子囊孢子阔椭圆形至纺锤形、黄褐色，具条纹（Nalim et al., 2011）；此外，二者的 ITS 和 *tef1* 序列分别相差 31 bp 和 13 bp（Zeng and Zhuang, 2017c）。

两型新赤壳　图版 34，图版 35

Neocosmospora dimorpha Z.Q. Zeng & W.Y. Zhuang, Life 13: 1515-6, 2023.

无子座；子囊壳单生至少数聚生，球形、近球形至梨形，无乳突，表面粗糙，暗红色，在 3% KOH 水溶液中呈暗红色，在 100% 乳酸溶液中呈淡黄色，高 225–294 μm，直径 196–254 μm；子囊壳表面疣状物为角胞组织至球胞组织，高 15–45 μm，细胞 8–28 × 5–20 μm；壳壁厚 15–40 μm，分 2 层，外层为角胞组织至球胞组织，厚 10–30 μm，细胞 5–15 × 4–10 μm，胞壁厚 1–1.2 μm；内层为矩胞组织，厚 5–10 μm，细胞 8–14 × 2–3 μm，胞壁厚 0.8–1 μm；子囊圆柱形至棒状，顶部圆，具 8 个孢子，63–80 × 5.5–10 μm；子囊孢子椭圆形，具 1 个分隔，分隔处不缢缩，无色，表面平滑，在子囊内单列或上部双列下部单列排列，8–15 × 3.5–5 μm。

在 PDA 培养基上，25℃ 培养 7 d 菌落直径 67 mm，表面绒毛状，气生菌丝致密，白色，产生淡褐色色素；在 SNA 培养基上，25℃ 培养 7 d 菌落直径 58 mm，表面绒毛状，菌丝稀疏，白色；分生孢子梗不分枝至简单分枝，长度不固定；小型分生孢子椭圆形或杆状，椭圆形孢子，无分隔，无色，表面平滑，4–10.6 × 1.6–4.1 μm；杆状孢子，部分稍弯曲，0（–1）分隔，无色，表面平滑，4–14.2 × 1.6–5.2 μm；大型分生孢子和厚垣孢子未见。

标本及菌株：湖南衡阳南岳风景区，枯树皮上生，2015 X 21，曾昭清、王新存、陈凯、张玉博 10144，HMAS 255837，CGMCC 3.24867。

国内分布：湖南。

世界分布：中国。

讨论：系统发育分析显示，该种与 *N. ferruginea* Sand.-Den. & Crous 的关系最近，但后者在 PDA 培养基上产生土黄色色素、大型分生孢子具（4–）5–6（–7）个分隔，并且产生近球形至椭圆形的厚垣孢子（Sandoval-Denis et al., 2019）。此外，二者的 ITS、LSU、*rpb2* 和 *tef1* 序列分别相差 2 bp、3 bp、26 bp 和 14 bp（Zeng and Zhuang, 2023b）。

黄绿新赤壳　图版 36，图版 37

Neocosmospora galbana Z.Q. Zeng & W.Y. Zhuang, Life 13: 1515-8, 2023.

　　子座小或无；子囊壳单生至群生，球形、近球形至梨形，无乳突，表面粗糙，橙红色至褐红色，在 3% KOH 水溶液中呈暗红色至紫色，在 100%乳酸溶液中呈淡黄色，高 225–304 μm，直径 216–333 μm；壳壁厚 25–45 μm，分 2 层，外层为角胞组织至球胞组织，厚 10–37 μm，细胞 5–15 × 4–8 μm，胞壁厚 1–1.2 μm；内层为矩胞组织，厚 5–8 μm，细胞 10–20 × 2–3 μm，胞壁厚 0.8–1 μm；子囊圆柱形至棒状，无顶环，具 8 个孢子，63–88 × 7.5–12 μm；子囊孢子椭圆形，具（0–）1 个分隔，分隔处缢缩或不缢缩，无色，表面平滑，在子囊内单列或上部双列下部单列排列，8–13 × 4–5.5 μm。

　　在 PDA 培养基上，25℃ 培养 7 d 菌落直径 84 mm，表面绒毛状，气生菌丝较致密，白色，产生黄绿色色素；在 SNA 培养基上，25℃ 培养 7 d 菌落直径 58 mm，表面绒毛状，气生菌丝稀疏，白色；分生孢子梗不分枝或 verticillium 型，产生 2–4 个瓶梗；瓶梗圆柱形，长 16–58 μm，基部宽 1.5–2 μm；大型分生孢子镰刀形，具 1–6 个分隔，无色，表面平滑，13–73 × 2.5–5 μm；小型分生孢子椭圆形至杆状，无分隔，无色，3–8 × 1.5–2.5 μm。

　　标本及菌株：湖北神农架板桥，枯树皮上生，2014 IX 20，曾昭清、郑焕娣、陈凯、秦文韬 9942，HMAS 247874，CGMCC 3.24868。

　　国内分布：湖北。

　　世界分布：中国。

　　讨论：在 *Neocosmospora* 属已知种中，*N. galbana* 在培养基上产生大型和小型分生孢子，分生孢子的分隔数目与大小与衡阳新赤壳 *N. hengyangensis* Z.Q. Zeng & W.Y. Zhuang 相似，但后者的子囊壳较小（176–245 × 186–235 μm），子囊稍窄（宽 5–8 μm）（Zeng and Zhuang, 2017c）。

衡阳新赤壳　图版 38

Neocosmospora hengyangensis Z.Q. Zeng & W.Y. Zhuang, Phytotaxa 319(2): 179, 2017.

　　无子座；子囊壳单生至聚生，球形至近球形，表面具疣，干后侧面凹陷，橙红色至橙褐色，在 3% KOH 水溶液中呈褐红色，在 100%乳酸溶液中呈黄色，高 176–245 μm，直径 186–235 μm；子囊壳表面疣状物为球胞组织至角胞组织，高 15–35 μm，细胞 14–25 × 8–16 μm，胞壁厚 1.2–1.5 μm；壳壁厚 20–40 μm，分 2 层，外层为球胞组织至角胞组织，厚 16–32 μm，细胞 8–18 × 5–8 μm，胞壁厚 1–1.2 μm；内层为矩胞组织，厚 4–8 μm，细胞 10–14 × 3–5 μm，胞壁厚 0.8–1 μm；子囊棒状，无顶环，具 8 个孢子，48–80 × 5–8 μm；子囊孢子椭圆形至近纺锤形，具 1 个分隔，分隔处不缢缩，淡褐色，表面平滑，在子囊内单列或上部双列下部单列排列，9–13 × 4.5–5 μm。

　　在 PDA 培养基上，25℃ 培养 7 d 菌落直径 78 mm，表面绒毛状，气生菌丝白色，产生粉色色素；在 SNA 培养基上，25℃ 培养 7 d 菌落直径 76 mm，表面绒毛状，气生菌丝稀疏，白色；分生孢子梗简单分枝，长 40–150 μm，基部宽 2–3 μm；大型分生孢子镰刀形，无色，表面平滑，稍弯曲，具 4–6 个分隔，4 个分隔：33–55 × 2.5–3 μm；5 个分隔：43–55 × 2.8–4 μm；6 个分隔：53–60 × 3.5–5 μm；小型分生孢子腊肠形至杆状，无分隔，表面平滑，稍弯曲，3–9 × 1–3 μm。

标本：湖南衡阳岣嵝峰，海拔 800 m，树枝上生，2015 X 24，曾昭清、王新存、陈凯、张玉博 10235，HMAS 254518。

国内分布：湖南。

世界分布：中国。

讨论：在 *Neocosmospora* 的已知种中，*N. hengyangensis* 的子囊壳近球形、橙红色、表面具疣状物、干后侧面凹陷，子囊棒状，子囊孢子椭圆形至近纺锤形等特征与 *N. haematococca* (Berk. & Broome) Samuels, Nalim & Geiser 相似，但后者的子囊壳（310–335 × 285–310 μm）、子囊（70–92 × 10.5–13.5 μm）和子囊孢子（13.7–19.7 × 6–9 μm）均较大，且在培养基中不产生小型分生孢子（Nalim et al., 2011）。此外，两种的模式菌株在 ITS 和 *tef1* 序列上分别存在 44 bp 和 52 bp 差异（Zeng and Zhuang, 2017c）。

猫儿山新赤壳　图版 39，图版 40

Neocosmospora maoershanica Z.Q. Zeng & W.Y. Zhuang, Life 13: 1515-9, 2023.

无子座；子囊壳单生至少数聚生，球形至近球形或梨形，乳突小或无，表面粗糙，新鲜时为橙红色，干后为红色至暗红色，在 3% KOH 水溶液中呈暗红色，在 100%乳酸溶液中呈黄色，高 216–294 μm，直径 176–255 μm；壳壁厚 15–55 μm，分 2 层，外层为角胞组织，厚 10–43 μm，细胞 5–10 × 4–8 μm，胞壁厚 1–1.2 μm；内层为矩胞组织，厚 5–12 μm，细胞 5–12 × 2–3 μm，胞壁厚 0.8–1 μm；子囊圆柱形至柱棒状，无顶环，具（6–）8 个孢子，55–85 × 5–8 μm；子囊孢子椭圆形至长椭圆形，具（0–）1 个分隔，分隔处缢缩或不缢缩，无色至淡褐色，表面平滑，在子囊内单列斜向排列，9–16 × 4.5–8 μm。

在 PDA 培养基上，25℃ 培养 7 d 菌落直径 80 mm，表面绒毛状，气生菌丝致密，白色，产生淡褐色色素；在 SNA 培养基上，25℃ 培养 7 d 菌落直径 68 mm，菌丝稀疏，白色；分生孢子梗简单分枝至 verticillium 型；瓶梗圆锥形、近圆柱形至针状，无色，表面平滑，14–75 × 1.2–1.6 μm；分生孢子椭圆形，杆状或子弹形，具 0（–1）个分隔，表面平滑，3–13 × 2–4 μm，通常聚集成团。

标本及菌株：广西桂林猫儿山漓江源大峡谷，枯枝上生，2019 XII 7，曾昭清、郑焕娣 12500，HMAS 247875，CGMCC 3.24870。

国内分布：广西。

世界分布：中国。

讨论：系统发育分析显示，*N. maoershanica* 与 *N. oblonga* Sand.-Den. & Crous 关系较近，二者的 *rpb2* 序列存在 23 bp 差异。后者的模式菌株分离自人的眼睛，基物截然不同。形态方面，后者在 PDA 上的菌落颜色为白色，小型分生孢子较大（5–22 × 2–5.5 μm），且产生大量球形至近球形的厚垣孢子（Sandoval-Denis et al., 2019）。

剑孢新赤壳　图版 41

Neocosmospora protoensiformis Sand.-Den. & Crous, in Sandoval-Denis, Lombard & Crous, Persoonia 43: 156, 2019. Zeng & Zhuang, Mycosystema 41(6): 1012, 2022.

≡ *Fusarium protoensiforme* (Sand.-Den. & Crous) O'Donnell, Geiser, Kasson & T. Aoki, in Aoki et al., Index Fungorum 440: 3, 2020.

无子座；子囊壳单生至少数聚生，球形至梨形，表面具疣，乳突较小，干后侧面明显凹陷，新鲜时为鲜红色，干后为深红色，在 3% KOH 水溶液中呈暗红色，100%乳酸溶液中呈黄色，高 274–363 μm，直径 216–294 μm；子囊壳表面疣状物为球胞组织，高 4–40 μm，细胞 8–22 × 6–20 μm；壳壁厚 20–50 μm，矩胞组织至角胞组织，细胞 5.4–15 × 2.2–8 μm，胞壁厚 1–1.5 μm；子囊棒状，无顶环，具 8 个孢子，43–60 × 5–10 μm；子囊孢子椭圆形，具 1 个分隔，分隔处稍缢缩，无色，表面平滑，在子囊中单列斜向排列，10–15 × 5–8 μm。

在 PDA 培养基上，25℃ 培养 7 d 菌落直径 40 mm，气生菌丝致密，白色；在 SNA 培养基上，25℃ 培养 7 d 菌落直径 45 mm，白色，气生菌丝稀疏；分生孢子梗简单分枝，瓶梗锥形、近圆柱形至针形，表面平滑，长 22–56 μm，基部宽 2–3 μm，顶部宽 1–1.5 μm；大型分生孢子镰刀形，具 4–9 个分隔，50–85 × 4–5 μm；小型分生孢子卵形、棒状至椭圆形，不弯曲，具 0 (–1) 个分隔，无色，表面平滑，8–20 × 3–5 μm，末端具黏性，少数聚集成团。

标本：云南高黎贡山百花岭，枯树皮上生，2017 IX 15，张意、郑焕娣、王新存、张玉博 11363，HMAS 290889。

国内分布：云南。

世界分布：中国、委内瑞拉。

讨论：该种可在人工培养基上产生子囊壳，与自然基物上的相比，子囊壳和子囊孢子的大小基本一致，子囊稍大（53–105 × 8–13.8 μm）（Sandoval-Denis et al., 2019）。我国材料与来自委内瑞拉的模式菌株（NRRL 22178）的 LSU 序列一致，ITS 序列相差 5 bp，将其视为种内变异（曾昭清和庄文颖，2022）。

假剑孢新赤壳　图版 42

Neocosmospora pseudensiformis Samuels, in Nalim et al., Mycologia 103(6): 1323, 2011.

≡ *Fusarium pseudensiforme* Samuels, Nalim & Geiser, in Nalim et al., Mycologia 103(6): 1323, 2011.

无子座；子囊壳单生至少数聚生，球形至近球形，表面具疣，乳突小或无，黄橙色至橙红色，在 3% KOH 水溶液中变暗红色，在 100%乳酸溶液中变淡黄色，高 176–274 μm，直径 167–255 μm；子囊壳表面疣状物为角胞组织至矩胞组织，高 10–38 μm，细胞 8–36 × 8–15 μm；壳壁厚 15–48 μm，分 2 层，外层为角胞组织至球胞组织，厚 10–38 μm，细胞 6–20 × 4–13 μm，胞壁厚 1–1.2 μm；内层为矩胞组织，厚 5–10 μm，细胞 10–15 × 2–3 μm，胞壁厚 0.8–1 μm；子囊圆柱形，无顶环，具 8 个孢子，63–88 × 6.5–8 μm；子囊孢子椭圆形，具 1 个分隔，分隔处缢缩或不缢缩，无色，表面平滑，在子囊内单列或不规则双列排列，9–15 × 4.5–6 μm。

在 PDA 培养基上，25℃ 培养 7 d 菌落直径 76 mm，表面绒毛状，气生菌丝致密，白色，产生淡灰白色色素；在 SNA 培养基上，25℃ 培养 7 d 菌落直径 64 mm，表面绒毛状，菌丝稀疏，白色；分生孢子梗不分枝至简单分枝，长度不固定；大型分生孢子镰刀形，部分稍弯曲，具 2–6 个分隔，无色，表面平滑，20–70 × 2.5–4.5 μm；小型分生孢子杆状，稍弯曲，无分隔，无色，表面平滑，12–18 × 1.8–2.5 μm。

标本：广西桂林猫儿山，枯树皮上生，2019 XII 5，曾昭清、郑焕娣 12436，HMAS 255838。

国内分布：广西。

世界分布：中国、斯里兰卡。

讨论：中国标本与 Nalim 等（2011）基于斯里兰卡材料的原始描述一致，二者的 ITS、*rpb2* 和 *tef1* 序列分别存在 4 bp、2 bp 和 10 bp 差异，被视为种内差异，这是该种在中国的首次报道。

茄新赤壳　图版 43

Neocosmospora solani (Mart.) L. Lombard & Crous, in Lombard et al., Stud. Mycol. 80: 228, 2015. Hao et al., Plant Dis. 105(11): 3750, 2021.

≡ *Fusisporium solani* Mart., Die Kartoffel-Epidemie der letzten Jahre oder die Stockfäule und Räude der Kartoffeln: 20, 1842.

≡ *Fusarium solani* (Mart.) Sacc. Michelia 2: 296, 1881.

在 PDA 培养基上，25℃ 培养 7 d 菌落直径 77 mm，表面绒毛状，气生菌丝致密，白色，产生淡褐色色素；在 SNA 培养基上，25℃ 培养 7 d 菌落直径 78 mm，表面绒毛状，菌丝稀疏，白色；分生孢子梗不分枝或简单分枝，具隔膜，长 12–75 μm，基部宽 1.8–4 μm；分生孢子镰刀形，具 0–3 个分隔，无色，6.2–42 × 1.8–5.8 μm；厚垣孢子未见。

标本：北京门头沟潭柘寺，枯枝上生，2018 VI 12，庄文颖、曾昭清、郑焕娣、王新存 11856，HMAS 247876。

国内分布：北京、云南。

世界分布：中国、德国、斯洛文尼亚。

讨论：考虑到 *Fusarium solani* 与 *Neocosmospora haematococca*（≡ *Haematonectria haematococca*）的显著差异（Nalim et al., 2011），Lombard 等（2015b）将 *F. solani* 转入 *Neocosmospora* 属。北京材料与 Schroers 等（2016）基于欧洲材料的描述基本一致。据 Hao 等（2021）报道，该种在云南分布。

笔者未观察的种

瓜拉皮新赤壳

Neocosmospora guarapiensis (Speg.) Hirooka, Samuels, Rossman & P. Chaverri, in Hirooka et al., Stud. Mycol. 71: 185, 2012.

≡ *Nectria guarapiensis* Speg., Anales Soc. Ci. Argent. 19: 37, 1885.

= *Cucurbitaria guarapiensis* (Speg.) Kuntze, Rev. Gen. Pl. 3: 461, 1898.

国内分布：地点未知。

世界分布：中国、巴西。

讨论：该种的子座限于基部；子囊壳聚生，球形，表面具疣，无乳突，干后顶部凹陷，红橙色，在 3% KOH 水溶液中呈暗红色，在 100%乳酸溶液中变黄色，高 240–390 μm，直径 195–345 μm；壳壁厚 35–50 μm，分 2 层；子囊棒状，无顶环，具 4–8 个孢子，60–95 × 15–20 μm；子囊孢子阔椭圆形，具 1 个分隔，无色至黄褐色，表面具条纹，在子囊内双列排列，14–18 × 6–9 μm（Samuels and Brayford, 1994）。据 Hirooka 等（2012）记载，该种在中国有分布，但未提供采集地信息。

柯新赤壳

Neocosmospora lithocarpi M.M. Wang & L. Cai, in Wang et al., Persoonia 48: 43, 2022.

国内分布：地点未知。

世界分布：中国。

讨论：据 Wang 等（2022）报道，该种来自石栎 *Lithocarpus glabra*，其分生孢子梗 verticillium 型，瓶梗锥形至近圆柱形，表面平滑，9.9–23.3 × 2.8–6.3 μm；大型分生孢子镰刀形，具 5 个分隔，无色，表面平滑，32.1–57.8 × 3.9–8.1 μm；小型分生孢子椭圆形至镰刀形，表面平滑，具 0–1 个分隔，7–24 × 3.5–7 μm；厚垣孢子椭圆形，表面粗糙，无色，间生，6.1–8.7 × 5.3–7.3 μm。本研究未获得该种的标本或菌株。

苍白新赤壳

Neocosmospora pallidimors Tibpromma, Karun., Karasaki & P.E. Mortimer, in Karunarathna et al., Emerging Microbes & Infections 9(1): 1562, 2020.

国内分布：云南。

世界分布：中国。

讨论：该种由 Karunarathna 等（2020）报道，采集自云南昆明某洞穴外的蝙蝠尸体上，其瓶梗近圆柱形、锥形至针形；小型分生孢子椭圆形至腊肠形，具 0–1 个分隔，表面平滑，5–20 × 3–6 μm；大型分生孢子纺锤形至新月形，具 1–3 个分隔，表面平滑，30–40 × 4–7 μm；厚垣孢子球形至近球形，表面稍粗糙，4–10 × 4–8 μm。本研究未获得该种的标本或菌株。

球孢新赤壳

Neocosmospora sphaerospora (Q.T. Chen & X.H. Fu) Sand.-Den. & Crous, in Sandoval-Denis et al., Persoonia 43: 173, 2019.

≡ *Fusarium sphaerosporum* Q.T. Chen & X.H. Fu, in Chen, Fu & Chen, Acta Mycol. Sin., Suppl. 1: 331, 1986.

国内分布：广东。

世界分布：中国。

讨论：该种由陈庆涛等（1986）分离自广东茂名油田地下管道，其模式标本（HMAS 43749）保藏在中国科学院微生物研究所菌物标本馆，为培养物干片，材料状态欠佳，无法进行显微观察和特征描述。

嗜石油新赤壳

Neocosmospora petroliphila (Q.T. Chen & X.H. Fu) Sand.-Den. & Crous, Persoonia 41: 121, 2017.

 ≡ *Fusarium solani* var. *petroliphilum* Q.T. Chen & X.H. Fu, in Chen, Fu & Chen, Acta Mycol. Sin., Suppl. 1: 330, 1986.

= *Fusarium petroliphilum* (Q.T. Chen & X.H. Fu) Geiser, O'Donnell, D.P.G. Short & N. Zhang, in Short et al., Fungal Genet. Biol. 53: 69, 2013.

 国内分布：北京。

 世界分布：中国、卡塔尔、南非、美国、古巴、巴西、新西兰。

 讨论：据陈庆涛等（1986）记载，该种分离自变质石油。其寄主还包括南瓜属 *Cucurbita* 植物、天竺葵属 *Pelargonium* 植物和甘蔗 *Saccharum officinarum*，此外，还存在于人体组织（Sandoval-Denis et al., 2019）。本研究未能获得其标本或培养物，无法进行显微观察和特征描述。

新隔孢赤壳属 Neothyronectria Crous & Thangavel

Persoonia 37: 329, 2016

 通常生长于枯枝上；基部子座，子囊壳球形至近球形，表面屑状至鳞片状；子囊棒状，具 4 个孢子；子囊孢子腊肠形至短圆柱形，分隔砖格状；分生孢子器产生淡黄色黏液形的分生孢子团；分生孢子梗简单分枝，具隔膜，近圆柱形，无色，表面平滑；瓶梗安瓿形至近圆柱形，顶部变细，无色，表面平滑；分生孢子近圆柱形，末端钝，单生，不弯曲至稍弯曲，无色，表面平滑。

 模式种：*Neothyronectria sophorae* Crous & Thangavel。

 讨论：该属与 *Thyronectria* 属在形态上有些相似，但系统发育分析表明，两者的关系较远，目前世界已知 2 种（Crous et al., 2016；Yang et al., 2019），我国发现 1 种。现有的两个种一个发现了有性阶段，另一个仅知无性阶段，因此，ITS、LSU 和 *tub2* 等片段的序列差异暂且作为区分种的依据。

笔者未观察的种

柑橘新隔孢赤壳

Neothyronectria citri C.M. Tian & Q. Yang, in Yang et al., MycoKeys 56: 56, 2019.

 国内分布：江西。

 世界分布：中国。

 讨论：Yang 等（2019）提供了该种的描述，其子囊壳散生至 3–10 个聚生，球形至近球形，直径 200–270 μm，黄褐色至灰白色，表面屑状至鳞片状；子囊棒状，具 4 个孢子，53.5–65 × 8.5–11 μm；子囊孢子腊肠形至短圆柱形，分隔砖格状，无色至黄褐色，17–23.5 × 8–10 μm；无性阶段未知。

近枝顶孢属 **Paracremonium** L. Lombard & Crous

Stud. Mycol. 80: 233, 2015

通常见于土壤和水体，偶发于人体组织；分生孢子梗圆柱形至近圆柱形，多数不分枝，偶见分枝，表面平滑，无色；瓶梗长安瓿瓶形至近圆柱形，顶部渐细，无色，表面平滑；分生孢子纺锤形至椭圆形或圆柱形，无分隔，直立至明显弯曲，末端具黏性，通常在分生孢子梗末端聚集成团；有性阶段未知。

模式种：*Paracremonium inflatum* L. Lombard & Crous。

讨论：该属包括 *Acremonium recifei* (Leão & Lôbo) W. Gams（Gams, 1971）及其近缘种（Lombard et al., 2015b），目前世界已知 9 种（Lombard et al., 2015b；Lynch et al., 2016；Crous et al., 2017, 2021a；Zhang et al., 2017, 2021；Al-Bedak et al., 2019），我国发现 4 种。分生孢子梗的分枝特征和长度，以及分生孢子的形状和大小为该属区分种的主要依据。

中国近枝顶孢属分种检索表

1. 分生孢子末端钝圆 ·· 宾氏近枝顶孢 *P. binnewijzendii*
1. 分生孢子末端具细尖 ··· 2
  2. 分生孢子球形至近球形 ··· 尖近枝顶孢 *P. apiculatum*
  2. 分生孢子棒状、卵形至椭圆形 ·· 3
3. 分生孢子椭圆形，5.5–8 × 3.5–5 μm ······················· 椭圆近枝顶孢 *P. ellipsoideum*
3. 分生孢子卵形、椭圆形或棒状，9–14.5 × 4–6 μm ··············· 多形近枝顶孢 *P. variiforme*

尖近枝顶孢　图版 44

Paracremonium apiculatum Z.F. Zhang & L. Cai, in Zhang et al., Fungal Divers. 106: 107, 2021.

在 PDA 培养基上，25℃ 培养 7 d 菌落直径 12 mm，表面绒毛状，气生菌丝致密，白色，产生黄色色素；在 SNA 培养基上，25℃ 培养 7 d 菌落直径 13 mm，表面絮状，气生菌丝稀疏，白色，产生淡黄色色素；分生孢子梗不分枝或简单分枝，具隔膜；瓶梗圆柱形至针形，15–25 × 1.5–3 μm；分生孢子球形至近球形，脱落处存留细而尖的痕迹，无分隔，无色，表面平滑，直径 3.5–5 μm。

菌株：云南宜良三角洞，25.134° N，103.383° E，土生，2016 V，张志峰 CGMCC 3.19309。

国内分布：云南。

世界分布：中国。

讨论：该种来自洞穴土（Zhang et al., 2021），其典型特征是分生孢子球形至近球形，脱落处存留细而尖的痕迹。

椭圆近枝顶孢　图版 45

Paracremonium ellipsoideum Z.F. Zhang & L. Cai, in Zhang et al., Fungal Divers. 106: 108, 2021.

在 PDA 培养基上，25℃ 培养 7 d 菌落直径 15 mm，表面绒毛状，气生菌丝致密，白色，产生橙黄色色素；在 SNA 培养基上，25℃ 培养 7 d 菌落直径 22 mm，表面絮状，气生菌丝稀疏，白色，产生淡黄色色素；分生孢子梗不分枝或 verticillium 型，具 2–6 个瓶梗；瓶梗圆柱形至针形，22–38 × 2.5–3.5 µm；分生孢子椭圆形，基部具细尖，无分隔，无色，表面平滑，5.5–8 × 3.5–5 µm。

菌株：云南宜良县三角洞，25.134° N，103.383° E，污水中生，2016 V，张志峰 CGMCC 3.19316。

国内分布：云南。

世界分布：中国。

讨论：基于 ITS、LSU 和 *tub2* 序列的系统发育分析显示，该种与 *P. inflatum* 和 *P. moubasheri* Al-Bedak & M.A. Ismail 关系较近，区别在于后两个种的分生孢子均为纺锤形，而非椭圆形、基部具细尖（Lombard et al., 2015b；Al-Bedak et al., 2019；Zhang et al., 2021）。

多形近枝顶孢　图版 46

Paracremonium variiforme Z.F. Zhang, F. Liu & L. Cai, in Zhang et al., Persoonia 39: 20, 2017.

在 PDA 培养基上，25℃ 培养 7 d 菌落直径 18 mm，表面绒毛状，气生菌丝致密，白色，产生橙黄色色素；在 SNA 培养基上，25℃ 培养 7 d 菌落直径 25 mm，表面絮状，气生菌丝稀疏，白色，产生淡黄色色素；分生孢子梗不分枝或简单分枝；瓶梗烧瓶形，18–41 × 2–3.5 µm；分生孢子卵形至椭圆形或棒状，具细尖，无分隔，无色，表面平滑，9–14.5 × 4–6 µm。

菌株：贵州宽阔水国家级自然保护区溶洞，28°12'599" N，107°13'661" E，水生，2014 VII 19，张志峰、蔡磊、陈倩、周欣 CGMCC 3.17931。

国内分布：贵州。

世界分布：中国。

讨论：基于 ITS、LSU 和 *tub2* 序列的多基因分析显示，该种与 *P. contagium* L. Lombard & Crous 聚类在一起，但二者的分生孢子梗分枝特征明显不同（Zhang et al., 2017）。

笔者未观察的种

宾氏近枝顶孢

Paracremonium binnewijzendii Houbraken, van der Kleij & L. Lombard, in Crous et al., Persoonia 39: 321, 2017. Luo et al., Fungal Divers. 99: 547, 2019.

国内分布：云南。

世界分布：中国、荷兰。

讨论：该种最初发现于荷兰莱顿河堤的土壤中（Crous et al., 2017），Luo 等（2019）在云南洱海浸水的木头上分离得到，目前仅发现其无性阶段。

隔孢帚霉属 Penicillifer Emden

Acta Bot. Neerl. 17: 54, 1968

Viridispora Samuels & Rossman, 1999

通常生长于枯树皮、枯枝、根部、土壤和担子菌子实体上；无子座；子囊壳单生，球形至梨形，表面多具疣，少数平滑，红色、橙褐色至褐色，在 3% KOH 水溶液和 100% 乳酸溶液中不变色；子囊棒状，无顶环；子囊孢子具 1 个分隔，绿色，表面平滑；分生孢子梗单生，具隔膜，不分枝至 verticillium 型；瓶梗圆柱形，顶部斜向加厚；分生孢子圆柱形至舟形，具 1 个分隔，无色，表面平滑，一端或两端具细尖。

模式种：*Penicillifer pulcher* Emden。

讨论：Rossman 等（1999）将 *Nectria* 和 *Neocosmospora* 中产生 *Penicillifer* 无性阶段的种纳入 *Viridispora* Samuels & Rossman。按照命名法规优先权原则，Lombard 等（2015b）提议将 *Penicillifer* 作为该类群的正确名称。该属目前世界已知 7 种（van Emden, 1968；Matsushima, 1985；Samuels, 1989；Watanabe, 1990；Polishook et al., 1991；Rossman et al., 1999；Crous et al., 2014；Lombard et al., 2015b），我国仅发现 1 种。子囊壳的表面特征，子囊孢子的形状、颜色、大小和分隔状况为该属区分种的主要依据。

中国隔孢帚霉　图版 47，图版 48

Penicillifer sinicus Z.Q. Zeng & W.Y. Zhuang, J. Fungi 8(10): 1075-6, 2022.

无子座；子囊壳单生，球形至近球形，乳突细尖至钝圆，表面具疣，黄褐色至褐色，在 3% KOH 水溶液和 100% 乳酸溶液中不变色，高 235–314 μm，直径 176–274 μm；子囊壳表面疣状物为矩胞组织，高 15–55 μm；壳壁厚 23–35 μm，分 2 层，外层为角胞组织，厚 16–25 μm，细胞 5–9 × 4–8 μm，胞壁厚 1–1.2 μm；内层为矩胞组织，厚 7–10 μm，细胞 5–13 × 2–3 μm，胞壁厚 0.8–1 μm；子囊圆柱形，具顶环，具 8 个孢子，60–85 × 4.5–8 μm；子囊孢子椭圆形至梭形，具（0–）1 个分隔，分隔处缢缩或不缢缩，无色至淡褐色，表面平滑，在子囊内单列斜向排列，10–15 × 4.5–5.3 μm。

在 PDA 培养基上，25°C 培养 7 d 菌落直径 20 mm，表面绒毛状，气生菌丝致密，白色，产生黄褐色色素；在 SNA 培养基上，25°C 培养 7 d 菌落直径 26 mm，表面絮状，气生菌丝稀疏，白色；分生孢子梗 verticillium 型，通常具 1–2 轮，产生 2–8 个瓶梗，稀疏至密集排列，长 30–120 μm，基部宽 2–3.5 μm；瓶梗锥形，顶部渐细，长 15–45 μm，基部宽 1.5–2.5 μm；分生孢子椭圆形至梭形或圆柱形，弯曲，两端圆，具（0–）1（–3）个分隔，无色，表面平滑，10–28 × 3–5.5 μm。

标本及菌株：广西桂林猫儿山，枯枝上生，2019 XII 7，曾昭清、郑焕娣 12496，HMAS 247865，CGMCC 3.24130。

国内分布：广西。

世界分布：中国。

讨论：在 *Penicillifer* 属的已知种中，*P. sinicus* 子囊壳和子囊孢子的表观特征与 *P. macrosporus* Samuels 相似，但后者的子囊壳壁较厚（厚约 65 μm），子囊棒状无顶环，子囊孢子稍宽（宽 5–7 μm），分生孢子较长（长 33–47 μm）（Rossman et al., 1999）。此外，二者模式菌株（CGMCC 3.24130 和 CBS 423.88）的 ITS、LSU、*rpb1*、*rpb2* 和 *tef1* 基因分别存在 34 bp、19 bp、23 bp、31 bp 和 23 bp 差异（Zeng and Zhuang, 2022b）。

假赤壳属 Pseudocosmospora C.S. Herrera & P. Chaverri

Mycologia 105(5): 1291, 2013

通常生长于蕉孢壳科 Diatrypaceae 子实体，主要包括弯孢壳属 *Eutypa* Tul. & C. Tul. 和弯孢聚壳属 *Eutypella* (Nitschke) Sacc.；无子座；子囊壳散生至群生，表生或稍埋生于基物，近球形至倒梨形，表面平滑，乳突钝圆形，干后侧面凹陷，高度通常小于 250 μm，鲜红色，在 3% KOH 水溶液中呈血红色，在 100%乳酸溶液中呈黄色；壳壁厚 20–30 μm，分 2 层，外层为球胞组织至角胞组织，内层为矩胞组织；子囊圆柱形至窄棒状，随成熟度增大，无顶环，具 8 个孢子，在子囊内单列排列；子囊孢子椭圆形，具 1 个分隔，分隔处稍缢缩，黄褐色，表面具疣，成熟后变平滑；分生孢子梗 acremonium 型或 verticillium 型，极少数密集分枝；瓶梗圆柱形，无色；分生孢子椭圆形、卵形至肾形，无分隔，无色，表面平滑，部分具油滴。

模式种：*Pseudocosmospora eutypellae* C.S. Herrera & P. Chaverri。

讨论：Herrera 等（2013b）建立了 *Pseudocosmospora*，主要包括 *Cosmospora vilior* (Starbäck) Rossman & Samuels 及其相近种。该属与 *Cosmospora* 的主要区别是在 PDA 培养基上的菌落颜色为浅粉色而非橄榄绿色，寄主通常为蕉孢壳科而非多孔菌和炭角菌类真菌（Herrera et al., 2013b）。该属目前世界已知 16 种，我国发现 12 种（Zeng and Zhuang, 2022b）。寄主的种类，子囊壳的解剖结构，子囊孢子的表面特征和大小，分生孢子梗的分枝状况以及分生孢子的形状和大小为该属区分种的主要依据。

中国假赤壳属分种检索表

1. 有性阶段未知 ···罗杰森假赤壳 *P. rogersonii*
1. 有性阶段已知 ··· 2
  2. 子囊具顶环 ··· 3
  2. 子囊无顶环 ··· 5
3. 子囊长度<65 μm ··蒙蔽假赤壳 *P. triqua*
3. 子囊长度>65 μm ··· 4
  4. 子囊 68–75 × 5.5–7 μm ···假赤壳 *P. eutypellae*
  4. 子囊 74–110 × 5.5–9 μm ···河南假赤壳 *P. henanensis*
5. 子囊孢子表面具条纹 ··平铺假赤壳 *P. effusa*
5. 子囊孢子表面平滑、粗糙或具疣状物 ··· 6
  6. 子囊孢子淡红色 ···炭团假赤壳 *P. nummulariae*
  6. 子囊孢子无色、淡黄色至淡褐色 ··· 7
7. 分生孢子梗 acremonium 型 ·· 8
7. 分生孢子梗 verticillium 型 ·· 9
  8. 分生孢子椭圆形 ···笑料假赤壳 *P. joca*
  8. 分生孢子杆状 ···神农架假赤壳 *P. shennongjiana*

北京假赤壳　图版 49，图版 50

Pseudocosmospora beijingensis Z.Q. Zeng & W.Y. Zhuang, J. Fungi 8(10): 1075-8, 2022.

子座发达；子囊壳聚生，球形至近球形，表面粗糙，无乳突，干后侧面凹陷，橙红至亮红色，在 3% KOH 水溶液中呈暗红色，在 100%乳酸溶液中呈淡黄色，高 147–196 μm，直径 118–176 μm；壳壁厚 20–42 μm，分 2 层，外层为球胞组织至角胞组织，厚 15–25 μm，细胞 4–13 × 2.5–4.5 μm，胞壁厚 1–1.2 μm；内层为矩胞组织，厚 5–8 μm，细胞 6–10 × 2.5–3.5 μm，胞壁厚 0.8–1 μm；子囊圆柱形，无顶环，具 8 个孢子，38–58 × 2.5–5 μm；子囊孢子椭圆形，具 1 个分隔，分隔处不缢缩，淡黄褐色，表面平滑，在子囊内单列斜向排列，8–10 × 2.5–4 μm。

在 PDA 培养基上，25℃ 培养 7 d 菌落直径 25 mm，表面呈壳状，黄白色；在 SNA 培养基上，25℃ 培养 7 d 菌落直径 15 mm，表面绒毛状，气生菌丝稀疏，白色；分生孢子梗 acremonium 型或 verticillium 型，无色，具隔膜，长度不固定，通常产生 1–2 轮，具 2–6 个瓶梗；瓶梗锥形，顶部渐细，无色，表面平滑，长 10–55 μm，基部宽 0.9–1.2 μm；分生孢子腊肠形，稍弯曲至 C 形，无分隔，无色，表面平滑，2.6–4.5 × 0.9–1.8 μm。

标本及菌株：北京北大沟林场，与枯树皮上的其他真菌伴生，2017 VIII 10，郑焕娣、王新存、张玉博、王超、李鹏 11339，HMAS 290896，CGMCC 3.24131。

国内分布：北京。

世界分布：中国。

讨论：在该属的已知种中，*P. beijingensis* 的子囊无顶环，子囊孢子表面平滑，淡黄褐色，分生孢子梗 verticillium 型和分生孢子腊肠形等特征与弯孢假赤壳 *P. curvispora* Z.Q. Zeng & W.Y. Zhuang 相似；但后者的子囊为棒状且略长（长 53–68 μm），分生孢子稍窄（宽 0.8–1.2 μm），并且两者的 ITS、LSU 和 *tub2* 序列分别相差 30 bp、22 bp 和 90 bp（Zeng and Zhuang, 2021a, 2022b），显然不同种。

弯孢假赤壳　图版 51

Pseudocosmospora curvispora Z.Q. Zeng & W.Y. Zhuang, Mycol. Progr. 20: 421, 2021.

无子座；子囊壳聚生，球形至近球形，表面粗糙，顶部平截，无乳突，干后侧面凹陷，橙红色、红褐色至暗褐色，在 3% KOH 水溶液中呈褐红色，在 100%乳酸溶液中呈淡黄色，高 167–235 μm，直径 108–167 μm；壳壁厚 15–30 μm，分 2 层，外层为球胞组织至角胞组织，厚 10–18 μm，细胞 5–8 × 2.5–5 μm，胞壁厚 1–1.2 μm；内层为矩胞组织，厚 5–12.5 μm，细胞 5–10 × 2.5–3.5 μm，胞壁厚 0.8–1 μm；子囊棒状，无顶环，具 8 个孢子，53–68 × 3–5 μm；子囊孢子椭圆形，具 1 个分隔，分隔处不缢缩，淡黄褐色，表面平滑，在子囊内单列斜向排列，8–10 × 3–5 μm。

在 PDA 培养基上，25℃ 培养 7 d 菌落直径 62 mm，表面絮状，气生菌丝致密，白色，产生粉色色素；在 SNA 培养基上，25℃ 培养 7 d 菌落直径 23 mm，表面绒毛状，气生菌丝稀疏，白色；分生孢子梗 acremonium 型或 verticillium 型，无色，通常产生 1–2 轮，具 2–6 个瓶梗；瓶梗锥形，顶部渐细，无色，表面平滑，长 10–55 μm，基部宽 0.9–1.2 μm，顶部宽 0.2–0.3 μm；分生孢子腊肠形，明显弯曲，无分隔，无色，表面平滑，3–5 × 0.8–1.2 μm。

标本及菌株：北京门头沟潭柘寺，蕉孢壳科真菌子实体上生，2018 VI 12，庄文颖、曾昭清、郑焕娣 11855，HMAS 271239，CGMCC 3.20176。

国内分布：北京。

世界分布：中国。

讨论：在该属已知种中，*P. curvispora* 子囊壳聚生、近球形、顶部平截，子囊孢子表面平滑，在 PDA 培养基上菌落为粉色，以及分生孢子无油滴等特征与 *P. rogersonii* C.S. Herrera & P. Chaverri 相似；然而，后者的子囊较宽（宽 5.7–8.4 μm），并且分生孢子不弯曲（Herrera et al., 2013b）。

假赤壳 图版 52

Pseudocosmospora eutypellae C.S. Herrera & P. Chaverri, Mycologia, 105(5): 1293, 2013.

Zeng & Zhuang, Mycosystema 39(10): 1984, 2020.

子座较发达；子囊壳聚生，近球形或倒梨形，表面平滑，乳突小，干后侧面凹陷，高 157–245 μm，直径 127–176 μm，新鲜时亮红色，干后暗红色，在 3% KOH 水溶液中呈暗红色，在 100% 乳酸溶液中呈淡红色；壳壁厚 17–30 μm，分 2 层，外层为角胞组织，厚 12–23 μm，细胞 5–12 × 3–8 μm，胞壁厚 0.8–1 μm；内层为矩胞组织，厚 5–8 μm，细胞 4–10 × 2–4 μm，胞壁厚 0.6–0.8 μm；子囊圆柱形，具顶环，具 8 个孢子，68–75 × 5.5–7 μm；子囊孢子椭圆形至纺锤形，具 1 个分隔，淡褐色，表面稍具疣，在子囊内单列斜向排列，9–12 × 3.5–5 μm。

标本：山东泰安，蕉孢壳科真菌子实体上生，2018 VIII 3，曾昭清、郑焕娣、王新存 12002，HMAS 279713。

国内分布：山东。

世界分布：中国、法国、美国。

讨论：中国山东标本与 Herrera 等（2013b）基于美国材料的原始描述一致。

罗杰森假赤壳 图版 53

Pseudocosmospora rogersonii C.S. Herrera & P. Chaverri, Mycologia 105(5): 1299, 2013.

Zeng & Zhuang, Mycosystema 41(6): 1013, 2022.

在 PDA 培养基上，25℃ 培养 14 d 菌落直径 37 mm，表面呈壳状，粉红至米褐色，背面同色；在 SNA 培养基上，25℃ 培养 14 d 菌落直径 15 mm，气生菌丝极稀疏，淡粉色；分生孢子梗 acremonium 型，瓶梗圆柱形，顶部渐细，无色，长 28–95 μm，基部宽 1.2–1.5 μm，顶部宽 0.8–1 μm；分生孢子矩形、椭圆形至杆状，不分隔，无色，表面平滑，2.5–5 × 1–1.8 μm。

标本：安徽金寨天堂寨，其他真菌上生，2011 VIII 24，陈双林、庄文颖、曾昭清、郑焕娣 7889，HMAS 247852。

国内分布：安徽。

世界分布：中国、美国。

讨论：根据 Herrera 等（2013b）描述，美国材料的分生孢子比我国的略大（2.9–5.5 × 1.1–2.6 μm），其他特征相似，菌株 7889 的 ITS 和 LSU 序列与模式菌株 BPI 1107121 完全一致，安徽标本未观察到有性阶段。

神农架假赤壳　图版 54

Pseudocosmospora shennongjiana Z.Q. Zeng & W.Y. Zhuang, Mycol. Progr. 20: 422, 2021.

子座小；子囊壳单生至聚生，近球形至梨形，表面略粗糙，顶部平截，干后侧面凹陷；橙色至橙红色，在 3% KOH 水溶液中呈紫红色，在 100%乳酸溶液中呈淡黄色，高 157–186 μm，直径 108–147 μm；壳壁厚 18–30 μm，分 2 层，外层为球胞组织至角胞组织，厚 13–22 μm，细胞 3–6 × 2–3 μm，胞壁厚 0.8–1.2 μm；内层为矩胞组织，厚 5–8 μm，细胞 6–13 × 2–3 μm，胞壁厚 0.6–0.8 μm；子囊棒状，无顶环，具 8 个孢子，45–65 × 4.5–6 μm；子囊孢子椭圆形，具 1 个分隔，分隔处不缢缩，淡黄褐色，表面具疣状物，在子囊内单列排列，7.5–12 × 3–5 μm。

在 PDA 培养基上，25℃ 培养 7 d 菌落直径 46 mm，表面绒毛状至絮状，气生菌丝较稀疏，白色，产生淡黄色色素；在 SNA 培养基上，25℃ 培养 7 d 菌落直径 50 mm，表面绒毛状，气生菌丝稀疏，白色；分生孢子梗 acremonium 型，无色，具隔膜，长 10–65 μm；瓶梗锥形，顶部渐细，无色，表面平滑，长 10–65 μm，基部宽 0.6–0.8 μm，顶部宽 0.1–0.2 μm；分生孢子杆状，无分隔，无色，表面平滑，3–6 × 0.9–1.3 μm。

标本：湖北神农架林区木城哨卡，其他真菌上生或与真菌伴生，2014 IX 22，曾昭清、郑焕娣、秦文韬、陈凯 10058，HMAS 273904。

国内分布：湖北。

世界分布：中国。

讨论：在该属的已知种中，*P. shennongjiana* 的子囊孢子椭圆形和表面具疣状物，以及分生孢子梗 acremonium 型等特征与 *P. metajoca* C.S. Herrera & P. Chaverri 相似，但后者的子囊壳（222–251 × 204–213 μm）和子囊（62.2–69.2 × 5.9–7.2 μm）稍大，并且分生孢子较宽（宽 1.6–3.1 μm）（Herrera et al., 2013b）。

假赤壳属一未定名种　图版 55

Pseudocosmospora sp. 10048, Z.Q. Zeng & W.Y. Zhuang, Mycol. Progr. 20: 424, 2021.

无子座；子囊壳单生至聚生，近梨形，表面平滑，乳突小或无，干后侧面凹陷；橙红色，在 3% KOH 水溶液中呈褐色，在 100%乳酸溶液中呈淡黄色，高 98–196 μm，直径 69–118 μm；壳壁厚 15–28 μm，分 2 层，外层为球胞组织至角胞组织，厚 10–20 μm，细胞 5–9 × 4–6 μm，胞壁厚 0.8–1 μm；内层为矩胞组织，厚 5–8 μm，细胞 5–12 × 2–3.5 μm，胞壁厚 0.6–0.8 μm；子囊近圆柱形，无顶环，具 8 个孢子，58–75 × 5–6 μm；

子囊孢子椭圆形，具 1 个分隔，分隔处不缢缩，淡黄褐色，表面平滑，在子囊内单列斜向排列，7.5–10 × 3–4.5 μm。

在 PDA 培养基上，25℃ 培养 7 d 菌落直径 42 mm，表面绒毛状，气生菌丝致密，白色，产生淡黄色色素；在 SNA 培养基上，25℃ 培养 7 d 菌落直径 40 mm，表面绒毛状，气生菌丝稀疏，白色；分生孢子梗 acremonium 型或 verticillium 型，无色，具隔膜，产生 2–5 个瓶梗；瓶梗锥形，顶部渐细，无色，表面平滑，长 12–30 μm，基部宽 0.9–1.2 μm，顶部宽 0.2–0.3 μm；分生孢子椭圆形至纺锤形，无分隔，无色，表面平滑，2.5–6 × 1–1.5 μm。

标本：湖北神农架林区木城哨卡，炭角菌科 Xylariaceae 真菌子实体上生，2014 IX 22，曾昭清、郑焕娣、秦文韬、陈凯 10048，HMAS 271240。

国内分布：湖北。

世界分布：中国。

讨论：在该属的已知种中，*Pseudocosmospora* sp. 10048 的子囊壳聚生，子囊圆柱形至棒状，子囊孢子椭圆形等特征与 *P. rogersonii* 相似，但后者的基物为弯孢聚壳属而非炭角菌科真菌，分生孢子较宽（宽 1.1–2.6 μm）（Herrera et al., 2013b）。此外，二者在 LSU、*rpb1* 和 *tub2* 序列上分别存在 1 bp、8 bp 和 18 bp 差异。系统发育分析提示，中国材料可能与日本未定名菌株（MAFF 241531）（Herrera et al., 2013b）同种，由于湖北标本的质量欠佳，不宜作为模式，暂且将其处理为 *Pseudocosmospora* sp. 10048（Zeng and Zhuang, 2021a）。

肉座孢属 Sarcopodium Ehrenb.

Sylv. Mycol. Berol. (Berlin): 23, 1818

Lanatonectria Samuels & Rossman, 1999

通常生长于树皮、树枝、草本茎、腐烂的果实、真菌子实体和深海沉积物上；子座限于基部；子囊壳单生至聚生，球形至阔倒梨形，红色，在 3% KOH 水溶液中颜色变深，在 100%乳酸中颜色变淡，表面具无色或黄色、平滑至具小刺、无隔膜、薄壁的毛状物，乳突小或无；子囊圆柱形至纺锤形，顶部简单或具顶环，具 8 个孢子；子囊孢子椭圆形至纺锤形，具 1 个分隔，无色至淡黄褐色，表面具条纹；分生孢子座盘状至孢梗束状，表生；刚毛简单，具隔膜，多不分枝，不弯曲至环状弯曲，褐色，表面平滑或具疣；分生孢子梗 verticillium 型，无色，表面平滑；瓶梗圆柱形或桶形至肾形，无色，表面平滑；分生孢子圆柱形至椭圆形，具 0–1 个分隔，无色，常聚集成孢子团。

模式种：*Sarcopodium circinatum* Ehrenb.。

讨论：该属建立后，*Actinostilbe* Petch、*Cyphina* Sacc.、*Kutilakesa* Subram.、*Kutilakesopsis* Agnihothr. & G.C.S. Barua、*Lanatonectria*、*Periolopsis* Maire 和 *Tricholeconium* Corda 曾被处理为其异名（Sutton, 1981；Liu and Paterson, 2011）；按照命名法规优先权原则，Rossman 等（2016）提议将 *Sarcopodium* 作为该类群的正确名称。*Sarcopodium pironii* (Alfieri) Ts. Watan.可导致斑马凤梨 *Aphelandra squarrosa*、臭牡丹

Clerodendrum bungei、变叶木 *Codiaeum variegatum*、无花果 *Ficus carica* 和红花玉芙蓉 *Leucophyllum frutescens* 等植物的茎部病害（Alfieri and Samuels, 1979；Alfieri et al., 1979；Watanab, 1993）。该属目前世界已知 19 种（Watanab, 1993；Matsushima, 1995；Lombard et al., 2015b；Forin et al., 2020；Perera et al., 2020；Zeng and Zhuang, 2021b），我国发现 4 种。子座的特征，子囊壳的大小，毛状物的形态，子囊孢子的大小以及分生孢子梗和分生孢子的大小为该属区分种的主要依据。

中国肉座孢属分种检索表

1. 子囊壳表面的毛状物顶端直立，表面平滑 ·· 2
1. 子囊壳表面的毛状物顶端弯曲，表面具小刺 ·· 3
　　2. 子囊具顶环；分生孢子 5–11 × 2.5–3.5 μm ··················· 长孢肉座孢 *S. oblongisporum*
　　2. 子囊无顶环；分生孢子 2.5–8 × 2–3 μm ·························· 西藏肉座孢 *S. tibetense*
3. 分生孢子梗不孕枝顶端膨大；瓶梗 38–96 × 2–3 μm ·············· 芝博达斯肉座孢 *S. tjibodense*
3. 分生孢子梗不孕枝顶端不膨大；瓶梗 110–135 × 3–4 μm ··············· 黄毛肉座孢 *S. flavolanatum*

西藏肉座孢　图版 56，图版 57

Sarcopodium tibetense Z.Q. Zeng & W.Y. Zhuang, Phytotaxa 491: 67, 2021.

　　基部子座或无子座；菌丝覆盖基物表面，子囊壳单生至聚生，球形至近球形或梨形，表面平滑或略粗糙，具刚毛，有乳突，干后不凹陷；红褐色，在 3% KOH 水溶液中呈暗红色，在 100%乳酸溶液中呈黄色，高 176–235 μm，直径 118–235 μm；弯曲或直立，不分枝，具隔膜，表面平滑，长 27–83 μm，宽 4–6 μm；壳壁厚 15–25 μm，分 2 层，外层为角胞组织，厚 10–20 μm，细胞 5–10 × 2–5 μm，胞壁厚 1–1.2 μm；内层为矩胞组织，厚 4–6 μm，细胞 6–10 × 2–3 μm，胞壁厚 0.6–0.8 μm；子囊圆柱形至棒状，无顶环，具 8 个孢子，30–58 × 5–8 μm；子囊孢子纺锤形至椭圆梭形，具 1 个分隔，分隔处不缢缩，无色，表面具条纹，在子囊内呈不规则双列排列，9–12 × 2.5–4 μm。

　　在 PDA 培养基上，25°C 培养 14 d 菌落直径 38 mm，表面绒毛状，气生菌丝致密，白色，形成同心轮纹，产生淡黄绿色色素；在 SNA 培养基上，25°C 培养 14 d 菌落直径 33 mm，表面绒毛状，气生菌丝稀疏，白色；分生孢子梗 penicillium 型，具隔膜，无色，通常产生 2–3 轮，具 3–15 个瓶梗；瓶梗锥形，无色，表面平滑，长 40–65 μm，基部宽 1.5–3 μm；分生孢子椭圆形至杆状，无分隔，无色，表面平滑，末端具黏性，通常聚集成团，2.5–8 × 2–3 μm。

　　标本：西藏墨脱德兴乡，腐烂玉米秆基部生，2016 IX 20，曾昭清、余知和、郑焕娣、王新存、陈凯，张玉博 11073，11074，HMAS 255809，255810。

　　国内分布：西藏。

　　世界分布：中国。

　　讨论：在该属已知种中，*S. tibetense* 的分生孢子座白色、无柄，以及分生孢子无分隔等特征与 *S. circinosetiferum* (Matsush.) Matsush.相似，但后者分生孢子较宽（宽 2–3.5 μm）（Matsushima, 1971；Watanab, 1993）。二者的 ITS 和 LSU 序列分别存在 50 bp 和 9 bp 差异（Jeewon and Hyde, 2016；Zeng and Zhuang, 2021b）。

菌赤壳属 Stylonectria Höhn.

Sber. Akad. Wiss. Wien, Math.-naturw. Kl., Abt. 1 124: 52, 1915

通常生长于间座壳目 Diaporthales 等子囊菌的子实体上；子座小；子囊壳聚生，球形、梨形至近圆柱形，表面平滑，顶部阔圆或呈盘状，无乳突，部分种干后侧面凹陷，淡黄色、橙红色、橙褐色或淡红至暗红色，在 3% KOH 水溶液中颜色变暗，在 100%乳酸溶液中颜色变淡；壳壁分 2 层；子囊圆柱形至棒状，顶部简单或具顶环，具 8 个孢子；子囊孢子圆柱形至腊肠形或椭圆形，具 1 个分隔，表面平滑至具瘤状物，壁厚；分生孢子梗不分枝或稀疏分枝；瓶梗圆柱形至近圆柱形；大型分生孢子近圆柱形或镰刀形，具 0–1 个分隔；少数种产生小型分生孢子，腊肠形至月牙形，弯曲程度不同，无分隔。

模式种：*Stylonectria applanata* (Fuckel) Höhn.。

讨论：该属曾被处理为 *Cosmospora* 和 *Nectria* 的异名（Booth, 1959；Rossman et al., 1999）。Gräfenhan 等（2011）启用 *Stylonectria* 属并明确其概念。该属目前世界已知 10 种（Gräfenhan et al., 2011；Zeng et al., 2020；Lechat and Fournier, 2021b；Crous et al., 2021b），我国发现 2 种。子囊和子囊孢子的大小及表面特征以及分生孢子的形状和大小为该属区分种的主要依据。

中国菌赤壳属分种检索表

1. 子囊孢子表面具小刺 ···珀顿菌赤壳 *S. purtonii*
1. 子囊孢子表面平滑 ·································· 祁连山菌赤壳 *S. qilianshanensis*

祁连山菌赤壳　图版 58

Stylonectria qilianshanensis Z.Q. Zeng & W.Y. Zhuang, in Zeng et al., MycoKeys 71: 126, 2020.

子座小或无；子囊壳聚生，球形至近球形，乳突小，表面平滑，干后不凹陷；红色至暗红色，在 3% KOH 水溶液中呈黑红色，在 100%乳酸溶液中呈淡黄色，高 216–344 μm，直径 186–304 μm；壳壁厚 25–38 μm，分 2 层，外层为角胞组织，厚 20–31 μm，细胞 5–8 × 2–4 μm，胞壁厚 0.8–1 μm；内层为矩胞组织，厚 5–7 μm，细胞 8–12.5 × 3–5 μm，胞壁厚 0.5–0.8 μm；子囊近棒状，无顶环，具 8 个孢子，55–88 × 5–10 μm；子囊孢子椭圆形，末端圆，具 1 个分隔，分隔处不缢缩，淡黄褐色，表面平滑，在子囊内单列斜向排列，10–13 × 5–5.5 μm。

标本：甘肃武威茶树沟，云杉 *Picea asperata* 树皮上的子囊菌上生，2018 VIII 26，曾昭清、王新存、郑焕娣 12155，12148，12153，12156，12158，HMAS 255803，255816，255817，255818，279708；张掖隆畅河，云杉树皮上的子囊菌上生，2018 VIII 24，曾昭清、王新存、郑焕娣 12016，12017，HMAS 255804，255805；康乐，云杉树皮的子囊菌上生，2018 VIII 24，曾昭清、王新存、郑焕娣 12035，12036，12037，HMAS 255806，255807，255808；山丹焉支山，云杉树皮上的子囊菌上生，2018 VIII 25，曾昭清、王新存、郑焕娣 12086，12087，12088，12089，12090，HMAS 255811，255812，255813，255814，255815；天祝科拉村，云杉树皮上的子囊菌上生，2018 VIII 27，曾昭清、王

新存、郑焕娣 12229，HMAS 279709；哈溪，云杉树皮上的子囊菌上生，2018 VIII 28，曾昭清、王新存、郑焕娣 12276，12278，HMAS 255819，255820。

国内分布：甘肃。

世界分布：中国。

讨论：该种子囊壳顶部钝圆、子囊棒状具顶环、子囊孢子椭圆形等特征与 *S. wegeliniana* (Rehm) Gräfenhan, Voglmayr & Jaklitsch 相似，但后者的子囊（90–100 × 9–10 μm）和子囊孢子（10–18 × 6–9 μm）均稍大（Petch, 1938），二者的 ITS、*acl1* 和 *rpb2* 序列分别存在 20 bp、84 bp 和 38 bp 差异（Zeng et al., 2020），显然不同种。

隔孢赤壳属 Thyronectria Sacc.

Grevillea 4(no. 29): 21, 1875

Pleonectria Sacc., 1876

通常生长于枯枝和其他真菌子实体上；子座发达；子囊壳聚生，表生或埋生于子座中，近球形、球形至烧瓶形，顶部钝，红色至褐色，在 3% KOH 水溶液中呈紫色，在100%乳酸中呈黄色，表面具黄绿色鳞状物；子囊棒状，具不明显的顶环，具 8 个孢子；子囊孢子椭圆形至纺锤形，长圆柱形至线形，具（0–）1 至多个横隔或砖格状，无色，表面平滑或具条纹，偶尔产生子囊分生孢子，矩形至腊肠形，无分隔，无色；分生孢子梗不规则分枝或 verticillium 型；瓶梗圆柱形，顶部弯曲；分生孢子椭圆形、圆柱形或腊肠形，具（0–）1–2 个分隔，无色。

模式种：*Thyronectria patavina* Sacc.。

讨论：该属建立之初，包括子囊壳为 nectria 型并且埋生，子囊孢子砖格状的种（Saccardo 1875）。Saccardo（1876）将子座明显，子囊壳单生至群生，子囊孢子为砖格状并且产生子囊分生孢子的种纳入 *Pleonectria* Sacc.。考虑到 *T. patavina* 的子囊壳并未埋生于子座中，Seaver（1909）和 Seeler（1940）认为 *Pleonectria* 和 *Thyronectria* 是同物异名，*Thyronectria* 具优先权。Hirooka 等（2012）则认为，*Pleonectria* 是该类群的合法名称，承认了 26 种。Jaklitsch 和 Voglmayr（2014）基于对上述属名模式标本的研究，指出它们互为同物异名，*Thyronectria* 是该类群的合法名称，接受了 29 种。该属目前世界已知 40 种（Jaklitsch and Voglmayr, 2014；Checa et al., 2015；Voglmayr et al., 2016；Zeng and Zhuang, 2016c；Lechat et al., 2018；Li et al., 2018），我国发现 12 种。寄主的种类，子囊孢子的颜色、形状、大小和分隔状况，是否产生子囊分生孢子，以及分生孢子的形状和大小为该属区分种的主要依据。

中国隔孢赤壳属分种检索表

黑褐隔孢赤壳　图版 59

Thyronectria atrobrunnea Z.Q. Zeng & W.Y. Zhuang, Mycologia 108(6): 1133, 2016.

    子座发达；子囊壳 4–17 个聚生，球形至近球形，表面具疣，干后顶部凹陷，黑褐色，在 3% KOH 水溶液和 100%乳酸溶液中不变色，高 295–370 μm，直径 305–410 μm；子囊壳表面疣状物为角胞组织至矩胞组织，高 5–30 μm，细胞 5–15 × 3–6 μm，胞壁厚 1–1.5 μm；壳壁厚 38–63 μm，分 2 层，外层为角胞组织，厚 23–50 μm，细胞 5–15 × 3–5 μm，胞壁厚 1–1.5 μm；内层为矩胞组织，厚 8–13 μm，细胞 5–15 × 2–3 μm，胞壁厚 1–1.5 μm；子囊棒状，无顶环，具 8 个孢子，63–103 × 5–7.5 μm；子囊孢子椭圆形至阔纺锤形，不弯曲，具 1 个分隔，分隔处不缢缩，无色，表面平滑，在子囊内单列或上部双列下部单列排列，6–10 × 2–3 μm，产生杆状至近椭圆形的子囊分生孢子，无色，1.8–3.2 × 0.8–1.5 μm。

    在 PDA 培养基上，25°C 培养 7 d 菌落直径 78 mm，表面絮状，气生菌丝白色，产生淡黄色色素；在 SNA 培养基上，25°C 培养 7 d 菌落直径 14 mm，表面绒毛状，气生菌丝稀疏，白色；分生孢子梗产生 1–2 个分枝，长 10–40 μm，基部宽 1.5–3 μm；瓶梗圆柱形，5–8 μm，基部宽 1.5–2.5 μm；分生孢子椭圆形，腊肠形至杆状，无分隔，不弯曲或略弯曲，两端钝圆，无色，表面平滑，2.5–15 × 1–3.5 μm；厚垣孢子未见。

    标本：黑龙江五营，海拔 425 m，刺五加 *Eleutherococcus senticosus* 枯枝上生，2014 VIII 26，曾昭清、郑焕娣、秦文韬 9206，9207，HMAS 271280，252895。

    国内分布：黑龙江。

    世界分布：中国。

    讨论：不同于 *Thyronectria* 属其他种，*T. atrobrunnea* 的子囊壳在 3% KOH 水溶液和 100%乳酸溶液中不变色，但其子座发达、产生子囊分生孢子、分生孢子无分隔以及 DNA 序列支持它在该属的分类地位，其子囊壳形态、棒状子囊及产生子囊分生孢子等

特征与 *T. coryli* (Fuckel) Jaklitsch & Voglmayr 相似，但后者的子囊稍宽（宽 8–15 μm）、子囊分生孢子较大（2.2–10.8 × 1.1–3.7 μm）（Hirooka et al., 2012）。基于 LSU、ITS、*rpb1*、*tef1* 和 *tub2* 的系统发育树显示，该种与 *T. sinopica* (Fr.) Jaklitsch & Voglmayr 关系最近，但二者在子囊壳的形态、子囊的大小和芽殖子囊孢子等方面差异显著（Zeng and Zhuang, 2016c）。

小檗隔孢赤壳 图版 60

Thyronectria berberidis R. Ma & S.N. Li, in Li et al., Phytotaxa 376(1): 22, 2018.

在 PDA 培养基上，25°C 培养 7 d 菌落直径 26 mm，表面絮状，气生菌丝稀疏，菌丝黄褐色，产生褐色色素；在 SNA 培养基上，25°C 培养 7 d 菌落直径 4 mm，气生菌丝稀疏，白色；分生孢子梗简单分枝，圆柱形，无色，长 6–20 μm，基部宽 1.8–2.5 μm；分生孢子杆状，中间稍弯，无分隔，无色，4.5–8 × 1.5–2 μm。

菌株：新疆伊犁霍城县，海拔 1184 m，异果小檗 *Berberis heteropoda* 枯枝上生，2017 VII 22，马荣 CGMCC 3.18998。

国内分布：新疆。

世界分布：中国。

讨论：Li 等（2018）对该种的有性阶段进行了详细描述，并提供了菌落生长速率和菌落形态图解。其子座发达；子囊壳 3–82 个聚生，球形至倒卵圆形，干后顶部凹陷，表面稍粗糙，暗褐色，在 3% KOH 水溶液中呈紫色，在 100%乳酸溶液中呈黄色，高 235–286 μm，直径 253–352 μm；壳壁厚 38–59 μm，分 2 层；子囊棒状，无顶环，具 8 个孢子，55.5–73.7 × 9.4–12.8 μm；子囊孢子椭圆形至纺锤形，具（1–）7 个分隔，稍弯曲，11.9–32.4 × 4.3–9.8 μm。笔者对中国科学院微生物研究所菌种保藏中心的该种菌株进行培养特性观察，补充了分生孢子梗和分生孢子等特征。

榛隔孢赤壳 图版 61

Thyronectria coryli (Fuckel) Jaklitsch & Voglmayr, Persoonia 33: 199, 2014. Zeng, Zhuang & Yu, Nova Hedwigia 106(3-4): 290, 2018.

≡ *Nectria coryli* Fuckel, Fungi Rhenani Exsic., Suppl., fasc. 1: no. 1582, 1865.

子座发达；子囊壳聚生，球形至近球形，表面平滑，干后顶部凹陷，深红色至红褐色，孔口区域颜色略变暗，在 3% KOH 水溶液中呈暗红色，在 100%乳酸溶液中呈黄色，高 235–323 μm，直径 255–333 μm；壳壁厚 30–45 μm，分 2 层，外层为矩胞组织至角胞组织，厚 20–30 μm；内层为矩胞组织，厚 5–15 μm；子囊棒状，无顶环，具 8 个孢子，50–105 × 8–15 μm；子囊孢子椭圆形至纺锤形，具 1 个分隔，8–11 × 2–4 μm。

在 PDA 培养基上，25°C 培养 7 d 菌落直径 14 mm，表面絮状，气生菌丝淡黄色；分生孢子梗不分枝，长 7–15 μm，基部宽 1.5–2.5 μm；分生孢子矩形至圆柱形或腊肠形，无色，表面平滑，3–8 × 1–3 μm。

标本：西藏林芝米林，海拔 2800 m，枯枝上生，2016 IX 13，郑焕娣、曾昭清、王新存、陈凯、张玉博、余知和 10777，HMAS 275651。

国内分布：西藏。

世界分布：中国、奥地利、比利时、捷克、芬兰、法国、德国、瑞典、加拿大、美国。

讨论：在该属已知种中，*T. coryli* 在子囊壳宏观和解剖特征，子囊内产生子囊分生孢子等特征与 *T. atrobrunnea* 相似，但后者的子囊较窄（宽 5–7.5 µm），子囊孢子较小（6–10 × 2–3 µm）（Hirooka et al., 2012）。西藏材料 HMAS 275651 与 Hirroka 等（2012）对该种的描述一致，与来自附加模式（CBS 137264）菌株的 ITS 序列仅相差 5 bp，被视为种内差异（Zeng et al., 2018）。

棒隔孢赤壳　图版 62

Thyronectria cucurbitula (Tode) Jaklitsch & Voglmayr, Persoonia 33: 201. 2014. Zeng & Zhuang, Mycologia 108(6): 1137, 2016.

　≡ *Sphaeria cucurbitula* Tode, Fungi Mecklenb. sel. 2: 38. 1791.

　≡ *Nectria cucurbitula* (Tode) Fr., Summa Veg. Scand. 2: 388, 1849. Zhang & Zhuang, Nova Hedwigia 76: 196, 2003.

　≡ *Pleonectria cucurbitula* (Tode) Hirooka, Rossman & P. Chaverri, in Hirooka et al., Stud. Mycol. 71: 132, 2012.

= *Nectria cylindrospora* Sollm., Bot. Zeitung (Berlin) 22: 265, 1864.

　≡ *Ophionectria cylindrospora* (Sollm.) Berl. & Voglino, Syll. Fung. Addit. 1–4: 217, 1886. Tai, Sylloge Fungorum Sinicorum p. 257, 1979.

子座发达；子囊壳少数聚生，球形至近球形，表面具疣，无乳突，干后顶部凹陷，橙色至橙红色，在 3% KOH 水溶液中呈紫红色，在 100%乳酸溶液中呈橙黄色，高 314–372 µm，直径 314–392 µm；子囊壳表面疣状物为角胞组织至矩胞组织，高 8–30 µm，细胞 7–17 × 3–5 µm，胞壁厚 1–1.5 µm；壳壁厚 30–50 µm，分 2 层，外层为角胞组织，厚 18–35 µm，细胞 5–17 × 2.5–5 µm，胞壁厚 0.8–1.2 µm；内层为矩胞组织，厚 8–15 µm，细胞 7–20 × 2–3 µm，胞壁厚 0.8–1 µm；子囊棒状，无顶环，具 8 个孢子，65–90 × 5.5–10 µm；子囊孢子线形，具 8–15 个分隔，无色，表面平滑，18–33 × 2.5–3 µm；子囊分生孢子杆状至腊肠形，无色，2.8–3.5 × 1–2.1 µm。

标本：黑龙江汤原腰营林场，松属植物枝条上生，2014 VIII 29，曾昭清、郑焕娣、秦文韬 9416，HMAS 252897。

国内分布：黑龙江。

世界分布：中国、奥地利、法国、德国、荷兰、瑞典、美国。

讨论：长期以来，*Thyronectria cucurbitula* 以复合种的形式存在，直至 Hirooka 等（2012）将其区分为 3 个种，即 *T. cucurbitula* (s.s.) [≡ *Pleonectria cucurbitula* (Tode) Hirooka, Rossman & P. Chaverri]、*T. rosellinii* (Carestia) Jaklitsch & Voglmayr [≡ *P. rosellinii* (Carestia) Hirooka, Rossman & P. Chaverri]和 *T. strobi* (Hirooka, Rossman & P. Chaverri) Jaklitsch & Voglmayr [≡ *P. strobi* Hirooka, Rossman & P. Chaverri]。黑龙江材料 HMAS 252897 与 Hirooka 等（2012）对 *T. cucurbitula* 的描述一致。

東方隔孢赤壳　图版 63

Thyronectria orientalis Z.Q. Zeng & W.Y. Zhuang, Mycologia 108(6): 1134, 2016.

　　子座发达；子囊壳半埋生至埋生，通常 2–40 个聚生，球形至近球形，表面具黄绿色至绿黄色的屑状物，干后不凹陷，褐色至暗褐色，孔口区域颜色变暗，在 3% KOH 水溶液中呈褐黑色，在 100%乳酸溶液中呈黄色，高 216–314 μm，直径 265–333 μm；子囊壳表面屑状物高 25–125 μm，球胞组织至角胞组织，细胞 3.5–23 × 3–20 μm，胞壁厚 0.5–1 μm；壳壁厚 15–50 μm，分 2 层，外层为角胞组织至矩胞组织，厚 7.5–15 μm，细胞 5–12.5 × 2–3.5 μm，胞壁厚约 1 μm；内层为矩胞组织，厚 7.5–15 μm，细胞 10–17.5 × 2–3.5 μm，胞壁厚 0.5–1 μm；子囊棒状，无顶环，具（4–）8 个孢子，53–100 × 7.5–12.5 μm；子囊孢子椭圆形至近纺锤形，砖格状分隔，具 4–6 个横隔和 1 个纵隔，无色，表面平滑，在子囊内上部双列下部单列，10–21 × 5–7 μm。

　　在 PDA 培养基上，25℃ 培养 7 d 菌落直径 70 mm，表面绒毛状，气生菌丝白色，产生淡紫色色素；在 SNA 培养基上，25℃ 培养 7 d 菌落直径 10 mm，表面辐射状，絮状，气生菌丝稀疏，白色；分生孢子梗简单分枝，长 5.5–19.5 μm，基部宽 1.5–2.5 μm；瓶梗圆柱形，顶部渐细，3–6 × 1.5–2 μm；分生孢子椭圆形、腊肠形至杆状，无分隔，无色，2–5 × 1–2 μm；厚垣孢子球形至近球形，表面平滑，间生，3–7.5 × 2.5–7.5 μm。

　　标本：河南焦作云台山，海拔 1000 m，松属植物枝条上生，2013 IX 25，郑焕娣、曾昭清、朱兆香 8912，HMAS 252896；焦作，海拔 500 m，松属植物枝条上生，2013 IX 6，曾昭清、郑焕娣、朱兆香 8941，HMAS 271398。

　　国内分布：河南。

　　世界分布：中国。

　　讨论：*Thyronectria orientalis* 的子座解剖结构、砖格状子囊孢子、不产生子囊分生孢子等特征与 *T. austroamericana* (Speg.) Seeler 相似，但后者的子囊壳上百个聚生，黄褐色、红灰色至近黑色，子囊孢子近球形至椭圆形、较短（9.5–15 μm）、分隔数目较少（1–2 个）（Hirooka et al., 2012）。此外，*T. orientalis* 的子囊壳埋生至半埋生，子座发达，子囊孢子椭圆形、不产生子囊分生孢子等特征与 *T. virens* (Harkn.) Hirooka, Rossman & P. Chaverri 相似，但后者的子囊壳表面覆盖有暗绿色屑状物，子囊壳较大（270–410 × 210–400 μm），壳壁较厚（20–70 μm），子囊宽而短（55–80 × 10–20 μm），子囊孢子略宽（宽 5.5–9.5 μm）（Hirooka et al., 2012）。

松生隔孢赤壳　图版 64

Thyronectria pinicola (Kirschst.) Jaklitsch & Voglmayr, Persoonia 33: 203. 2014. Zeng & Zhuang, Mycologia 108(6): 1138, 2016. He et al., Plant Dis. 100: 2331-1, 2016.

　　≡ *Pleonectria pinicola* Kirschst., Verh. Bot. Ver. Prov. Brandenburg 48: 59, 1906.

　　子座发达；子囊壳聚生，球形至近球形，表面具疣状物或屑状物，无乳突，干后顶部凹陷，红褐色至暗红色，在 3% KOH 水溶液中呈暗紫色，在 100%乳酸溶液中呈黄色，高 305–380 μm，直径 300–360 μm；子囊壳表面疣状物或屑状物为角胞组织至矩胞组织，高 15–30 μm，细胞 7–17 × 3–4.5 μm，胞壁厚 1–1.2 μm；壳壁厚 30–55 μm，分 2 层，外层为角胞组织，厚 20–35 μm，细胞 5–17 × 2.5–5 μm，胞壁厚 0.8–1.2 μm；内层为矩胞

组织，厚 10–20 μm，细胞 7–20 × 2–3 μm，胞壁厚 0.8–1 μm；子囊棒状，无顶环，具 8
个孢子，65–105 × 7–11 μm；子囊孢子纺锤形，具 5–15 个砖格状分隔，无色，表面平
滑，13–25 × 3–5 μm；子囊分生孢子杆状，稍弯曲，无色，2–3.5 × 1–2.2 μm。

标本：北京延庆玉渡山，松属植物枝条上生，2015 VII 27，王新存、曾昭清、郑焕
娣、秦文韬、陈凯 10098，HMAS 252898；奥林匹克森林公园，白皮松 Pinus bungeana
枝条上生，2019 III 1，曾昭清 12313，HMAS 255839。

国内分布：北京、山西、台湾。

世界分布：中国、日本、巴基斯坦、德国、俄罗斯、奥地利、美国。

讨论：该种曾被鉴定为 Nectria balsamea Cooke & Peck（Booth, 1959）。笔者采纳
了 Hirooka 等（2012）的观点，考虑宿主专化性在物种区分上的分类学意义，T. pinicola
的寄主仅限于松属植物而非冷杉属植物；此外，它们在子囊孢子的分隔数目和大小等方
面也明显不同。

罗塞琳隔孢赤壳　图版 65

Thyronectria rosellinii (Carestia) Jaklitsch & Voglmayr, Persoonia 33: 204. 2014. Zeng &
　　Zhuang, Mycologia 108(6): 1138, 2016.

　≡ *Nectria rosellinii* Carestia, in Rabenh., Hedwigia 5(12): 190, 1866.

　≡ *Pleonectria rosellinii* (Carestia) Hirooka, Rossman & P. Chaverri, in Hirooka et al.,
　　Stud. Mycol. 71: 157, 2012.

= *Nectria cucurbitula* (Tode) Fr., Summa Veg. Scand. Sectio Post. (Stockholm): 388, 1849.
　　Zhang & Zhuang, Nova Hedwigia 76: 196, 2003.

子座发达；子囊壳聚生，球形至近球形，表面具疣，无乳突，干后顶部凹陷，红色
至红褐色，在 3% KOH 水溶液中呈暗红色，在 100%乳酸溶液中呈黄色，高 294–363 μm，
直径 314–372 μm；子囊壳表面疣状物为角胞组织至矩胞组织，高 8–30 μm，细胞 5–12 ×
2–4 μm，胞壁厚 0.8–1.2 μm；壳壁厚 25–43 μm，分 2 层，外层为角胞组织，厚 21–34 μm，
细胞 5–11 × 3–5 μm，胞壁厚约 1 μm；内层为矩胞组织，厚 4–9 μm，细胞 5–12 × 2–
3.5 μm，胞壁厚 0.8–1 μm；子囊棒状至阔棒状，无顶环，具 8 个孢子，53–83 × 5–8 μm；
子囊孢子线形，具 13 个分隔，无色，表面平滑，30–55 × 2.5–5.5 μm；子囊分生孢子杆
状至腊肠形，无分隔，无色，2.5–3.5 × 0.8–1.2 μm。

标本：黑龙江带岭凉水林场，落叶松 Larix gmelinii 树皮上生，1963 VII 1，潘学仁，
HMAS 33641。湖北神农架小龙潭，海拔 2100 m，冷杉属植物枝条上生，2014 IX 13，
曾昭清、郑焕娣、秦文韬、陈凯 9466，9467，9494-2，HMAS 271263，252902，271400；
神农架金猴岭，海拔 2500 m，冷杉属植物枝条上生，2014 IX 14，曾昭清、郑焕娣、秦
文韬、陈凯 9576，HMAS 252903。四川若尔盖，海拔 3500 m，冷杉属植物枝条上生，
2013 VII 23，王龙、曾昭清、朱兆香、任菲 8309，8311，HMAS 252899，252900；马
尔康，冷杉属植物枝条上生，2013 VII 30，曾昭清、朱兆香、任菲 8491，HMAS 252901。
甘肃武威茶树沟，枯枝上生，2018 VIII 26，曾昭清、郑焕娣、王新存 12150，12151，12154，
HMAS 279711，255821，255822。

国内分布：黑龙江、湖北、四川、甘肃。

世界分布：中国、日本、法国、德国、意大利、加拿大、美国。

讨论：Hirooka 等（2012）指出，*T. rosellinii* 种内形成了 2 个支持率较高的系统发育分支，与北美材料形成的分支相比，亚洲材料之间的关系更近。保藏于中国科学院微生物研究所菌物标本馆的 HMAS 33641 曾报道为 *Nectria cucurbitula*（Zhang and Zhuang, 2003；庄文颖，2013），其正确名称为 *T. rosellinii*。

中国隔孢赤壳　图版 66

Thyronectria sinensis Z.Q. Zeng & W.Y. Zhuang, Mycologia 108(6): 1136, 2016.

子座发达；子囊壳散生或 3–4 个聚生，球形至近球形，表面覆盖黄色的屑状物，无乳突，干后顶部凹陷，橙红色，在 3% KOH 水溶液中呈暗红色，在 100%乳酸溶液中呈黄色，高 304–372 μm，直径 204–420 μm；子囊壳表面屑状为球胞组织至角胞组织，高 8–30 μm，细胞 5–10 × 2–4 μm，胞壁厚 1–1.5 μm；壳壁厚 30–60 μm，分 2 层，外层为球胞组织或角胞组织，厚 20–42 μm，细胞 6–13 × 2–8 μm，胞壁厚约 1 μm；内层为矩胞组织，厚 10–20 μm，细胞 5–13 × 2–4 μm，胞壁厚 0.5–1 μm；子囊棒状至阔棒状，无顶环，具 8 个孢子，50–105 × 5–13 μm；子囊孢子近圆柱形至蠕虫状，具 11–27 个分隔，无色，表面平滑，28–70 × 2.5–3.5 μm；子囊分生孢子杆状至腊肠形，无色，2–3.5 × 0.8–1.2 μm。

在 PDA 培养基上，25°C 培养 7 d 菌落直径 14 mm，表面绒毛状，气生菌丝白色，产生黄色色素；在 SNA 培养基上，25°C 培养 7 d 菌落直径 21 mm，表面絮状，气生菌丝稀疏，白色。

标本：四川九寨沟，海拔 2500 m，松属植物枯枝上生，2013 VIII 4，曾昭清、朱兆香、任菲 8614，HMAS 271282。湖北神农架大龙潭，海拔 2000 m，松属植物枯枝上生，2014 IX 13，曾昭清、郑焕娣、秦文韬、陈凯 9477，HMAS 271399。

国内分布：湖北、四川。

世界分布：中国。

讨论：该种的寄主为松属植物，子囊孢子具多个分隔、产生子囊分生孢子等特征与 *T. cucurbitula* 和 *T. strobi* 相似（Hirooka et al., 2012），但 *T. cucurbitula* 的子囊分生孢子较宽（宽 1–2.1 μm）；而 *T. strobi* 的子囊分生孢子较宽（宽 1–2.1 μm）。*T. sinensis* 与上述种的 ITS 和 LSU 序列分别相差 14 bp、17 bp 和 9 bp、16 bp（Hirooka et al., 2012; Zeng and Zhuang, 2016c）。

软木松隔孢赤壳　图版 67

Thyronectria strobi (Hirooka, Rossman & P. Chaverri) Jaklitsch & Voglmayr, Persoonia 33: 207, 2014. Zeng & Zhuang, Mycologia 108(6): 1138, 2016.

≡ *Pleonectria strobi* Hirooka, Rossman & P. Chaverri, in Hirooka et al., Stud. Mycol. 71: 169, 2012.

子座小或无；子囊壳少数聚生，球形至近球形，表面平滑至粗糙，无乳突，子囊壳干后顶部凹陷，红色至红褐色，在 3% KOH 水溶液中呈暗红色至紫色，100%乳酸溶液中呈黄色，高 294–392 μm，直径 343–402 μm；壳壁厚 25–53 μm，分 2 层，外层为球胞组织至角胞组织，厚 20–45 μm，细胞 4–13 × 2–5 μm，胞壁厚 1–1.2 μm；内层为矩胞组织，厚 2–3 μm，细胞 7–20 × 2–3 μm，胞壁厚 0.8–1 μm；子囊棒状，无顶环，具 8 个孢子，70–105 × 7.5–12 μm；子囊孢子线形，具 9–25 个分隔，分隔处缢缩，无色，表面平滑，23–45 × 2.5–3 μm；子囊分生孢子杆状，无分隔，2.3–3.5 × 1–2.1 μm。

标本：湖北神农架天门垭，海拔 2000 m，华山松 *Pinus armandii* 枝条上生，2014 IX 16，曾昭清、秦文韬、陈凯、郑焕娣 9772，HMAS 252904。

国内分布：湖北。

世界分布：中国、德国、加拿大、美国。

讨论：该种过去仅在欧洲和北美洲有报道（Hirooka et al., 2012），中国湖北材料扩大了其分布范围。与 Hirooka 等（2012）的原始描述相比，HMAS 252904 的子囊壳稍大（294–392 × 343–402 μm vs. 174–302 × 210–340 μm），子囊孢子较短（长 23–45 μm vs. 22–64 μm），笔者将上述差异视为种内变异。

笔者未观察的种

拉米隔孢赤壳

Thyronectria lamyi (Desm.) Seeler, J. Arnold Arbor. 21: 449, 1940. Li et al., Phytotaxa 376(1): 23, 2018.

≡ *Sphaeria lamyi* Desm., Ann. Sci. Nat., Bot., sér. 2, 6: 246, 1836.

≡ *Pleonectria lamyi* (Desm.) Sacc., Nuovo G. Bot. Ital. 8(2): 178, 1876.

国内分布：新疆。

世界分布：中国、巴基斯坦、奥地利、法国、德国、匈牙利、意大利、瑞典、乌克兰、加拿大。

讨论：该种具有严格的寄主专化性，仅生于小檗属 *Berberis* 植物上（Hirooka et al., 2012；Jaklitsch and Voglmayr, 2014）。据 Li 等（2018）报道，其子囊壳 4–9 个聚生，黑褐色，球形至近球形，干后不凹陷，高 189–228 μm，直径 202–244 μm；子囊棒状，具 8 个孢子，72.1–112.8 × 10.3–30.6 μm；子囊孢子椭圆形至纺锤形，砖格状，表面平滑，15.4–45.1 × 5.1–10.5 μm；子囊分生孢子杆状，3.2–5.7 × 1–2.8 μm。与 Hirooka 等（2012）的描述相比，新疆材料的子囊稍小，子囊孢子略大，子囊壳颜色存在细微不同，上述差异被视为种内变异（Li et al., 2018）。

瘤顶赤壳属 Tumenectria C.G. Salgado & Rossman
Fungal Divers. 80: 451, 2016

通常生长于竹茎叶和枯枝上；无子座；子囊壳单生至少数聚生，与基物连接不紧密，容易脱离，球形至近球形，干后不凹陷；橙色至鲜红色，在 3% KOH 水溶液中颜色变暗，在 100%乳酸溶液中颜色变淡；子囊窄棒状；子囊孢子纺锤形，具 3 个分隔，无色；无性阶段为 cylindrocarpon 型，分生孢子无分隔。

模式种：*Tumenectria laetidisca* (Rossman) C.G. Salgado & Rossman。

讨论：Salgado-Salazar 等（2016）建立了单种属 *Tumenectria*，系统发育分析显示它与 *Campylocarpon* Halleen, Schroers & Crous 和 *Rugonectria* P. Chaverri & Samuels 的关系较近。形态上，*Tumenectria* 的子囊孢子纺锤形、具 3 个分隔等特征与上述二属的差异显著。该属目前仅 1 种。

瘤顶赤壳 图版 68

Tumenectria laetidisca (Rossman) C.G. Salgado & Rossman, in Salgado-Salazar et al., Fungal Divers. 80: 451, 2016. Zeng & Zhuang, Mycosystema 41(6): 1013, 2022.

　≡ *Nectria laetidisca* Rossman, Mycol. Pap. 150: 36, 1983.

= *Cylindrocarpon bambusicola* Matsush., Matsush. Mycol. Mem. 5: 9, 1987.

无子座；子囊壳单生至少数聚生，球形至近球形，顶部具乳突，干后不凹陷，新鲜时为鲜红色，干后为暗红色，在 3% KOH 水溶液中变暗红色，100%乳酸溶液中呈黄色，高 225–304 μm，直径 206–225 μm，乳突高 38–75 μm，基部宽 50–100 μm，顶部宽 30–50 μm；壳壁厚 28–48 μm，分 2 层，外层为角胞组织至球胞组织，厚 23–41 μm，细胞 5–13 × 3–8 μm，胞壁厚 0.8–1 μm；内层为矩胞组织，厚 5–7 μm，细胞 8–15 × 2.5–3.5 μm，胞壁厚 0.6–0.8 μm；子囊和子囊孢子未见。

在 PDA 培养基上，25℃ 培养 14 d 菌落直径 36 mm，表面絮状，气生菌丝致密，白色，背面产生米黄色至淡黄褐色色素；在 SNA 培养基上，25℃ 培养 14 d 菌落直径 42 mm，表面绒毛状，气生菌丝稀疏，白色；分生孢子梗 cylindrocarpon 型，无色，瓶梗圆柱形，18–35 × 3.5–5 μm；大型分生孢子圆柱形至纺锤形，中间宽，两端略圆，具 3–5 个分隔，48–77.1 × 7.4–10.9 μm；偶见厚垣孢子，球形至近球形，直径 5–18 μm，间生或串生。

标本：河南洛阳重渡沟，枯枝上生，2013 IX 20，郑焕娣、曾昭清、朱兆香 8813，HMAS 290890。

国内分布：河南。

世界分布：中国、日本、牙买加。

讨论：综合形态学特征和序列分析证据，Salgado-Salazar 等（2016）以 *Nectria laetidisca* 为模式种建立了 *Tumenectria*。由于河南材料采集时状态欠佳，子囊壳数量很少，未观察到完整的子囊和子囊孢子。但是，其 DNA 序列和无性阶段特征与 Salgado-Salazar 等（2016）的描述相符。中国菌株（HMAS 290890）与日本菌株（CBS 100284）的 ITS 和 LSU 序列完全一致，与来自牙买加的模式菌株（CBS 101909）LSU 序列相同，ITS 相差 5 bp，视其为种内变异（曾昭清和庄文颖，2022）。

周刺座霉属 Volutella Fr.

Syst. Mycol. (Lundae) 3(2): 458, 466, 1832

Volutellonectria J. Luo & W.Y. Zhuang, 2012

通常生长于腐烂的植物碎屑或木质基物上；基部子座或着生于菌丝层；子囊壳单生，倒梨形至梨形，表面平滑或具刚毛，顶部尖，直径通常小于 300 μm；橙色至红色，在

3% KOH 水溶液中呈暗红色，在 100%乳酸溶液中变黄色；子囊近圆柱形至棒状，具顶环，具 8 个孢子；子囊孢子纺锤形至两头锥形，具 1 个分隔，无色，表面平滑至粗糙；分生孢子梗聚集成分生孢子座或孢梗束，形成不明显的子座，简单分枝或二轮分枝；瓶梗圆锥形，顶部斜向加厚，无色；分生孢子椭圆形，卵形至长椭圆形，无分隔，形成白色、黄色、橙色至粉色黏团。

模式种：*Volutella ciliata* (Alb. & Schwein.) Fr.。

讨论：该属的部分种曾被纳入 *Cosmospora*（Rossman et al., 1999），Zhang 和 Zhuang（2006）以及 Luo 和 Zhuang（2008）的分子系统学研究结果表明，*Cosmospora* 非单系群，Luo 和 Zhuang（2012）将其中产生 *Volutella* 无性阶段的种纳入有性阶段属 *Volutellonectria*，按照现行的命名法规和一个真菌一个名称的原则，Lombard 等（2015b）提议将 *Volutella* 作为该类群的正确名称。该属目前世界已知 9 种（Gräfenhan et al., 2011；Lombard et al., 2015b；Zhang et al., 2017；Tibpromma et al., 2018；Perera et al., 2020；Crous et al., 2021c），我国发现 3 种。分生孢子座和刚毛的特征，子囊壳壁的结构，子囊孢子和分生孢子的大小为该属区分种的主要依据。

中国周刺座霉属分种检索表

1. 无性阶段未知 ·· 周刺座霉 *V. ciliata*
1. 无性阶段已知 ·· 2
　　2. 分生孢子杆状 ·· 亚洲周刺座霉 *V. asiana*
　　2. 分生孢子圆柱形 ·· 气生周刺座霉 *V. aeria*

气生周刺座霉　图版 69

Volutella aeria Z.F. Zhang & L. Cai, in Zhang et al., Persoonia 39: 26, 2017.

在 PDA 培养基上，25℃ 培养 7 d 菌落直径 29 mm，表面絮状，气生菌丝致密，白色，产生粉黄色至褐色色素；在 SNA 培养基上，25℃ 培养 7 d 菌落直径 42 mm，表面绒毛状，气生菌丝稀疏，白色；分生孢子梗 verticillium 型，通常产生 1–3 轮分枝，具 3–6 个瓶梗；瓶梗针形，无色，表面平滑，16–34 × 1.5–2.5 μm；分生孢子圆柱形，无分隔，无色，表面平滑，5.5–8 × 1.5–2 μm。

菌株：贵州绥阳宽阔水国家级自然保护区喀斯特溶洞，28°12'599"N，107°13'661"E，空气中生，2014 VII 19，张志峰 CGMCC 3.17945。

国内分布：贵州。

世界分布：中国。

讨论：在 *Volutella* 的已知种中，*V. ciliata*、*V. consors* (Ellis & Everh.) Seifert, Gräfenhan & Schroers 和 *V. aeria* 均产生分生孢子座和 verticillium 型的分生孢子梗，但 *V. ciliata* 的分生孢子稍短（长 3–5.5 μm vs. 5.5–8 μm），*V. consors* 的刚毛更短（长 250–260 μm vs. 300–600 μm）（Luo and Zhuang, 2012；Zhang et al., 2017）。

周刺座霉　图版 70

Volutella ciliata (Alb. & Schwein.) Fr., Syst. Mycol. (Lundae) 3(2): 467, 1832. Zeng & Zhuang, Mycosystema 35(11): 1403, 2016.

≡ *Tubercularia ciliata* Alb. & Schwein., Consp. Fung. (Leipzig): 68, 1805.

= *Volutellonectria ciliata* J. Luo & W.Y. Zhuang, Phytotaxa 44: 7, 2012.

子座小或无；子囊壳单生，梨形至阔梨形，表面平滑至粗糙，乳突小或无，干后不凹陷，新鲜时为鲜红色，在 3% KOH 水溶液中呈暗红色，在 100%乳酸溶液中呈橙黄色，高 184–232 μm，直径 124–213 μm；壳壁厚 13–24 μm，分 2 层，外层为角胞组织至矩胞组织，厚 11–21 μm，细胞 4–13 × 2–5 μm；内层为交错丝组织，厚 2–3 μm；子囊棒状，具顶环，具 8 个孢子，41–62 × 4.7–7.9 μm；子囊孢子椭圆形，具 1 个分隔，分隔处缢缩，无色，表面平滑或具小刺，在子囊内单列或不规则双列排列，8–13 × 2–4 μm。

标本：安徽金寨天堂寨，海拔 900–1000 m，腐烂树皮上生，2011 VIII 24，庄文颖、郑焕娣、曾昭清、陈双林 7873a，HMAS 266559。

国内分布：安徽。

世界分布：中国、印度尼西亚、日本、韩国、意大利、荷兰、加拿大。

讨论：与 Luo 和 Zhuang（2012）记载的产于印度尼西亚的模式标本比较，中国材料的子囊稍宽（宽 4.7–7.9 μm vs. 4–6.5 μm），视其为种内差异。

附　录

附录 I　第 47 卷收录属补遗

生赤壳科 BIONECTRIACEAE

水球壳属 Hydropisphaera Dumort.

Comment. Bot. p. 90, 1822

通常生长于腐烂的单子叶、蕨类植物及其他真菌上；无子座；子囊壳单生至聚生，球形至近球形，表面平滑或具成束的毛状物，干后顶部凹陷呈盘状，淡黄色、橙黄色或红褐色，在 3% KOH 水溶液和 100% 乳酸溶液中不变色；壳壁厚度通常超过 25 μm，最厚达 100 μm，分 2 层，外壁由球形、薄壁细胞构成；子囊孢子椭圆形，具 1 至多个分隔，无色，通常表面具条纹，极少数表面平滑或具小刺；无性阶段为 acremonium 型。

模式种：*Hydropisphaera peziza* (Tode) Dumort.。

讨论：该属第 47 卷已报道，最近又发现 1 种。该属目前世界已知 30 种（Lombard et al., 2015b；Zeng and Zhuang, 2016b；Lechat and Fournier, 2016, 2017a, 2017b），我国发现 7 种。子囊壳的颜色和表面特征，子囊孢子的形状、大小、分隔数目和表面特征为该属区分种的主要依据。

中国水球壳属分种检索表

1. 子囊孢子具 3 个分隔 ·· 红色水球壳 *H. erubescens*
1. 子囊孢子具 1 个分隔 ··· 2
　2. 子囊孢子在子囊内成束排列 ··· 中国水球壳 *H. sinensis*
　2. 子囊孢子在子囊内不规则双列排列 ·· 3
3. 子囊孢子表面平滑或具小刺 ··· 4
3. 子囊孢子表面具条纹 ··· 6
　4. 成熟子囊孢子表面平滑 ······································· 鸡公山水球壳 *H. jigongshanica*
　4. 成熟子囊孢子表面具小刺 ··· 5
5. 子囊孢子 15–22 × 2.5–4 μm ··· 云南水球壳 *H. yunnanensis*
5. 子囊孢子 10–15 × 3–5 μm ·· 刺孢水球壳 *H. spinulosa*
　6. 子囊孢子椭圆形 ·· 水球壳 *H. peziza*
　6. 子囊孢子纺锤形 ··· 支撑水球壳 *H. suffulta*

刺孢水球壳　图版 71，图版 72

Hydropisphaera spinulosa Z.Q. Zeng & W.Y. Zhuang, Phytotaxa 288(3): 281, 2016.

无子座；子囊壳散生至少数聚生，球形至近球形，表面平滑至稍粗糙，干后顶部凹陷，无乳突，橙黄色至红褐色，干后孔口区域颜色略暗，在 3% KOH 水溶液和 100%乳酸溶液中不变色，高 195–295 μm，直径 165–275 μm；壳壁厚 25–60 μm，分 2 层，外层为球胞组织，厚 22–54 μm，细胞直径 5–13 μm，胞壁厚 0.5–0.8 μm；内层为矩胞组织，厚 3–7 μm，细胞 5–12 × 2–4 μm，胞壁厚 0.8–1.2 μm；子囊棒状，无顶环，具 8 个孢子，50–73 × 6–9 μm；子囊孢子椭圆形至近纺锤形，具 1 个分隔，分隔处不缢缩或成熟时稍缢缩，稍弯曲，无色，表面具小刺，少数平滑，在子囊内上部双列下部单列排列，10–15 × 3–5 μm。

在 PDA 培养基上，25℃ 培养 7 d 菌落直径 11 mm，表面絮状，气生菌丝致密，白色至灰白色；在 SNA 培养基上，25℃ 培养 7 d 菌落直径 14 mm，表面绒毛状，气生菌丝稀疏，灰色；分生孢子梗简单分枝，具隔膜，瓶梗近圆柱形，顶部渐细，长 22–35 μm，基部宽 2.5–3.5 μm，顶部宽 1.5–2 μm；分生孢子椭圆形至阔椭圆形，无分隔，无色，具双油滴，表面平滑，5–9 × 3–4.5 μm；厚垣孢子近球形，无色，表面平滑，间生，3–6 × 2–5 μm。

标本：湖南宜章莽山，海拔 700 m，腐木上的 *Hypoxylon* 真菌子实体上生，2015 X 27，曾昭清、王新存、陈凯、张玉博 10319，HMAS 273900，培养物 HMAS 248782。

国内分布：湖南。

世界分布：中国。

讨论：在该属的已知种中，*H. spinulosa* 的子囊壳解剖特征、棒状子囊、椭圆形至近纺锤形的子囊孢子及其在子囊内的排列方式等与 *H. arenula* (Berk. & Broome) Rossman & Samuels 相似，但后者生于草本植物茎上，子囊壳壁稍薄（厚 20–26 μm），子囊较短（长 45–60 μm），并且子囊孢子表面平滑（Booth, 1959；Rossman et al., 1999）。

黄壳属 Ochronectria Rossman & Samuels

Stud. Mycol. 42: 53, 1999

通常生长于枯叶、枯枝和水浸木上；基部子座；子囊壳单生至聚生，球形至近球形，干后顶部凹陷呈盘状，表面平滑至略粗糙，淡黄色至黄橙色，在 3% KOH 水溶液和 100%乳酸溶液中不变色；壳壁厚度通常超过 45 μm，分 3 层，外层由无色、薄壁的球形细胞构成，中间层为角胞组织至球胞组织，细胞壁薄，细胞间存在大量橙色油滴，内层为无色、薄壁的矩胞组织；子囊窄棒状，具 4–8 个孢子；子囊孢子纺锤形，具多个分隔，无色，表面平滑或具条纹；无性阶段为 acremonium 型。

模式种：*Ochronectria calami* (Henn. & E. Nyman) Rossman & Samuels。

讨论：第 47 卷中已报道该属的模式种黄壳 *O. calami*，由于未见标本，缺少物种描述。Zeng 和 Zhuang（2017a）基于广东材料对该种的有性阶段进行了描述。该属目前世界已知 3 种（Rossman et al., 1999；Lechat, 2010；Li et al., 2016），我国发现 1 种。子囊壳的颜色和大小，以及子囊孢子的形状、大小和分隔数目为该属区分种的主要依据。

黄壳 图版 73

Ochronectria calami (Henn. & E. Nyman) Rossman & Samuels, in Rossman et al., Stud.

Mycol. 42: 53, 1999. Zeng & Zhuang, Mycosystema 36(5): 660, 2017.

≡ *Calonectria calami* Henn. & E. Nyman, Monsunia 1: 163, 1899.

子座小；子囊壳聚生，球形至近球形，表面粗糙，无乳突，橙黄色，在 3% KOH 水溶液和 100%乳酸溶液中不变色，高 196–225 μm，直径 186–235 μm；壳壁厚 25–50 μm，分 2 层，外层为球胞组织至角胞组织，厚 20–37.5 μm，细胞 4–10 × 2–8 μm，胞壁厚 0.9–1.2 μm；内层为矩胞组织，厚 5–12.5 μm，细胞 6–12 × 1.8–2.5 μm，胞壁厚 1–1.2 μm；子囊近棒状，部分具顶环，具 8 个孢子，48–65 × 7.5–13 μm；子囊孢子梭形，具 3–7 个分隔，分隔处不缢缩，无色，表面平滑，在子囊内呈不规则多列排列，25–35 × 3–4 μm。

标本：广东始兴车八岭，枯枝上生，2015 XI 2，曾昭清、王新存、陈凯、张玉博 10630，HMAS 252925。

国内分布：广东、香港、台湾。

世界分布：中国、印度尼西亚、斯里兰卡、乌干达、百慕大群岛（英）、美国、牙买加、委内瑞拉、巴拿马、巴西、秘鲁、波多黎各、法属圭亚那、瓜德罗普。

讨论：据第 47 卷和 Guu 等（2010）记载，该种在台湾和香港均有分布。最近，Zeng 和 Zhuang（2017a）在广东也发现了该种。

光壳属 Stilbocrea Pat.

Bull. Soc. Mycol. Fr. 16: 186, 1900

通常生长于树皮、腐烂的木质基物或其他子囊菌上；子囊壳埋生于菌丝状子座，聚生，球形至近球形或卵形，淡黄色至橙色，成熟时红褐色或暗橄榄绿色，在 3% KOH 水溶液和 100%乳酸溶液中不变色；壳壁厚度通常超过 25 μm；子囊窄棒状至圆柱形，具 8 个孢子；子囊孢子椭圆形至梭椭圆形，具 1 个分隔，无色，表面具疣状物或小刺；无性阶段为 acremonium 型或 stilbella 型。

模式种：*Stilbocrea dussii* Pat. [= *Stilbocrea macrostoma* (Berk. & M.A. Curtis) Höhn.]。

讨论：该属最初为单种属，Seifert（1985）通过对模式标本进行了细致研究，指出 *Stilbocrea macrostoma* 是其正确名称。该属目前世界已知 6 种（Rossman et al., 1999；de Beer et al., 2013；Voglmayr and Jaklitsch, 2019；Lechat and Fournier, 2019a），第 47 卷中记载 1 种，最近又发现 1 种。子囊壳的颜色和大小，子囊和子囊孢子的形状、大小和表面纹饰，以及产生分生孢子的类型为该属区分种的主要依据。

中国光壳属分种检索表

1. 产生 2 种类型的分生孢子 ·· 大孔光壳 *S. macrostoma*
1. 仅产生 1 种类型的分生孢子 ··· 薄光壳 *S. gracilipes*

大孔光壳　图版 74

Stilbocrea macrostoma (Berk. & M.A. Curtis) Höhn., Sber. Akad. Wiss. Wien, Math.-Naturw. Kl., Abt. 1, 118: 1185, 1909. Zeng & Zhuang, Mycosystema 36(5): 660, 2017.

≡ *Nectria macrostoma* Berk. & M.A. Curtis, in Berkeley, J. Linn. Soc., Bot. 10: 378,

1868.

≡ *Hypocreopsis macrostoma* (Berk. & M.A. Curtis) E. Müll., in Müller & von Arx, Beitr. Kryptfl. Schweiz 11: 650, 1962.

在 PDA 培养基上，25℃培养 7 d 菌落直径 31 mm，表面绒毛状，气生菌丝较致密，灰白色；在 SNA 培养基上，25℃培养 7 d 菌落直径 30 mm，表面绒毛状，气生菌丝稀疏，淡灰绿色；分生孢子梗简单分枝，具隔膜，长 12–37 μm，基部宽 1.2–2.5 μm；产生两种类型的分生孢子：圆柱形，无分隔，无色，表面平滑，2.8–6.2 × 1.2–2 μm；球形至椭圆形，无分隔，表面平滑，2.2–3.2 × 0.9–3 μm。

标本：湖南衡阳衡山，枯枝上生，2015 Ⅹ 22，曾昭清、王新存、陈凯、张玉博 10183，10188，HMAS 275563，275564；衡山，枯枝上生，2015 Ⅹ 23，曾昭清、王新存、陈凯、张玉博 10218，HMAS 275565。

国内分布：湖南。

世界分布：中国、印度、斯里兰卡、古巴、美国。

讨论：该种通常生长于双子叶植物的树皮、腐烂木质基物或其他真菌上，主要分布于热带地区（Rossman et al., 1999），在我国的台湾省屏东、高雄和湖南省衡山有分布（Guu et al., 2010）。

丛赤壳科 NECTRIACEAE

丽赤壳属 **Calonectria** De Not.

Comm. Soc. crittog. Ital. 2(fasc. 3): 477, 1867

通常生长于土壤、植物叶片、茎秆、根际和果实上；子座垫状或为菌丝层；子囊壳单生至聚生，球形至近球形或卵形，表面粗糙或呈鳞片状，黄色至橙色、红色或红褐色至褐色，在 3% KOH 水溶液中呈暗红色，在 100%乳酸中颜色变黄色；子囊棒状，具 8 个孢子；子囊孢子长椭圆形至梭形，具 1 至多个分隔，无色，表面平滑；分生孢子梗 penicillium 型，具隔膜，顶端呈囊泡状结构；大型分生孢子圆柱形，末端钝圆，具 1 至多个分隔，无色；小型分生孢子圆柱形，具 1（–3）个分隔，无色。

模式种：*Calonectria pyrochroa* (Desm.) Sacc.。

讨论：*Calonectria* 属是物种多样性丰富程度比较高的类群，在第 47 卷出版时，全世界已知约 42 种，我国当时发现 5 种。近 10 年来，随着调查范围的扩大和分类学手段的更新，世界已知种数达到 173 种（Kirk et al., 2008；Luo and Zhuang, 2010b；Crous et al., 2015, 2021c；Liu et al., 2020, 2022b；Mohali and Stewart, 2021），我国发现 25 种。由于其中部分种仅了解无性阶段，并且区分种大多依据 DNA 序列分析的结果，本卷提供的检索表仅包含产生有性阶段的种类。子囊壳的形状，子囊孢子的分隔数目、表面纹饰与大小和分生孢子的大小，以及 DNA 序列上的差异为该属区分种的主要依据。

该属的部分种由于难以获得纯培养菌株，在讨论中以文献引证的方式介绍其主要的物种特征，细节和图示还需依靠对我国物种报道的原始资料。

中国已知有性阶段的丽赤壳属分种检索表

加拿大丽赤壳　图版 75

Calonectria canadiana L. Lombard, M.J. Wingf. & Crous, IMA Fungus 1(2): 106, 2010.

= *Cylindrocladium canadense* J.C. Kang, Crous & C.L. Schoch, Syst. Appl. Microbiol. 24: 210, 2001.

  ≡ *Calonectria canadensis* (J.C. Kang, Crous & C.L. Schoch) L. Lombard, M.J. Wingf. & Crous, Stud. Mycol. 66: 56, 2010; nom. inval., Art. 53.1.

= *Calonectria montana* Q.L. Liu & S.F. Chen, MycoKeys 26: 48, 2017.

    在 PDA 培养基上，25°C 培养 7 d 菌落直径 74 mm，表面絮状，气生菌丝致密，白色，产生黄色至褐色色素；在 SNA 培养基上，25°C 培养 7 d 菌落直径 80 mm，表面绒毛状，气生菌丝稀疏，白色；分生孢子梗 penicillium 型，无色，产生 2–6 个瓶梗；瓶梗圆柱形，顶部渐细，无色，8–15.5 × 2.5–5 μm；大型分生孢子圆柱形，末端钝圆，不弯曲，具 1 个分隔，无色，37.5–51.5 × 4–5.5 μm。

菌株：河南某天然林，土生，2016 IV 7，陈帅飞 CGMCC 3.18735。

国内分布：河南。

世界分布：中国。

讨论：Liu 和 Chen（2017）曾将 CGMCC 3.18735 菌株定名为 *C. montana*，通过多基因系统发育分析，结合形态学特征，Liu 等（2020b）认为该菌株与 *C. canadiana* 同种；有性阶段未知。

仙人洞丽赤壳　图版 76

Calonectria xianrensis Q.C. Wang, Q.L. Liu & S.F. Chen, Mycologia 111(6): 1033, 2019.

在 PDA 培养基上，25°C 培养 7 d 菌落直径 71 mm，表面絮状，气生菌丝致密，白色，产生绿黄色色素，背面呈红褐色；在 SNA 培养基上，25°C 培养 7 d 菌落直径 58 mm，表面绒毛状，气生菌丝稀疏，白色；分生孢子梗 penicillium 型，具 2–6 个瓶梗；瓶梗圆柱形，顶部渐细，无色，6–17 × 2–4.5 μm；大型分生孢子圆柱形，末端钝圆，不弯曲，具 1（–3）个分隔，无色，41–62 × 3.5–6.5 μm。

菌株：广东茂名信宜大成，土生，2018 III 9，陈帅飞、汪全超、王文 CGMCC 3.19584。

国内分布：广东。

世界分布：中国。

讨论：据 Wang 等（2019）报道，*C. xianrensis* 与 *C. colhounii* 复合种其他成员的典型区别在于其分生孢子形成泡状膨大（vesicle-adjacent conidia）；有性阶段未知。

笔者未观察的种

尖丽赤壳

Calonectria aciculata Jie Q. Li, Q.L. Liu & S.F. Chen, in Li et al., IMA Fungus 8(2): 273, 2017.

国内分布：云南。

世界分布：中国。

讨论：据 Li 等（2017）报道，该种生于云南普洱地区桉树叶子上，分生孢子梗 penicillium 型，产生 2–4 个瓶梗；瓶梗瓶状至肾形，无色，6–14 × 2.5–5 μm；大型分生孢子圆柱形，末端钝圆，不弯曲，具 3 个分隔，53–86 × 4.5–7 μm；有性阶段未知。

缺无性孢丽赤壳

Calonectria aconidialis L. Lombard, Crous & S.F. Chen bis, in Lombard et al., Stud. Mycol. 80: 162, 2015.

= *Calonectria arbusta* L. Lombard, Crous & S.F. Chen bis, in Lombard et al., Stud. Mycol. 80: 162, 2015.

= *Calonectria expansa* L. Lombard, Crous & S.F. Chen bis, in Lombard et al., Stud. Mycol. 80: 167, 2015.

= *Calonectria guangxiensis* L. Lombard, Crous & S.F. Chen bis, in Lombard et al., Stud.

Mycol. 80: 169, 2015.

= *Calonectria hainanensis* L. Lombard, Crous & S.F. Chen bis, in Lombard et al., Stud. Mycol. 80: 170, 2015.

= *Calonectria magnispora* L. Lombard, Crous & S.F. Chen bis, in Lombard et al., Stud. Mycol. 80: 174, 2015.

= *Calonectria parakyotensis* L. Lombard, Crous & S.F. Chen bis, in Lombard et al., Stud. Mycol. 80: 176, 2015.

= *Calonectria pluriramosa* L. Lombard, Crous & S.F. Chen bis, in Lombard et al., Stud. Mycol. 80: 178, 2015.

= *Calonectria pseudokyotensis* L. Lombard, Crous & S.F. Chen bis, in Lombard et al., Stud. Mycol. 80: 178, 2015.

= *Calonectria sphaeropedunculata* L. Lombard, Crous & S.F. Chen bis, in Lombard et al., Stud. Mycol. 80: 180, 2015.

国内分布：海南、广东、广西。

世界分布：中国。

讨论：该种由 Lombard 等（2015a）基于海南材料建立，其子囊壳单生至少数聚生，橙色至橙褐色，近球形至卵形，高 297–366 μm，直径 232–304 μm；子囊棒状，具 8 个孢子，111–113 × 15–18 μm；子囊孢子拟纺锤形，具 1 个分隔，具油滴，无色，28–44 × 5–7 μm；由于菌株 CBS 136086 未能在培养基上产生分生孢子，便以该性状作为种加词。随后 Liu 等（2020b）根据多基因序列分析结果，列出了该种的部分异名，但绝大多数菌株可以在培养基上产生分生孢子。

亚洲丽赤壳

Calonectria asiatica Crous & Hywel-Jones, in Crous et al., Stud. Mycol. 50(2): 419, 2004. Li et al., IMA Fungus 8(2): 261, 2017.

≡ *Cylindrocladium asiaticum* Crous & Hywel-Jones, in Crous et al., Stud. Mycol. 50(2): 419, 2004.

国内分布：云南。

世界分布：中国、印度尼西亚、泰国。

讨论：该种最初在泰国报道（Crous et al., 2004），Li 等（2017）表明，它在我国云南普洱也有分布。据 Crous 等（2004）描述，其子囊壳单生至少数聚生，橙色至橙褐色，近球形至卵形，高 280–400 μm，直径 200–350 μm，表面粗糙；子囊棒状，具 8 个孢子，70–120 × 12–20 μm；子囊孢子近纺锤形，不弯曲至稍弯曲，具 1 个分隔，分隔处缢缩，28–40 × 5–7 μm；分生孢子梗 penicillium 型，产生 2–6 个瓶梗；瓶梗瓶状至肾形，无色，10–13 × 3–4 μm；分生孢子圆柱形，末端钝圆，不弯曲，具 1 个分隔，42–65 × 4–5.5 μm。

桉树丽赤壳

Calonectria cerciana L. Lombard, M.J. Wingf. & Crous, in Lombard et al., Persoonia 24: 7,

2010.

= *Calonectria papillata* L. Lombard, Crous & S.F. Chen bis, in Lombard et al., Stud. Mycol. 80: 175, 2015.

= *Calonectria terrestris* L. Lombard, Crous & S.F. Chen bis, in Lombard et al., Stud. Mycol. 80: 182, 2015.

国内分布：广东、广西。

世界分布：中国。

讨论：该种的分生孢子梗 penicillium 型，初级分枝具 0–1 个分隔，21–31 × 5–7 μm；次级分枝无分隔，15–22 × 4–5 μm；三级和四级分枝无分隔，10–20 × 4–5 μm；末端分枝产生 2–6 个瓶梗，瓶梗瓶状至肾形，无色，9–12 × 3 μm；大型分生孢子圆柱形，末端钝圆，不弯曲，具 1 个分隔，37–49 × 5–6 μm（Lombard et al., 2010a, 2015a）；有性阶段未知。

中国丽赤壳

Calonectria chinensis (Crous) L. Lombard, M.J. Wingf. & Crous, in Lombard et al., Stud. Mycol. 66: 56, 2010.

≡ *Cylindrocladium chinense* Crous, in Crous et al., Stud. Mycol. 50(2): 420, 2004.

国内分布：广东、海南、香港。

世界分布：中国。

讨论：该种的分生孢子梗 penicillium 型，产生 2–4 个瓶梗；瓶梗长瓶状至肾形，无色，10–20 × 3–4 μm；大型分生孢子圆柱形，末端钝圆，不弯曲，具 1 个分隔，38–56 × 3.5–4.5 μm（Lombard et al., 2010b）；有性阶段未知。

克儒斯丽赤壳

Calonectria crousiana S.F. Chen, L. Lombard, M.J. Wingf. & X.D. Zhou, in Chen et al., Persoonia 26: 6, 2011.

国内分布：福建。

世界分布：中国。

讨论：据 Chen 等（2011）记载，该种生于福建的大桉 *Eucalyptus grandis* 叶片上，其子囊壳单生至 5 个聚生，橙色至红褐色，近球形至卵形，高 321–550 μm，直径 260–465 μm；子囊棒状，具 8 个孢子，109–186 × 23–25 μm；子囊孢子拟纺锤形，具（1–）3 个分隔，具油滴，无色，56–76 × 5–8 μm；分生孢子梗 penicillium 型，产生 1–4 个瓶梗；瓶梗瓶状至腊肠形，无色，9.5–15 × 34.5 μm；大型分生孢子圆柱形，末端钝圆，不弯曲，具（1–）3 个分隔，59–75 × 4–6 μm。

桉丽赤壳

Calonectria eucalypti L. Lombard, M.J. Wingf. & Crous, in Lombard et al., Stud. Mycol. 66: 47, 2010. Li et al., IMA Fungus 8(2): 262, 2017.

= *Calonectria pseudocolhounii* S.F. Chen, L. Lombard, M.J. Wingf. & X.D. Zhou, in Chen et al., Persoonia 26: 7, 2011.

国内分布：云南、福建。

世界分布：中国、印度尼西亚。

讨论：*C. eucalypti* 最初由 Lombard 等（2010b）报道于印度尼西亚。据 Chen 等（2011）的描述，我国材料的子囊壳单生至 4 个聚生，亮黄色至橙色，近球形至卵形，高 320–495 μm，直径 227–390 μm；子囊棒状，具 4 个孢子，130–167 × 16–30 μm；子囊孢子拟纺锤形，具（1–）3 个分隔，具油滴，无色，44–74 × 5–8 μm；分生孢子梗 penicillium 型，产生 2–4 个瓶梗；瓶梗瓶状至肾形，无色，8–14 × 2.5–3.5 μm；大型分生孢子圆柱形，末端钝圆，不弯曲，具（1–）3 个分隔，49–74 × 3.5–5.5 μm。

福建丽赤壳

Calonectria fujianensis S.F. Chen, L. Lombard, M.J. Wingf. & X.D. Zhou, in Chen et al., Persoonia 26: 8, 2011.

= *Calonectria nymphaeae* Yong Wang bis, S.Y. Qin, P. Tan & K.D. Hyde, in Xu et al., Mycotaxon 122: 181, 2012.

国内分布：福建、贵州。

世界分布：中国。

讨论：该种最初报道于福建（Chen et al., 2011），其子囊壳单生至 4 个聚生，亮黄色至橙色，近球形至卵形，高 310–492 μm，直径 206–382 μm；子囊棒状，具 4 个孢子，118–155 × 14–29 μm；子囊孢子拟纺锤形，具（1–）3 个分隔，具油滴，无色，38–72 × 5–8 μm；分生孢子梗 penicillium 型，产生 2–4 个瓶梗；瓶梗瓶状至肾形，无色，6.5–11 × 2–3 μm；大型分生孢子圆柱形，末端钝圆，不弯曲，具（1–）3 个分隔，48–60 × 2.5–5 μm。Liu 等（2020b）考虑到 *C. nymphaeae* 和 *C. fujianensis* 的模式菌株间 ITS 序列仅存在 1 bp 差异，*tef1* 和 *tub2* 基因各相差 3 bp，认为二者同种。据 Xu 等（2012）报道，该种也分布于贵州。

霍克斯沃思丽赤壳

Calonectria hawksworthii (Peerally) L. Lombard, M.J. Wingf. & Crous, in Lombard et al., Stud. Mycol. 66: 56, 2010.

≡ *Cylindrocladium hawksworthii* Peerally, Mycotaxon 40: 375, 1991.

= *Calonectria sulawesiensis* L. Lombard, M.J. Wingf. & Crous, in Lombard et al., Stud. Mycol. 66: 53, 2010.

= *Calonectria foliicola* L. Lombard, Crous & S.F. Chen bis, in Lombard et al., Stud. Mycol. 80: 167, 2015.

国内分布：广西。

世界分布：中国、毛里求斯。

讨论：该种最初报道于毛里求斯（Peerally, 1991）。Lombard 等（2015a）对我国广西的材料进行了描述：分生孢子梗 penicillium 型，产生 2–6 个瓶梗；瓶梗瓶状至肾形，无色，8–13 × 3–5 μm；大型分生孢子圆柱形，末端钝圆，不弯曲，具 1 个分隔，41–52 × 3–6 μm；有性阶段未知。

红河丽赤壳

Calonectria honghensis Jie Q. Li, Q.L. Liu & S.F. Chen bis, in Li et al., IMA Fungus 8(2): 273, 2017.

国内分布：云南。

世界分布：中国。

讨论：据 Li 等（2017）的描述，该种的子囊壳单生至 4 个聚生，黄色至橙色，近球形至卵形，高 208–423 μm，直径 233–406 μm；子囊棒状，具 4 个孢子，75–153 × 13–37 μm；子囊孢子拟纺锤形，具 3 个分隔，具油滴，无色，35–65 × 4.5–7.5 μm；分生孢子梗 penicillium 型，产生 2–4 个瓶梗；瓶梗瓶状至肾形，无色，7–12 × 3–5 μm；大型分生孢子圆柱形，末端钝圆，不弯曲，具 3 个分隔，43–66 × 4.5–6 μm。

香港丽赤壳

Calonectria hongkongensis Crous, in Crous et al., Stud. Mycol. 50(2): 422, 2004.

≡ *Cylindrocladium hongkongense* Crous, in Crous et al., Stud. Mycol. 50(2): 423, 2004.

国内分布：福建、广西、香港。

世界分布：中国。

讨论：据 Crous 等（2004）的描述，该种的子囊壳单生至 3 个聚生，橙色至红橙色，近球形至卵形，高 350–550 μm，直径 300–450 μm；子囊棒状，具 8 个孢子，80–140 × 14–20 μm；子囊孢子拟纺锤形，具油滴，无色，具 1 个分隔，25–40 × 4–7 μm；分生孢子梗 penicillium 型，产生 2–6 个瓶梗；瓶梗长瓶状至肾形，无色，9–15 × 3–5 μm；大型分生孢子圆柱形，末端钝圆，不弯曲，具 1 个分隔，38–53 × 4–4.5 μm。

大屿山丽赤壳

Calonectria lantauensis Jie Q. Li, Q.L. Liu & S.F. Chen bis, in Li et al., IMA Fungus 8(2): 277, 2017.

国内分布：香港。

世界分布：中国。

讨论：据 Li 等（2017）的报道，该种生于香港大屿山香港机场路旁的土壤中，分生孢子梗 penicillium 型，产生 2–6 个瓶梗；瓶梗瓶状至肾形，无色，5.5–13 × 3–8 μm；大型分生孢子圆柱形，末端钝圆，不弯曲，具 1 个分隔，49–62 × 4.5–6 μm；有性阶段未知。

侧梗丽赤壳

Calonectria lateralis L. Lombard, Crous & S.F. Chen bis, in Lombard et al., Stud. Mycol. 80: 173, 2015.

国内分布：广西。

世界分布：中国。

讨论：据 Lombard 等（2015a）描述，该种的分生孢子梗 penicillium 型，产生 2–6 个瓶梗；瓶梗瓶状至肾形，无分隔，无色，7–13 × 2–4 μm；大型分生孢子圆柱形，末端钝圆，不弯曲，具 1 个分隔，35–44 × 4–5 μm；有性阶段未知。

丽赤丽赤壳

Calonectria lichi Q.L. Liu & S.F. Chen bis, MycoKeys 26: 45, 2017.

国内分布：河南。

世界分布：中国。

讨论：该种的模式菌株保藏于中国科学院微生物研究所菌种保藏中心，笔者试图获得其纯培养，未能成功。据 Liu 和 Chen（2017）描述，其分生孢子梗 penicillium 型，产生 2–4 个瓶梗；瓶梗瓶状至肾形，无分隔，无色，6–14.5 × 2.5–5 μm；大型分生孢子圆柱形，末端钝圆，不弯曲，具 3 个分隔，53–79 × 5–7 μm；有性阶段未知。

闽丽赤壳

Calonectria minensis Q.L. Liu & S.F. Chen, in Liu et al., J. Fungi 8(8): 811-30, 2022.

国内分布：福建。

世界分布：中国。

讨论：据 Liu 等（2022b）报道，该种的子囊壳单生至少数聚生，亮黄色至橙色，近球形至卵形，高 258–395 μm，直径 227–330 μm；壳壁厚 22–66 μm，分 2 层；子囊棒状，具 4 个孢子，80–163 × 11–27 μm；子囊孢子拟纺锤形，具油滴，稍弯曲，具（1–）3 个分隔，分隔处缢缩，38.5–80.5 × 6–8.5 μm；分生孢子梗 penicillium 型，产生 2–4 个瓶梗；瓶梗腊肠形、长桶形或肾形，无色，无分隔，4–14 × 2–7 μm；大型分生孢子圆柱形，不弯曲，具（1–）3 个分隔，51–79 × 4.5–7.5 μm。

常丽赤壳

Calonectria pauciramosa C.L. Schoch & Crous, in Schoch et al., Mycologia 91(2): 289, 1999. Lombard et al., Persoonia 24: 2, 2010.

　≡ *Cylindrocladium pauciramosum* C.L. Schoch & Crous, in Schoch et al., Mycologia 91(2): 289, 1999.

= *Calonectria tetraramosa* L. Lombard, Crous & S.F. Chen bis, in Lombard et al., Stud. Mycol. 80: 183, 2015.

= *Calonectria seminaria* L. Lombard, Crous & S.F. Chen bis, in Lombard et al., Stud. Mycol. 80: 179, 2015.

= *Calonectria mossambicensis* Maússe-Sitoe, S.F. Chen & Jol. Roux, Persoonia 31: 291, 2013. Li et al., IMA Fungus 8(2): 262, 2017.

国内分布：福建、广东、广西。

世界分布：中国、莫桑比克、南非、巴西、哥伦比亚、墨西哥和澳大利亚。

讨论：该种常导致桉树茎腐病和叶腐病（陈帅飞，2014）。其子囊壳近球形至卵形，高 250–400 μm，直径 170–300 μm；子囊棒状，70–140 × 8–25 μm，具 8 个孢子；子囊孢子纺锤形，具 1 个分隔，无色，30–40 × 3–8 μm（Schoch et al., 1999；Crous et al., 2013；Lombard et al., 2010a, 2015a）。

瑞丽赤壳

Calonectria pseudoreteaudii L. Lombard, M.J. Wingf. & Crous, in Lombard et al., Persoonia 24: 8, 2010.

= *Calonectria pentaseptata* L. Lombard, M.J. Wingf., P.Q. Thu & Crous, in Crous et al., Persoonia 29: 157, 2012. Lombard et al., Stud. Mycol. 80: 156, 2015.

= *Calonectria microconidialis* L. Lombard, Crous & S.F. Chen bis, in Lombard et al., Stud. Mycol. 80: 175, 2015.

国内分布：广东、广西、海南。

世界分布：中国、越南。

讨论：据 Lombard 等（2010a）报道，该种的分生孢子梗 penicillium 型，产生 1–3 个瓶梗；瓶梗圆柱形至腊肠形，无分隔，无色，16–25 × 3–5 μm；大型分生孢子圆柱形，末端钝圆，不弯曲，具 5–8 个分隔，88–119 × 7–10 μm；小型分生孢子圆柱形，末端钝圆，不弯曲，具 1–3 个分隔，30–68 × 3–6 μm；有性阶段未知。

云南丽赤壳

Calonectria yunnanensis Jie Q. Li, Q.L. Liu & S.F. Chen bis, in Li et al., IMA Fungus 8(2): 282, 2017.

= *Calonectria pseudoyunnanensis* Jie Q. Li, Q.L. Liu & S.F. Chen bis, in Li et al., IMA Fungus 8(2): 279, 2017.

国内分布：云南。

世界分布：中国。

讨论：据 Li 等（2017）记载，该种分离自桉树人工林土壤，其子囊壳单生至 5 个聚生，橙色至橙褐色，近球形至卵形，高 303–511 μm，直径 322–567 μm；子囊棒状，具 8 个孢子，84–163 × 10–27 μm；子囊孢子拟纺锤形，具 1（–3）个分隔，具油滴，无色，28–55 × 5–8 μm；分生孢子梗 penicillium 型，产生 2–4 个瓶梗；瓶梗瓶状至肾形，无分隔，无色，6–16 × 2.5–5 μm；大型分生孢子圆柱形，末端钝圆，不弯曲，具 1 个分隔，36–55 × 4–6 μm。

赤壳属 Cosmospora Rabenh.

Hedwigia 2: 59, 1862

通常生长于其他真菌的子实体上或土壤中；子座小或无；子囊壳单生至聚生，球形至近球形或阔梨形，表面平滑，橙色、红色至暗红色，少数淡黄色，在 3% KOH 水溶液中呈暗红色，在 100%乳酸中颜色变淡；子囊窄棒状至圆柱形，具顶环，具 8 个孢子；

子囊孢子椭圆形，具 1 个分隔，无色，成熟后呈黄褐色至红褐色，表面平滑，成熟后具瘤状物；分生孢子梗简单分枝，分生孢子椭圆形、棒状或腊肠形，无分隔，无色，末端具黏性；大型分生孢子罕见，近圆柱形，弯曲，两端变窄，具 3–5 个分隔，无色。

模式种：*Cosmospora coccinea* Rabenh.。

讨论：该属由 Rabenhorst（1862）建立以后，Rossman 等（1999）、Gräfenhan 等（2011）和 Herrera 等（2015）陆续对其概念进行了修订，目前采用的是狭义的概念，世界已知 21 种（Herrera et al., 2015；Zeng and Zhuang, 2016a；Luo et al., 2019），我国发现 10 种，其中新增报道 5 种。在第 47 卷出版时，学者们普遍采纳了广义的 *Cosmospora* 属的概念，我国当时记录为 15 种，附录 II 将详细提供它们分类地位变更的情况。生境、子囊孢子的大小、菌落的颜色、分生孢子的大小以及 DNA 序列分析的结果为该属区分种的主要依据。

中国赤壳属分种检索表

1. 淡水生 ·· 水赤壳 *C. aquatica*
1. 陆生 ·· 2
　　2. 子囊具顶环 ·· 3
　　2. 子囊无顶环 ·· 6
3. 子囊孢子梭形 ··· 光赤壳 *C. glabra*
3. 子囊孢子椭圆形 ·· 4
　　4. 子囊柱棒状 ···································· 大明山赤壳 *C. damingshanica*
　　4. 子囊柱圆柱形或近圆柱形 ·· 5
5. 子囊孢子长 8–18 μm ································· 白蜡树赤壳 *C. meliolopsidicola*
5. 子囊孢子长 7.5–10 μm ································· 翠绿赤壳 *C. viridescens*
　　6. 子囊孢子表面平滑 ··· 7
　　6. 子囊孢子表面具疣或条纹 ·· 8
7. 子囊孢子椭圆形 ··· 拉氏赤壳 *C. lavitskiae*
7. 子囊孢子近纺锤形 ·· 紫领赤壳 *C. purpureocolla*
　　8. 子囊孢子表面具条纹 ··· 小赤壳 *C. diminuta*
　　8. 子囊孢子表面具疣 ··· 9
9. 子囊孢子 5.5–8 × 2.5–4 μm ··································· 肯达拉赤壳 *C. khandalensis*
9. 子囊孢子 10–27 × 8–20 μm ································· 纤孔菌赤壳 *C. inonoticola*

纤孔菌赤壳　图版 77

Cosmospora inonoticola Z.Q. Zeng & W.Y. Zhuang, Mycol. Progr. 15(5): 59-3, 2016.

无子座；子囊壳单生，少数聚生，近球形至梨形，无乳突，表面平滑至稍粗糙，孔口颜色略暗，干后不凹陷，新鲜时为橙红色，干后呈红色，在 3% KOH 水溶液中呈紫红色，在 100% 乳酸溶液中呈淡黄色，高 294–470 μm，直径 216–343 μm；壳壁厚 23–45 μm，分 2 层，外层为角胞组织，向顶端逐渐过渡为交错丝组织，基部为球胞组织，厚 15–33 μm，细胞直径 2–3.5 μm；内层为角胞组织，厚 8–12 μm，细胞 10–15 × 2.5–3.5 μm；子囊棒状，无顶环，具（3–）6（–8）个孢子，100–163 × 13–23 μm；子囊孢子椭圆形至阔椭圆形，淡褐色，表面具疣，具 1 个分隔，分隔处缢缩，在子囊内单列排列或不规则多列排列，10–27 × 8–20 μm。

在 PDA 培养基上，25℃ 培养 7 d 菌落直径 40 mm，表面绒毛状，气生菌丝稀疏，白色，产生绿橄榄色至灰绿色色素；在 CMD 培养基上，25℃ 培养 7 d 菌落直径 50 mm，表面絮状，产生绿褐色色素，气生菌丝稀疏，白色；分生孢子梗 acremonium 型或 verticillium 型；瓶梗锥形，长 10–55 μm，基部宽 2–3 μm；分生孢子长椭圆形，无分隔，表面平滑，无色，2–8 × 1.5–4 μm。

标本：黑龙江凉水，海拔 340 m，纤孔菌属 *Inonotus* 真菌子实体上生，2014 VIII 28，曾昭清、郑焕娣、秦文韬 9361，HMAS 271401。

国内分布：黑龙江。

世界分布：中国。

讨论：在 *Cosmospora* 的已知种中，*C. coccinea* 和 *C. cymosa* (W. Gams) Gräfenhan & Seifert 同样生长于 *Inonotus* 的子实体上，序列分析结果显示，*C. coccinea* 与 *C. inonoticola* 的 ITS、*rpb1* 和 *tub2* 序列相似性分别为 97%、92% 和 93%（Zeng and Zhuang, 2016a），在形态上 *C. coccinea* 的子囊壳壁较薄（20–30 μm），子囊略长而窄（130–200 × 12–15 μm）；*C. cymosa* 与 *C. inonoticola* 的 ITS、*rpb1* 和 *tub2* 序列分别相差 5 bp、22 bp 和 16 bp，*C. cymosa* 的瓶梗（长 30–70 μm）和分生孢子（长 4–8 μm）均稍长（Gams, 1971；Herrera et al., 2015）。

肯达拉赤壳　图版 78

Cosmospora khandalensis (Thirum. & Sukapure) Gräfenhan & Seifert [as 'khandalense'], in Gräfenhan et al., Stud. Mycol. 68: 96, 2011. Zeng & Zhuang, Mycosystema 41(6): 1009, 2022.

　　≡ *Cephalosporium khandalense* Thirum. & Sukapure, in Sukapure & Thirumalachar, Mycologia 58(3): 359, 1966.

在 PDA 培养基上，25℃ 培养 7 d 菌落直径 23 mm，表面絮状，气生菌丝致密，白色，产生黄绿色色素；在 CMD 培养基上，25℃ 培养 7 d 菌落直径 24 mm，表面绒毛状，气生菌丝稀疏，白色，产生黄绿色色素；在 SNA 培养基上，25℃ 培养 7 d 菌落直径 23 mm，表面绒毛状，气生菌丝稀疏，白色，产生淡黄绿色色素；分生孢子梗不分枝或简单分枝，无色；瓶梗圆柱形，长 34–64 μm，基部宽 1.5–2.5 μm，顶部宽 1–1.5 μm；分生孢子卵形至椭圆形，末端圆形，无分隔，无色，表面平滑，2.5–5 × 1.5–2 μm，末端具黏性，通常聚集成团。

标本：湖北神农架木城哨卡，枯枝上生，2014 IX 22，郑焕娣、曾昭清、秦文韬、陈凯 10045，HMAS 247850。

国内分布：湖北。

世界分布：中国、印度、日本、阿根廷、巴西。

讨论：湖北菌株的菌落形态、分生孢子等特征与 Sukapure 和 Thirumalachar（1966）以及 Herrera 等（2015）对该种的描述一致。序列分析显示中国材料与印度的模式菌株（CBS 356.65）的 ITS 序列仅相差 1 bp，LSU 序列完全相同（曾昭清和庄文颖，2022）。

拉氏赤壳　图版 79

Cosmospora lavitskiae (Zhdanova) Gräfenhan & Seifert, in Gräfenhan et al., Stud. Mycol. 68: 96, 2011. Zeng & Zhuang, Mycol. Progr. 15(5): 59-4, 2016.

≡ *Gliomastix lavitskiae* Zhdanova, Mikrobiol. Zh. 28: 37, 1966.

基部子座；子囊壳单生至聚生，球形至近球形或梨形，无乳突，表面具疣，干后侧面凹陷，新鲜时为鲜红色，干后为褐红色，在 3% KOH 水溶液中呈暗红色，100%乳酸溶液中呈橘黄色，高 118–181 μm，直径 111–153 μm；子囊壳表面疣状物为球胞组织至矩胞组织，高达 15.5 μm，细胞 2–6.2 × 2–3 μm，胞壁厚 0.3–0.5 μm；壳壁厚 10.5–26.3 μm，分为 2 层，外层为角胞组织至矩胞组织，厚 7.9–21 μm，细胞 4–7.2 × 2–4 μm，胞壁厚 0.5–1 μm；内层为矩胞组织，厚 2.6–5.3 μm，细胞 6.2–7.2 × 1–2 μm，胞壁厚 0.4–0.6 μm；子囊棒状，无顶环，具 8 个孢子，37–52.5 × 2.5–5.5 μm；子囊孢子椭圆形，具 1 个分隔，分隔处缢缩，两端对称，无色，表面平滑，在子囊内单列排列，4–7 × 3–4 μm。

在 PDA 培养基上，25°C 培养 7 d 菌落直径为 24 mm，气生菌丝密集，绒毛状，硫黄色至白色，产生黄绿色色素；在 CMD 培养基上，25°C 培养 7 d 菌落直径为 46 mm，气生菌丝稀疏，绒毛状，灰白色，产生黄绿色色素；分生孢子梗不分枝至二叉分枝，偶见三分枝；瓶梗圆柱形，长 15–57 μm，基部宽 1–2 μm，顶部宽 0.5–1 μm；分生孢子椭圆形至肾形，无分隔，弯曲或不弯曲，具 2–4 个油滴，2–6.5 × 1.4–2.4 μm；厚垣孢子球形至近球形或椭圆形，2.6–6.6 × 2.6–5.3 μm。

标本：吉林蛟河庆岭，海拔 400 m，真菌上生，2012 VII 21，图力古尔、庄文颖、郑焕娣、曾昭清、朱兆香、任菲 7976，HMAS 252477。

国内分布：吉林。

世界分布：中国、乌克兰、加拿大、美国。

讨论：吉林材料生于炭角菌类真菌上，中国菌株（7976）与来自乌克兰的模式菌株（IMI 133984）序列几乎完全一致（Zeng and Zhuang, 2016a）。

翠绿赤壳　图版 80

Cosmospora viridescens (C. Booth) Gräfenhan & Seifert, in Gräfenhan et al., Stud. Mycol. 68: 96, 2011. Zeng & Zhuang, Mycosystema 41(6): 1011, 2022.

≡ *Nectria viridescens* C. Booth, Mycol. Pap. 73: 89, 1959.

在 PDA 培养基上，25°C 培养 7 d 菌落直径 24 mm，表面絮状，气生菌丝致密，白色，产生黄色至黄绿色色素；在 CMD 培养基上，25°C 培养 7 d 菌落直径 26 mm，表面絮状，气生菌丝较稀疏，白色，产生黄绿色色素；在 SNA 培养基上，25°C 培养 7 d 菌落直径 26 mm，表面绒毛状，气生菌丝稀疏，白色；分生孢子梗不分枝或简单分枝，无色；瓶梗圆柱形，长 30–68 μm，基部宽 1.8–2.5 μm，顶部宽 1–1.2 μm；分生孢子椭圆形至杆形，末端圆形，无分隔，无色，表面平滑，3–5 × 2–3 μm，末端具黏性，少数聚集成团。

标本：西藏米林南伊沟，灵芝属 *Ganoderma* 真菌上生，2016 IX 13，郑焕娣、曾昭清、王新存、陈凯、张玉博 10806，HMAS 247851。

国内分布：西藏。

世界分布：中国、捷克、丹麦、英国。

讨论：西藏材料 10806 的形态特征与 Booth（1959）的原始描述一致。Gräfenhan 等（2011）对该种的形态相近种进行了详细讨论。我国标本与捷克菌株（CBS 102430）的 ITS 和 LSU 序列分别相差 2 bp 和 3 bp，与来自英国的模式菌株（IMI 73377a）相差 5 bp 和 6 bp，上述差异被视为种内变异（曾昭清和庄文颖，2022）。

笔者未观察的种

水赤壳

Cosmospora aquatica Z.L. Luo, H.Y. Su & K.D. Hyde, in Luo et al., Fungal Divers. 99: 542, 2019.

国内分布：云南。

世界分布：中国。

讨论：据 Luo 等（2019）记载，该种的子囊壳单生或极少数群生，球形至近球形，具乳突，表面平滑至稍粗糙，橙红色，高 210–318 μm，直径 176–296 μm；子囊圆柱形，具顶环，具 8 个孢子，65–79 × 7–9 μm；子囊孢子卵形至椭圆形，具油滴，具 1 个分隔，9–11 × 3.5–4.5 μm。形态上，该种与 *C. lavitskiae* 相似，但后者子囊无顶环且略小（37–52.5 × 2.5–5.5 μm），子囊孢子无油滴且稍短（长 4–7 μm）。

土赤壳属 Ilyonectria P. Chaverri & C. G. Salgado

Stud. Mycol. 68: 69, 2011

通常生长于根际、土壤、木本和草本植物上；无子座；子囊壳单生至聚生，红色，球形至近球形，乳突较宽，表面具鳞片状或疣状物，在 3% KOH 水溶液中颜色变暗，在 100% 乳酸中颜色变淡；壳壁分 2 层，外层由薄壁的球形细胞构成，内层为矩胞组织；子囊窄棒状至圆柱形，顶环小，具 8 个孢子；子囊孢子椭圆形，具 1 个分隔，无色，表面平滑；分生孢子梗简单分枝，大型分生孢子圆柱形，不弯曲，末端钝圆，具 1–3（–4）个分隔，无色，表面平滑；小型分生孢子卵形至椭圆形或纺锤形，具 1 个分隔，无色，表面平滑；厚垣孢子球形至近球形，无色，成熟后为褐色，单生至间生。

模式种：*Ilyonectria radicicola* (Gerlach & L. Nilsson) P. Chaverri & C.G. Salgado。

讨论：该属的部分种曾被纳入 *Neonectria* 属，Chaverri 等（2011）建立 *Ilyonectria* 时，收录了 4 种，在第 47 卷中我国仅记载了 1 种；目前世界已知 37 种（Chaverri et al., 2011；Lu et al., 2020；Crous et al., 2021c），我国发现 7 种。基物类型，子囊壳的表面特征、壳壁厚度，子囊及子囊孢子的大小，以及分生孢子的形状和大小为该属区分种的主要依据。

该属部分种由于难以获得纯培养菌株，在讨论中以文献引证的方式介绍物种的主要特征，并提供了文献出处，便于查询我国物种报道的原始资料。

中国土赤壳属分种检索表

1. 有性阶段已知……2
1. 有性阶段未知……3
   2. 杜鹃花果实上生……**湖北土赤壳 *I. hubeiensis***
   2. 其他植物（人参、早熟禾、栎属、葡萄属等）上生……**强壮土赤壳 *I. robusta***
3. 大型分生孢子棍棒状……**假毁土赤壳 *I. pseudodestructans***
3. 大型分生孢子圆柱形至近圆柱形……4
   4. 小型分生孢子圆柱形……**埃什特雷莫什土赤壳 *I. estremocensis***
   4. 小型分生孢子球形、近球形、椭圆形、卵形至近圆柱形……5
5. 厚垣孢子 7–16 × 7–14 μm……**长白土赤壳 *I. changbaiensis***
5. 厚垣孢子 6–25 × 6–15 μm……**普通土赤壳 *I. communis***
5. 厚垣孢子 8–14 × 7–20 μm……**七台河土赤壳 *I. qitaiheensis***

笔者未观察的种

长白土赤壳

Ilyonectria changbaiensis X. Lu & W. Gao, in Lu et al., Journal of Ginseng Research 44: 513, 2020.

国内分布：吉林。

世界分布：中国。

讨论：据 Lu 等（2020）报道，该种生于吉林长白山的人参 *Panax ginseng* 根部，分生孢子梗双歧分枝或单分枝，产生 1–3 个瓶梗；瓶梗圆柱形，16–62 × 2–3.5 μm；大型分生孢子圆柱形，具 1–3 个分隔，16–38 × 4–8 μm；小型分生孢子球形、近球形、椭圆形至卵形，具 0–1 个分隔，4–16 × 3–5 μm；厚垣孢子球形、近球形至椭圆形，串生，7–16 × 7–14 μm。

普通土赤壳

Ilyonectria communis X. Lu & W. Gao, in Lu et al., Journal of Ginseng Research 44: 514, 2020.

国内分布：吉林。

世界分布：中国。

讨论：该种生于人参根部，其分生孢子梗分枝简单至复杂，产生 1–4 个瓶梗；瓶梗圆柱形，16–33 × 2–3.3 μm；大型分生孢子圆柱形，具 1–3 个分隔，13–42 × 4–9 μm；小型分生孢子椭圆形、卵形或近圆柱形，具 0–1 个分隔，5–18 × 3–7 μm；厚垣孢子球形、近球形至椭圆形，平滑，顶生或间生，6–25 × 6–15 μm（Lu et al., 2020）。

埃什特雷莫什土赤壳

Ilyonectria estremocensis A. Cabral, Nascim. & Crous, Fungal Biol. 116: 73, 2012. Wang, Zhang & Guo, Mycosystema 34(6): 1210, 2015.

国内分布：西藏。

世界分布：中国、葡萄牙、加拿大。

讨论：该种最初在葡萄牙和加拿大报道（Cabral et al., 2012）。其后，王玉君等（2015）在西藏林芝发现，其分生孢子梗分枝简单至复杂，产生 3 个瓶梗；瓶梗圆柱形，长 40–150 μm；大型分生孢子圆柱形至棍棒状，具 1–3 个分隔，22–54 × 3.4–7.5 μm；小型分生孢子圆柱形，6–20 × 3–5 μm；厚垣孢子球形或椭圆形，8–20 × 7–14 μm。

假毁土赤壳

Ilyonectria pseudodestructans A. Cabral, Rego & Crous, Mycol. Progr. 11: 679, 2012. Wang, Zhang & Guo, Mycosystema 34(6): 1211, 2015.

国内分布：西藏。

世界分布：中国、奥地利、葡萄牙、加拿大。

讨论：该种最初在加拿大、奥地利和葡萄牙报道（Cabral et al., 2012），宿主为早熟禾 *Poa pratensis*、栎属 *Quercus* 植物和葡萄 *Vitis vinifera*。王玉君等（2015）在西藏林芝的工布乌头 *Aconitum kongboense* 上分离得到，据描述，我国材料的分生孢子梗分枝简单，产生 2 个瓶梗；瓶梗圆柱形，长 50–180 μm；大型分生孢子圆柱形至棍棒状，具 1–4 个分隔，19–48 × 4–7 μm；小型分生孢子卵形或近圆柱形，6–18 × 3–5 μm；厚垣孢子球形或椭圆形，平滑，褐色，间生，9–18 × 8–14 μm。

七台河土赤壳

Ilyonectria qitaiheensis X. Lu & W. Gao, in Lu et al., Journal of Ginseng Research 44: 514, 2020.

国内分布：黑龙江、吉林。

世界分布：中国。

讨论：该种生于黑龙江七台河和吉林长白山的人参根部，其分生孢子梗分枝简单至复杂，产生 1–2 个瓶梗；瓶梗圆柱形，15–40 × 1.8–3 μm；大型分生孢子圆柱形，不弯曲或稍弯曲，具 1–3 个分隔，15–44 × 4–8 μm；小型分生孢子球形、椭圆形、卵形至近圆柱形，具 0–1 个分隔，3–14 × 3–6 μm；厚垣孢子球形、近球形至椭圆形，平滑，顶生或间生，8–14 × 7–20 μm（Lu et al., 2020）。

强壮土赤壳

Ilyonectria robusta (A.A. Hildebr.) A. Cabral & Crous, Mycol. Progr. 11(3): 680, 2012. Wang, Zhang & Guo, Mycosystema 34(6): 1213, 2015.

国内分布：吉林、西藏。

世界分布：中国、奥地利、德国、荷兰、葡萄牙、突尼斯、加拿大。

讨论：据王玉君等（2015）对吉林和西藏材料的报道，该种子囊壳散生或聚生，卵形或倒梨形，橙色至红色，表面平滑至具疣；子囊棒状或圆柱形，具顶环，具 8 个孢子，40–50 × 4.5–6 μm；子囊孢子椭圆形至长椭圆形，具 1 个分隔，平滑至具疣，无色，8.2–11.5 × 2.5–3.7 μm；分生孢子梗简单至复杂，大型分生孢子柱棒状，具 1–3 个分隔，15–33.5 × 6.5–7.4 μm；小型分生孢子卵形或近圆柱状，8.7–14.1 × 3.8–4.9 μm；厚垣孢子球形，黄褐色，表面平滑，间生或顶生。

丛赤壳属 Nectria (Fr.) Fr.

Summa veg. Scand., Sectio Post. (Stockholm): 387, 1849

通常生长于枯枝和树皮上；子座发达；子囊壳聚生，球形、近球形或椭圆形，通常干后顶部凹陷呈盘状，表面具疣，在 3% KOH 水溶液中呈暗红至紫色，在 100%乳酸中呈橘黄色；壳壁较厚，厚度一般大于 25 μm；子囊棒状，具 8 个孢子；子囊孢子阔椭圆形至长椭圆形，无分隔至多个分隔或呈砖格状，无色至略带黄褐色，表面平滑、具小刺、小疣或具条纹；分生孢子梗不分枝；小型分生孢子椭圆形至拟纺锤形，少数弯曲，无色，无分隔；大型分生孢子椭圆形、矩形、圆柱形至腊肠形或球形，具 0–1 个分隔，表面平滑；厚垣孢子罕见。

模式种：*Nectria cinnabarina* (Tode) Fr.。

讨论：*Nectria* 曾被广泛用于子囊壳肉质且具有丛赤壳型中心体的类群，随着分类研究手段的不断更新，属的概念发生了很大变化，目前普遍采用狭义概念。世界已知 33 种（Kirk et al., 2008；Rossman et al., 2013；Yang et al., 2018；Zeng et al., 2018），我国发现 16 种。基物类型，子囊壳的形状和干后凹陷状况，以及子囊孢子的形状、大小、表面纹饰和分隔数目为该属区分种的主要依据。

中国丛赤壳属分种检索表

亚洲丛赤壳　图版 81

Nectria asiatica Hirooka, Rossman & P. Chaverri, Stud. Mycol. 68: 44, 2011. Zeng et al.,
MycoKeys 71: 131, 2020

子座发达；子囊壳聚生，球形至近球形，无乳突，表面具疣，红色至红褐色，在
3% KOH 水溶液中呈暗红色，在 100%乳酸溶液中呈黄色，高 275–363 μm，直径 274–
392 μm；子囊壳表面疣状物为球胞组织至角胞组织，高 10–38 μm，细胞 5–13 × 4–12 μm，
胞壁厚 0.8–1 μm；壳壁厚 33–65 μm，分 2 层，外层为球胞组织至角胞组织，厚 28–56 μm，
细胞 4–12 × 3.5–11 μm，胞壁厚 0.8–1 μm；内层为矩胞组织，厚 5–9 μm，细胞 4–15 × 2–
5.3 μm，胞壁厚 0.5–0.8 μm；子囊近圆柱形至窄棒状，无顶环，具 8 个孢子，58–105 × 5–
6 μm；子囊孢子窄椭圆形至纺锤形，不弯曲或稍弯曲，具（0–）1 个分隔，分隔处不缢
缩，无色，表面平滑，在子囊内不规则双列排列，12–17 × 3–4.5 μm。

标本：甘肃天祝朱岔村，枯枝上生，2018 VIII 27，曾昭清、郑焕娣、王新存 12214，
HMAS 254610。

国内分布：甘肃。

世界分布：中国、日本。

讨论：Hirroka 等（2011）对来自亚洲、欧洲和北美洲的 *N. cinnabarina* 标本进行
了详细的形态观察和多基因系统发育分析，认为它们分属于 *N. asiatica*、*N. cinnabarina*、
N. dematiosa (Schwein.) Berk.和 *N. nigrescens* Cooke 4 个不同种，其中 *N. asiatica* 仅在中
国和日本发现（Hirroka et al., 2011；Zeng et al., 2020）。

小檗生丛赤壳　图版 82

Nectria berberidicola Hirooka, Lechat, Rossman & P. Chaverri, in Hirooka et al., Stud.
Mycol. 71: 48, 2012. Zeng et al., MycoKeys 71: 131, 2020.

子座发达；子囊壳聚生，球形至近球形，无乳突，表面具疣，红褐色，在 3% KOH
水溶液中呈暗紫色，在 100%乳酸溶液中呈黄色，高 314–392 μm，直径 255–421 μm；
子囊壳表面疣状物为球胞组织至角胞组织，高 10–60 μm，细胞 5–15 × 4–14 μm，胞壁
厚 0.8–1 μm；壳壁厚 40–70 μm，分 2 层，外层为球胞组织至角胞组织，厚 35–55 μm，
细胞 5–15 × 4.5–14.5 μm，胞壁厚 0.8–1 μm；内层为矩胞组织，厚 5–15 μm，细胞 5–15 ×
2–3 μm，胞壁厚 0.5–0.8 μm；子囊棒状，无顶环，具 8 个孢子，53–68 × 7–10 μm；子囊
孢子纺锤形，不弯曲或稍弯曲，具 1 个分隔，分隔处不缢缩，无色，表面平滑，在子囊
内不规则双列排列，15–18 × 3.5–5 μm。

标本：甘肃山丹焉支山，小檗属植物枯枝上生，2018 VIII 25，曾昭清、郑焕娣、王新存 12084，HMAS 279707；天祝朱岔村，小檗属植物枯枝上生，2018 VIII 27，曾昭清、郑焕娣、王新存 12212，HMAS 254611；天祝哈溪，小檗属植物枯枝上生，2018 VIII 28，曾昭清、郑焕娣、王新存 12279，12280，12281，HMAS 254612，254613，255801。

国内分布：甘肃。

世界分布：中国、法国。

讨论：该种仅生长于小檗属植物上（Hirooka et al., 2012），甘肃材料的发现扩大了该种的分布范围。

暗丛赤壳 图版 83

Nectria dematiosa (Schwein.) Berk., N. Amer. Fung.: no. 154, 1873. Yang et al., Phytotaxa 356(3): 207, 2018.

≡ *Sphaeria dematiosa* Schwein., Trans. Amer. Philos. Soc. II, 4: 205, 1832.

≡ *Cucurbitaria dematiosa* (Schwein.) Kuntze, Revisio Generum Plantarum 3: 461, 1898.

= *Nectria sambuci* Ellis & Everh., Proc. Acad. Nat. Sci. Philad.42: 246, 1891.

= *Nectria cinnabarina* subsp. *amygdalina* (P. Karst.) Hirooka, Rossman & Chaverri, Stud. Mycol. 68(no. 47): 48, 2011.

≡ *Nectria amygdalina* (P. Karst.) Mussat, in Saccardo, Syll. Fung. 15: 225, 1901.

子座发达；子囊壳聚生，球形至近球形，无乳突，表面平滑至粗糙，红色至红褐色，在 3% KOH 水溶液中呈暗红色，在 100%乳酸溶液中呈黄色，高 274–412 μm，直径 294–402 μm；壳壁厚 33–50 μm，分 2 层，外层为球胞组织至角胞组织，厚 28–45 μm，细胞 5–15 × 3–6 μm，胞壁厚 0.8–1 μm；内层为矩胞组织，厚 5–8 μm，细胞 5–10 × 2–3 μm，胞壁厚 0.6–0.8 μm；子囊圆柱形至窄棒状，无顶环，具 8 个孢子，50–88 × 7–13 μm；子囊孢子窄椭圆形至长梭形，不弯曲或稍弯曲，具 1 个分隔，分隔处不缢缩，无色，表面平滑，在子囊内不规则双列排列，14–18 × 3–5 μm。

在 PDA 培养基上，25°C 培养 7 d 菌落直径 84 mm，表面绒毛状，气生菌丝白色；在 CMD 培养基上，25°C 培养 7 d 菌落直径 70 mm，表面绒毛状，气生菌丝白色；在 MEA 培养基上，25°C 培养 7 d 菌落直径 64 mm，表面绒毛状，气生菌丝白色；分生孢子梗稀疏分枝，具隔膜，7–43 × 1.5–2.5 μm；分生孢子梭椭圆形至圆柱形、杆状，不弯曲或稍弯曲，末端圆形，无分隔，5–7 × 1.2–1.8 μm。

标本：西藏米林，枯枝上生，2016 IX 12，郑焕娣、曾昭清、王新存、陈凯、张玉博 10740，HMAS 255840。

国内分布：西藏。

世界分布：中国、日本、芬兰、波兰、加拿大、美国、新西兰。

讨论：该种寄主范围较广，包括大叶槭 *Acer macrophyllum*、欧亚槭 *A. pseudoplatanus*、矮扁桃 *Prunus tenella*、美洲接骨木 *Sambucus nigra* subsp. *canadensis*、海仙花 *Weigela coraeensis*、桑属 *Morus*、茶藨子属 *Ribes* 和蔷薇属 *Rosa* 等植物（Hirooka et al., 2011）。据 Yang 等（2018）报道，该种引起木本植物枯萎病。

大孢丛赤壳　图版 84

Nectria magnispora Hirooka, Rossman & P. Chaverri, in Hirooka et al., Stud. Mycol. 71: 69, 2012. Zeng, Zhuang & Yu, Nova Hedwigia 106(3-4): 289, 2018.

　　子座突破树皮而生；子囊壳近埋生或埋生于子座中，4–15 个聚生，球形至近球形，干后不凹陷，表面平滑，红褐色，顶部颜色稍暗，在 3% KOH 水溶液中呈暗红色，在 100%乳酸溶液中呈黄色，高 392–588 μm，直径 440–608 μm；壳壁厚 75–125 μm，分 2 层，外层为角胞组织至球胞组织，厚 50–110 μm；内层为矩胞组织，厚 10–25 μm；子囊孢子椭圆形，具 1 个分隔，分隔处不缢缩，无色，表面平滑至粗糙，23–33 × 8–13 μm；在 PDA 培养基上，25℃培养 7 d 菌落直径 28 mm，表面绒毛状，气生菌丝白色。

　　标本：西藏林芝波密，海拔 2800 m，腐木上生，2016 IX 22，曾昭清、余知和、郑焕娣、王新存、陈凯、张玉博 11156，HMAS 275650。

　　国内分布：西藏。

　　世界分布：中国、日本。

　　讨论：该种最初报道于日本（Hirooka et al., 2012）。我国仅在西藏发现，由于标本过度老熟未见完整子囊，其他性状与原始描述相符，HMAS 275650 与模式标本（MAFF 241418）的 ITS 和 LSU 序列分别相差 2 bp 和 1 bp，被视为种内差异（Zeng et al., 2018）。

黑丛赤壳　图版 85

Nectria nigrescens Cooke, Grevillea 7(no. 42): 50, 1878. Zeng et al., MycoKeys 71: 131, 2020.

　　子座发达；子囊壳聚生，球形至近球形，无乳突，表面具疣，红色至红褐色，在 3% KOH 水溶液中呈暗红色，在 100%乳酸溶液中呈淡黄色，高 323–402 μm，直径 274–353 μm；子囊壳表面疣状物为球胞组织至角胞组织，高 10–50 μm，细胞 5–15 × 4–14 μm，胞壁厚 0.8–1 μm；壳壁厚 30–50 μm，分 2 层，外层为球胞组织至角胞组织，厚 24–40 μm，细胞 4–12 × 3.5–11 μm，胞壁厚 0.8–1 μm；内层为矩胞组织，厚 5–10 μm，细胞 4–15 × 2–5.3 μm，胞壁厚 0.5–0.8 μm；子囊棒状，无顶环，具 8 个孢子，50–80 × 7.5–10 μm；子囊孢子椭圆形至纺锤形，不弯曲或稍弯曲，具（1–）3 个分隔，分隔处不缢缩，无色，表面平滑，在子囊内上部双列下部单列排列，15–23 × 4–5 μm。

　　标本：甘肃山丹焉支山，阔叶树枯枝上生，2018 VIII 25，曾昭清、郑焕娣、王新存 12085，HMAS 255802。

　　国内分布：甘肃。

　　世界分布：中国、法国、德国、英国、加拿大、美国。

　　讨论：该种最初报道于美国（Hirooka et al., 2011），主要宿主包括槭属 *Acer* 植物、黄桦 *Betula lutea*、美洲朴 *Celtis occidentalis*、沙枣 *Elaeagnus angustifolia*、欧洲水青冈 *Fagus sylvatica*、无刺美国皂荚 *Gleditsia triacanthos* var. *inermis*、椴属 *Tilia* 植物和白榆 *Ulmus pumila* 等。Zeng 等（2020）的研究表明，该种在我国也有分布。

西藏丛赤壳　图版 86

Nectria tibetensis Z.Q. Zeng & W.Y. Zhuang, in Zeng, Zhuang & Yu, Nova Hedwigia

106(3–4): 285, 2018.

子座发达；子囊壳聚生，球形至近球形，表面具疣，少数干后顶部凹陷，红褐色，通常孔口颜色变暗，在 3% KOH 水溶液中呈暗紫色，在 100%乳酸溶液中呈黄色，高 235–343 μm，直径 255–343 μm；子囊壳表面疣状物为矩胞组织至球胞组织，高 10–35 μm；壳壁厚 25–55 μm，分 2 层，外层为角胞组织，厚 20–48 μm，内层为矩胞组织，厚 5–9 μm；子囊棒状，无顶环，具 8 个孢子，50–83 × 10–15 μm；子囊孢子椭圆形至纺锤形，具 1 个分隔，分隔处不缢缩，无色，表面具小刺，无油滴，在子囊中不规则双列排列，15–20 × 4–8 μm。

在 PDA 培养基上，25℃ 培养 7 d 菌落直径 44 mm，表面绒毛状，气生菌丝白色；瓶梗近圆柱形，顶部渐细，12–15 × 1.5–2.5 μm；分生孢子窄椭圆形至圆柱形，偶尔弯曲，无分隔，无色，5–8 × 2–3 μm。

标本：西藏林芝米林，海拔 3100 m，枯枝上生，2016 IX 12，郑焕娣、曾昭清、王新存、陈凯、张玉博 10741，HMAS 248882；米林，海拔 2800 m，枯枝上生，2016 IX 13，郑焕娣、曾昭清、王新存、陈凯、张玉博、余知和 10779，HMAS 254515；米林，海拔 3200 m，枯枝上生，2016 IX 14，陈凯、王新存、张玉博、曾昭清、郑焕娣 10849，HMAS 254516；米林，海拔 3200 m，枯枝上生，2016 IX 14，曾昭清、王新存、陈凯、张玉博、郑焕娣 10852，HMAS 254517。

国内分布：西藏。

世界分布：中国。

讨论：在该属的已知种中，*N. tibetensis* 生长于高海拔地区，子囊壳聚生，子囊棒状，子囊孢子椭圆形至纺锤形、具 1 个分隔、无色、表面具小刺等特点与 *N. himalayensis* Hirooka, Rossman & P. Chaverri 相似，但后者的子囊壳（340–430 × 290–420 μm）和子囊（90–122 × 12–17 μm）均较大，子囊孢子稍宽（宽 7.3–10.6 μm）（Hirooka et al., 2012）。

三隔孢丛赤壳　图版 87

Nectria triseptata Z.Q. Zeng & W.Y. Zhuang, Nova Hedwigia 101(3–4): 330, 2015.

子座发达；子囊壳聚生，球形至近球形，表面平滑或稍粗糙，多数干后不凹陷，部分孔口较明显；新鲜时为红色至暗红色，孔口区颜色变暗，在 3% KOH 水溶液中呈暗红色，在 100%乳酸溶液中呈橘黄色，高 300–427 μm，直径 266–432 μm；壳壁厚 40–76 μm，分 2 层，外层为角胞组织至球胞组织，厚 19–68 μm，细胞 3–18.5 × 3–13.4 μm，胞壁厚 1–1.5 μm；内层为矩胞组织，厚 5.3–8.1 μm，细胞 7.2–20.6 × 2–6.2 μm，胞壁厚 0.5–1 μm；子囊棒状，顶部窄圆，无顶环，具 8 个孢子，63–100 × 10–24 μm；子囊孢子长椭圆形至圆柱形，部分稍弯曲，具（1–）3（–7）个分隔，分隔处不缢缩，表面平滑，在子囊内双列或不规则双列排列，19–32 × 4.7–8.4 μm。

在 PDA 培养基上，25℃ 培养 7 d 菌落直径 46 mm，表面绒毛状，气生菌丝白色，产生黄褐色色素；小型分生孢子椭圆形至纺锤形，无分隔，弯曲或不弯曲，通常一侧膨大，2.2–6 × 1.5–3 μm。

标本：河南洛阳龙峪湾国家森林公园，树皮上生，2013 IX 17，郑焕娣、曾昭清、朱兆香 8733，HMAS 266689。安徽金寨天堂寨，海拔 900–1100 m，枯枝上生，2011 VIII

22，陈双林、庄文颖、郑焕娣、曾昭清 7758，HMAS 252483；天堂寨，海拔 900–1100 m，枯枝上生，2011 VIII 23，陈双林、庄文颖、郑焕娣、曾昭清 7771，7807，HMAS 252484，HMAS 252485。

国内分布：河南、安徽。

世界分布：中国。

讨论：在该属的已知种中，*N. triseptata* 的子囊棒状，子囊孢子长椭圆形至圆柱形、在子囊内上部双列下部单列或不规则双列排列等特征与 *N. novae-zelandiae* (Dingley) Rossman 相似，但后者的子囊孢子较小（17.5–24 × 6.5–9 μm），并且子囊壳壁组织中缺少红色至红褐色液滴；*N. triseptata* 与 *N. magnispora* 和 *N. mariae* Hirooka, J. Fourn., Lechat, Rossman & P. Chaverri 的系统发育关系较近，但它们在子囊壳大小、壳壁厚度、子囊长度和子囊孢子分隔数目等方面差异显著（Hirooka et al., 2012）。

笔者未观察的种

榆生丛赤壳

Nectria ulmicola C.M. Tian & Q. Yang, in Yang et al., Phytotaxa 356(3): 204, 2018.

国内分布：黑龙江。

世界分布：中国。

讨论：该种生于伊春的春榆 *Ulmus davidiana* var. *japonica* 枝条上，分生孢子座单生，黄色至橙色，高 200–420 μm，直径 335–750 μm；分生孢子梗不分枝，瓶梗圆柱形，10.5–25 × 1.5–3 μm；分生孢子椭圆形，5–8.5 × 1.5–3.5 μm（Yang et al., 2018）；有性阶段未知。

新丛赤壳属 Neonectria Wollenw.

Annls Mycol. 15(1/2): 52, 1917

Cylindrocarpon Wollenw., 1913

通常生长于树皮，偶尔导致植物溃疡；基部子座；子囊壳聚生，球形、近球形至阔梨形，表面平滑至粗糙，无乳突，干后不凹陷，在 3% KOH 水溶液中呈暗红色，在 100% 乳酸中呈黄色；壳壁厚度大于 50 μm，分 2–3 层，外层多为角胞组织，内层为矩胞组织；子囊圆柱形至棒状，偶尔呈拟纺锤形，顶环有或无，具 8 个孢子；子囊孢子近纺锤形至椭圆形，具 1 个分隔，无色，表面平滑。

模式种：*Neonectria ramulariae* Wollenw.。

讨论：*Neonectria* 与 *Cylindrocarpon* Wollenw. 曾是有性阶段与无性阶段的关系，*Neonectria* 被建议为该类群的正确名称（Rossman et al., 2013）。第 47 卷出版后，*Neonectria* 属的概念发生了一些变化，有些种已被转入 *Cinnamomeonectria* C. G. Salgado & P. Chaverri、*Corinectria* C.D. González & P. Chaverri 和 *Dactylonectria* L. Lombard & Crous 等属（Lombard et al., 2014；Salgado-Salazar et al., 2016；González and Chaverri,

2017），目前世界已知 26 种（Rossman et al., 1999；Hyde et al., 2020b；Stauder et al., 2020），我国发现 9 种，其中本卷新增 2 种（Zhao et al., 2011；Zeng & Zhuang, 2016d）。子囊的形状和顶端结构，子囊孢子的形状、大小和表面纹饰，以及分生孢子的大小为该属区分种的主要依据。

中国新丛赤壳属分种检索表

1. 子囊孢子表面具条纹 ·· 鼎湖新丛赤壳 *N. dinghushanica*
1. 子囊孢子表面平滑或具小刺、疣状纹饰 ··· 2
  2. 子囊孢子表面具疣状纹饰 ··· 3
  2. 子囊孢子表面平滑或具小刺 ·· 4
3. 子囊孢子长椭圆形，9.5–13 × 4–5.5 μm ················· 紫新丛赤壳 *N. punicea*
3. 子囊孢子椭圆形，11–15 × 4–6 μm ············· 小孢新丛赤壳 *N. microconidiorum*
  4. 子囊孢子纺锤形 ··· 5
  4. 子囊孢子椭圆形或梭椭圆形 ·· 6
5. 子囊孢子 13–20 × 5–7 μm ····························· 新大孢新丛赤壳 *N. neomacrospora*
5. 子囊孢子 12–15 × 3–4.8 μm ··························· 神农架新丛赤壳 *N. shennongjiana*
  6. 子囊孢子椭圆形 ······································ 猩红新丛赤壳 *N. coccinea*
  6. 子囊孢子梭椭圆形 ··· 7
7. 子囊具顶环 ······································· 顶环新丛赤壳 *N. ditissimopsis*
7. 子囊无顶环 ·· 8
  8. 子囊 53–75 × 5–10 μm ··································· 红新丛赤壳 *N. ditissima*
  8. 子囊 70–110 × 8.5–14 μm ·································· 大新丛赤壳 *N. major*

红新丛赤壳　图版 88

Neonectria ditissima (Tul. & C. Tul.) Samuels & Rossman, in Samuels et al., CBS Diversity Ser. (Utrecht) 4: 134, 2006. Zhao et al., Sci. China Life Sci. 54(7): 665, 2011.

≡ *Nectria ditissima* Tul. & C. Tul., Select. Fung. Carpol. (Paris) 3: 73, 1865.

子座发达；子囊壳聚生，近球形至梨形，红色至暗红色，乳突颜色较暗，在 3% KOH 水溶液中呈暗红色，在 100%乳酸溶液中变黄色，高 314–372 μm，直径 225–304 μm；壳壁厚 22–55 μm，分 2 层，外层为角胞组织，厚 16–43 μm，细胞 8–12 × 3–7 μm，胞壁厚 0.8–1 μm；内层为矩胞组织，厚 6–12 μm，细胞 6–15 × 3–5 μm，胞壁厚 1–1.2 μm；子囊圆柱形，无顶环，具 8 个孢子，53–75 × 5–10 μm；子囊孢子椭圆形至长椭圆形，具 1 个分隔，分隔处不缢缩，无色，表面平滑，在子囊内通常单列斜向排列，12.5–18 × 4.5–7.5 μm。

在 PDA 培养基上，25℃ 培养 7 d 菌落直径 31 mm，表面绒毛状，气生菌丝致密，白色，产生淡橙黄色色素；在 SNA 培养基上，25℃ 培养 7 d 菌落直径 36 mm，表面絮状，菌丝稀疏，白色；分生孢子梗简单分枝，具隔膜；瓶梗圆柱形，24–65 × 2–3 μm；大型分生孢子圆柱形至杆状，不弯曲或稍弯曲，具 0（–2）个分隔，无色，16–30 × 2.5–4 μm；小型分生孢子椭圆形至杆状，具 0（–1）个分隔，不弯曲，无色，8–14 × 2.5–3.5 μm。

标本：河南鸡公山，海拔 700 m，枯枝上生，2003 XI 15，庄文颖、农业 5170，HMAS 91784。湖北神农架漳宝河，海拔 1100 m，枯枝上与其他真菌伴生，2004 IX 17，庄文颖、农业 5795，HMAS 99205。

国内分布：河南、湖北。

世界分布：中国、比利时、爱尔兰、法国、德国、挪威、荷兰、斯洛伐克、英国、加拿大、美国。

讨论：该种在欧洲和北美洲比较常见（Dryden et al., 2016；Samuels et al., 2006），在我国分布并不广泛。

新大孢新丛赤壳　图版 89

Neonectria neomacrospora (C. Booth & Samuels) Mantiri & Samuels, in Mantiri et al., Can. J. Bot. 79: 339, 2001. Zeng & Zhuang, Mycosystema 35(11): 1400, 2016.

≡ *Nectria neomacrospora* C. Booth & Samuels, Trans. Br. Mycol. Soc. 77: 645, 1981.

= *Cylindrocarpon cylindroides* Wollenw., Phytopathology 3(4): 212, 225, 1913.

子座发达；子囊壳聚生，近球形至阔梨形，新鲜时亮红色，干后红色，乳突颜色较暗，在 3% KOH 水溶液中呈暗红色，在 100%乳酸溶液中呈黄色，高 323–412 μm，直径 235–343 μm；壳壁厚 30–48 μm，分 2 层，外层为表层组织，厚 17–25 μm，内层为交错丝组织，厚 7–17 μm；子囊近圆柱形至圆柱形，无顶环，具 8 个孢子，83–118 × 8–11 μm；子囊孢子纺锤形至椭圆形，具（0–）1 个分隔，分隔处缢缩，无色，表面平滑至稍粗糙，在子囊内通常单列斜向排列，13–20 × 5–7 μm。

在 PDA 培养基上，25°C 培养 7 d 菌落直径 35 mm，表面绒毛状，气生菌丝致密，白色；在 SNA 培养基上，25°C 培养 7 d 菌落直径 38 mm，表面絮状，气生菌丝稀疏，白色；分生孢子梗简单分枝，具隔膜，瓶梗圆柱形，15–40 × 1.5–2.5 μm；小型分生孢子椭圆形至纺锤形，不弯曲或略弯曲，无分隔，无色，2–6 × 1.5–3 μm。

标本：湖北神农架，海拔 2100 m，松属植物枝条上生，2014 IX 13，曾昭清、郑焕娣、秦文韬、陈凯 9469，HMAS 252905；神农架，海拔 2250 m，松属植物枝条上生，2014 IX 15，曾昭清、郑焕娣、秦文韬、陈凯 9607，HMAS 252906。

国内分布：湖北。

世界分布：中国、比利时、丹麦、芬兰、法国、挪威、瑞典、英国、加拿大、美国。

讨论：基于线粒体小亚基序列分析的结果，Mantiri 等（2001）将该种转入 *Neonectria* 属。该种英国标本的子囊壳直径为 400–600 μm（Booth, 1966），较我国上述材料的显著较大，但它们的 ITS 序列仅相差 2 bp，被视为种内变异（Zeng and Zhuang, 2016d），对更多材料的观察和更多基因片段的序列比较，将有助于对我国材料分类地位的准确判断。

皱赤壳属 **Rugonectria** P. Chaverri & Samuels

Stud. Mycol. 68: 73, 2011

通常生长于新近砍伐的植物树皮或患病枝条上；子座限于基部至发达；子囊壳表生或半埋生，聚生，球形、近球形或梨形，表面具疣，无乳突，在 3% KOH 水溶液中呈橙红色、红色至暗红色，在 100%乳酸中呈黄色；壳壁厚度大于 50 μm，分 2 层，子囊圆柱形至棒状，具 4–8 个孢子；子囊孢子椭圆形至长椭圆形，具 1 个分隔，表面具条纹，无色至淡黄色。

模式种：*Rugonectria rugulosa* (Pat. & Gaillard) Samuels, P. Chaverri & C.G. Salgado。

讨论：Chaverri 等（2011）建立该属时，承认 3 种，目前世界已知 5 种（Chaverri et al., 2011；Zeng et al., 2012；Zeng and Zhuang, 2019），我国发现 3 种。子囊中孢子的数目、子囊孢子的大小，以及产生分生孢子的类型为该属区分种的主要依据。

中国皱赤壳属分种检索表

1. 子囊具 4 个孢子 ·· 中国皱赤壳 *R. sinica*
1. 子囊具（6–）8 个孢子 ·· 2
   2. 在培养基上产生大型分生孢子 ······························· 皱赤壳 *R. rugulosa*
   2. 在培养基上仅产生小型分生孢子 ················· 小孢皱赤壳 *R. microconidiorum*

小孢皱赤壳　图版 90

Rugonectria microconidiorum Z.Q. Zeng & W.Y. Zhuang [as '*microconidia*'], MycoKeys 55: 105, 2019.

基部子座；子囊壳聚生，梨形至近球形，表面具疣，无乳突；黄色至橙色，干后顶部区域颜色稍暗，在 3% KOH 水溶液中呈暗红色，在 100%乳酸溶液中呈黄色，高 421–549 μm，直径 333–470 μm；子囊壳表面疣状物为球胞组织至角胞组织，高 30–93 μm，细胞 10–27 × 8–18 μm，胞壁厚 1.5–2.5 μm；壳壁厚 45–70 μm，分 2 层，外层为球胞组织至角胞组织，厚 25–45 μm，细胞 5–15 × 3–6 μm，胞壁厚 0.8–1 μm；内层为矩胞组织，厚 7–25 μm，细胞 5–10 × 2–3 μm，胞壁厚 0.6–0.8 μm；子囊棒状，无顶环，具（6–）8 个孢子，93–130 × 11–25 μm；子囊孢子椭圆形至阔椭圆形，不弯曲，具 1 个分隔，分隔处不缢缩，无色，表面平滑，在子囊内单列排列或上部双列下部单列排列，20–28 × 8–12 μm。

在 PDA 培养基上，25℃ 培养 7 d 菌落直径 42 mm，表面绒毛状，气生菌丝白色，产生淡紫色色素；在 SNA 培养基上，25℃ 培养 7 d 菌落直径 40 mm，气生菌丝稀疏、白色；分生孢子梗稀疏分枝，具隔膜，18–50 × 2–3 μm；分生孢子腊肠形至杆状，不弯曲或稍弯曲，末端圆形，具 0（–2）分隔，3–18 × 1.2–3 μm。

标本：湖南宜章莽山，海拔 700 m，长苔藓的树皮上生，2015 Ⅹ 26，曾昭清、王新存、陈凯、张玉博 10266，HMAS 254521。

国内分布：湖南。

世界分布：中国。

讨论：该种子囊壳聚生、橙色、表面具疣，以及棒状子囊包含 8 个孢子等特征与 *R. rugulosa* 相似，但后者的子囊（53–95 × 7.5–17 μm）和子囊孢子（10–24 × 3.3–10 μm）较小，并且在培养基上产生大型分生孢子（Samuels et al., 1990；Samuels and Brayford, 1994）。序列比对的结果显示，*R. microconidiorum*（HMAS 254521）同 *R. rugulosa*（YH1001）的 *act*、ITS、LSU 和 *rpb1* 序列分别存在 21 bp、21 bp、12 bp 和 22 bp 差异，应该视为种间差异（Zeng and Zhuang, 2019）。

乳突赤壳属 Thelonectria P. Chaverri & C.G. Salgado

Stud. Mycol. 68: 76, 2011

通常生长于新近砍伐的植物树皮、患病植株和腐烂的根际，容易导致植物溃疡；子座小至发达；子囊壳单生至聚生，球形、近球形或梨形至长形，多数种具明显乳突，若无乳突顶部颜色变暗，表面平滑或具疣状物；壳壁厚 20–50（–100）μm，分 2–3 层，外层为表层组织，细胞轮廓不清晰，壁厚且着色，内层为矩胞组织，薄壁，无色；子囊圆柱形至棒状，具 8 个孢子；子囊孢子椭圆形至梭椭圆形，具 1 个分隔，表面平滑，无色至淡黄褐色。

模式种：*Thelonectria discophora* (Mont.) P. Chaverri & C.G. Salgado。

讨论：根据子囊壳壁和孔口处的解剖结构等特征以及序列分析的结果，Chaverri 等（2011）建立了 *Thelonectria* 属，当时承认了 9 种。该属目前世界已知 47 种（Lawrence et al., 2019；Zeng and Zhuang, 2019, 2022b；Braun and Bensch, 2020），我国发现 20 种。子囊壳的解剖结构，子囊的顶环有无，以及小型孢子的形状、大小和表面特征为该属区分种的主要依据。

中国乳突赤壳属分种检索表

北京乳突赤壳　图版 91

Thelonectria beijingensis Z.Q. Zeng, J. Luo & W.Y. Zhuang, Phytotaxa 85(1): 18, 2013.

子座发达；子囊壳单生至 10 个聚生，球形至近球形，干后不凹陷，表面稍粗糙，新鲜时为橘红色至红色，在 3% KOH 水溶液中呈暗红色，100%乳酸溶液中变橘黄色，高 320–391 μm，直径 305–385 μm；壳壁厚 22–38 μm，分 2 层，外层上部为表层组织和交错丝组织，基部为角形组织，厚 14–27 μm，多数细胞无固定形状，顶部细胞轴垂直于子囊壳表面，5.4–11 × 2.4–4.9 μm，胞壁厚 0.8–1.2 μm；内层为矩胞组织，厚 8–11 μm，细胞 8–19 × 2.2–3.8 μm，胞壁厚 0.5–0.8 μm；子囊近圆柱形，具顶环，具 8 个孢子，82–104 × 5.5–8.5 μm；子囊孢子梭椭圆形，具 1 个分隔，分隔处不缢缩，无色，表面平滑，在子囊内单列排列，13–17 × 4–7 μm。

在 PDA 培养基上，25℃ 培养 7 d 菌落直径 22 mm，表面绒毛状，气生菌丝褐色至紫色，菌落背面暗酒红色；分生孢子梗不分枝至简单分枝，具隔膜，长 22–59 μm，基部宽 2.2–3.5 μm；小型分生孢子椭圆形至杆状，不弯曲或稍弯曲，无分隔，无色，5.4–14 × 2.2–4 μm；大型分生孢子近纺锤形至圆柱形，稍弯曲，末端圆，无色，具 0–3 个分隔，0 分隔：41–51 × 3.2–5.4 μm；1 个分隔：32–46 × 2.7–4 μm；2 个分隔：43–51 × 3.2–4 μm；3 个分隔：41–54 × 3.2–4.9 μm；厚垣孢子未见。

标本：北京，树皮上生，2010 IX 1，蔡磊 7604，HMAS 188498。

国内分布：北京。

世界分布：中国。

讨论：*T. beijingensis* 的子囊圆柱形、子囊孢子梭椭圆形和菌落褐色等特征与 *T. sinensis* (J. Luo & W.Y. Zhuang) Z.Q. Zeng & W.Y. Zhuang 相似，但后者子囊壳壁较厚（32–55 μm）并且不产生小型分生孢子（Luo and Zhuang, 2010d）。

球孢乳突赤壳　图版 92，图版 93

Thelonectria globulosa Z.Q. Zeng & W.Y. Zhuang, J. Fungi 8(10): 1075-9, 2022.

子座小至发达；子囊壳单生至少数聚生，球形至近球形，表面粗糙，具乳突，高 32–65 μm，基部宽 52–75 μm，新鲜时为橙红色，干后呈红色，在 3% KOH 水溶液中呈暗红色，在 100%乳酸溶液中变淡黄色，高 235–323 μm，直径 148–245 μm；壳壁厚 20–40 μm，分 2 层，外层为角胞组织至球胞组织，厚 15–30 μm，细胞 5–15 × 4–12 μm，胞壁厚 0.8–1 μm；内层为矩胞组织，厚 5–10 μm，细胞 6–15 × 3–10 μm，胞壁厚 1–1.2 μm；子囊圆柱形至棒状，无顶环，具 8 个孢子，53–75 × 8–13 μm；子囊孢子椭圆形至梭形，具 1 个分隔，分隔处缢缩，无色，表面平滑或具小刺，在子囊内单列或不规则双列排列，13–20 × 5.5–8 μm。

在 PDA 培养基上，25°C 培养 7 d 菌落直径 22 mm，表面绒毛状，气生菌丝致密，白色，产生黄褐色色素；在 SNA 培养基上，25°C 培养 7 d 菌落直径 35 mm，表面絮状，气生菌丝稀疏，白色；分生孢子简单分枝，长 25–89 μm，基部宽 1.5–2.5 μm；大型分生孢子杆状至圆柱形，两端弯曲，具 1–3（–4）个分隔，无色，表面平滑，20–58 × 3.2–5.8 μm；小型分生孢子球形，无色，表面平滑，直径 3–4.5 μm；厚垣孢子球形至近球形，4–10 × 3–8 μm。

标本及菌株：广西桂林猫儿山，枯树根上生，2019 XII 5，曾昭清、郑焕娣 12434，HMAS 255835，CGMCC 3.24132。

国内分布：广西。

世界分布：中国。

讨论：*T. globulosa* 的突出特征是在 PDA 培养基上产生球形的小型分生孢子。其子囊壳球形、干后顶部不凹陷，子囊圆柱形至棒状，子囊孢子椭圆形至纺锤形，以及大型分生孢子圆柱形等特征与 *T. nodosa* C.G. Salgado & P. Chaverri 相似，但后者不产生小型分生孢子（Salgado-Salazar et al., 2012）。

广东乳突赤壳　图版 94

Thelonectria guangdongensis Z.Q. Zeng & W.Y. Zhuang, MycoKeys 55: 109, 2019.

子座发达；子囊壳单生至 10 个聚生，球形至近球形，干后不凹陷，表面稍粗糙，具乳突，红色至亮红色，在 3% KOH 水溶液中呈暗红色，在 100%乳酸溶液中变橘黄色，高 235–382 μm，直径 245–412 μm；壳壁厚 20–50 μm，分 2 层，外层为交错丝组织，厚 13–37 μm，多数细胞无固定形状；内层为矩胞组织，厚 7.5–13 μm，细胞 8–19 × 2.2–3.8 μm，胞壁厚 0.5–0.8 μm；完整子囊未见；子囊孢子椭圆形，具 1 个分隔，分隔处不缢缩，无色，表面平滑，在子囊内单列排列，10–13 × 3–5 μm。

在 PDA 培养基上，25°C 培养 7 d 菌落直径 28 mm，表面绒毛状，气生菌丝白色，产生紫色色素；在 SNA 培养基上，25°C 培养 7 d 菌落直径 35 mm，气生菌丝白色，稀疏；瓶梗圆柱形，20–58 × 2–4 μm；大型分生孢子圆柱形，稍弯曲，两端钝圆，具 2–5 个分隔，48–70 × 4.8–5.3 μm；小型分生孢子和厚垣孢子未见。

标本：广东始兴车八岭，海拔 600 m，树皮上生，2015 XI 2，曾昭清、王新存、陈凯、张玉博 10627，HMAS 254522。

国内分布：广东。

世界分布：中国。

讨论：在 *Thelonectria* 属的已知种中，*T. guangdongensis* 的子囊壳球形至近球形、表面略粗糙，在培养基上产生紫色色素，大型分生孢子分隔数相近等特征与 *T. phoenicea*

相似，但后者的子囊孢子稍宽（宽 3.2–6.5 μm）（Salgado-Salazar et al., 2015）。此外，它们模式菌株的 *act*、ITS、LSU 和 *rpb1* 序列差异很大（Zeng and Zhuang, 2019）。

日本乳突赤壳　图版 95

Thelonectria japonica C.G. Salgado & Hirooka, in Salgado-Salazar et al., Fungal Divers. 70(1): 14, 2015. Z.Q. Zeng & W.Y. Zhuang, MycoKeys 55: 112, 2019.

基部子座；子囊壳聚生，球形至近球形，干后不凹陷，表面平滑或略粗糙，乳突明显，红色至亮红色，在 3% KOH 水溶液中呈深红色至玫瑰红色，在 100%乳酸溶液中变黄色，高 353–425 μm，直径 446–514 μm；壳壁厚 44–55 μm，分 2 层，外层上部为表层组织和交错丝组织，基部为角形组织，厚 30–41 μm，多数细胞无固定形状，顶部细胞垂直于子囊壳表面，5.5–10 × 2.5–5 μm，胞壁厚 1–1.2 μm；内层为矩胞组织，厚 5.5–13.7 μm，细胞 6–19 × 2.2–3.8 μm，胞壁厚 0.5–0.9 μm；子囊圆柱形，具顶环，具 8 个孢子，106–127 × 9.4–13.5 μm；子囊孢子椭圆形，具 1 个分隔，分隔处不缢缩，无色，表面平滑，在子囊内单列斜向排列，13.5–19 × 7.6–9.6 μm。

标本：湖北五峰后河，海拔 800 m，枯树枝上生，2004 IX 13，庄文颖、农业 5621，HMAS 98327。云南腾冲，枯树枝上生，2003 X 15，吴文平 W7104a，HMAS 183155。

国内分布：湖北、云南。

世界分布：中国、日本。

乳状乳突赤壳　图版 96

Thelonectria mamma C.G. Salgado & P. Chaverri, in Salgado-Salazar, Rossman & Chaverri, Fungal Divers. 80: 444, 2016.

基部子座；子囊壳单生至少数聚生，球形至近球形，干后不凹陷，表面平滑或稍粗糙，具乳突；橙红色至红褐色，顶部颜色稍暗，在 3% KOH 水溶液中呈红色，在 100%乳酸溶液中呈黄色，高 300–650 μm，直径 200–300 μm；壳壁厚 30–60 μm，矩胞组织，细胞 5–9 × 2–3 μm，胞壁厚 0.8–1 μm；完整子囊未见；子囊孢子椭圆形，具 1 个分隔，分隔处不缢缩，淡黄褐色，表面具小刺，10.5–15.1 × 4.6–6.5 μm。

标本：湖北神农架木城哨卡，枯树皮上生，2014 IX 22，曾昭清、郑焕娣、秦文韬、陈凯 10056，HMAS 255841。

国内分布：湖北、台湾。

世界分布：中国、法属圭亚那。

讨论：Salgado-Salazar 等（2016）的研究表明，*T. mamma* 与 *T. discophora* 复合种的关系较近，但 *T. mamma* 的菌落非紫色，且在培养基中产生球形至卵形的小型分生孢子。

瘤顶乳突赤壳　图版 97

Thelonectria nodosa C.G. Salgado & P. Chaverri, in Salgado-Salazar et al., Mycologia 104(6): 1341, 2012. Zeng & Zhuang, Mycosystema 39(10): 1984, 2020.

子座发达；子囊壳聚生，梨形、球形至近球形，干后不凹陷，表面平滑或稍粗糙，乳突明显，橙红色，在 3% KOH 水溶液中呈暗红色，在 100%乳酸溶液中变淡黄色，高 235–363 μm，直径 118–274 μm；壳壁厚 10–30 μm，分 2 层，外层为角胞组织，厚 7–23 μm，5.5–10 × 2.5–5 μm，胞壁厚 1–1.2 μm；内层为矩胞组织，厚 3–7 μm，细胞 6–19 × 2.2–3.8 μm，胞壁厚 0.5–0.9 μm；子囊圆柱形，无顶环，具 8 个孢子，73–90 × 8–13 μm；子囊孢子椭圆形，具 1 个分隔，分隔处不缢缩，无色，表面平滑，在子囊内上部双列下部单列排列，10–18 × 5–7 μm。

在 PDA 培养基上，25℃ 培养 7 d 菌落直径 24 mm，表面绒毛状，气生菌丝白色，产生杏黄色色素；在 SNA 培养基上，25℃ 培养 7 d 菌落直径 25 mm，气生菌丝白色，稀疏；分生孢子梗简单分枝，14–25 × 2.2–5 μm；大型分生孢子圆柱形，稍弯曲，两端钝圆，具 4–5 个分隔，45–55 × 8–10 μm；厚垣孢子未见。

标本：云南大理宾川鸡足山祝圣寺，枯木上生，2017 IX 20，张意、郑焕娣、王新存、张玉博 11541，HMAS 279714。

国内分布：云南。

世界分布：中国、美国。

腓尼基乳突赤壳　图版 98

Thelonectria phoenicea C.G. Salgado & P. Chaverri, in Salgado-Salazar et al., Fungal Divers. 70(1): 16, 2015. Zeng & Zhuang, MycoKeys 55: 113, 2019.

子座小；子囊壳单生或聚生，球形至近球形，干后不凹陷，表面平滑至略粗糙，乳突明显，红色，在 3% KOH 水溶液中呈暗红色，在 100%乳酸溶液中变淡黄色，高 162–221 μm，直径 165–219 μm；壳壁厚 32–70 μm，分 2 层，外层为矩胞组织，厚 24–54 μm，细胞 8–13 × 10.8–19 μm，胞壁厚 1–1.2 μm；内层为角胞组织，厚 5.4–16 μm，细胞 6–19 × 2.2–3.8 μm，胞壁厚 0.5–0.9 μm；子囊圆柱形，具顶环，具 8 个孢子，73–84 × 4.3–7.6 μm；子囊孢子椭圆形，具（0–）1 个分隔，分隔处不缢缩，无色，表面平滑，在子囊内单列排列，9.5–16.2 × 3.2–6.5 μm。

标本：海南陵水吊罗山，海拔 1050 m，枯树皮上生，2000 XII 15，庄文颖、张向民 H86，HMAS 76856。

国内分布：海南、台湾。

世界分布：中国、印度尼西亚、澳大利亚。

讨论：HMAS 76856 曾报道为 T. discophora（庄文颖，2013）。在 Salgado-Salazar 等（2015）对 T. discophora 复合种的问题进行处理后，通过重新观察该标本的形态学特征，结合分子系统学结果，Zeng 和 Zhuang（2019）认为该标本的正确名称为 T. phoenicea。

紫质乳突赤壳　图版 99

Thelonectria porphyria C.G. Salgado & Hirooka, in Salgado-Salazar et al., Fungal Divers. 70(1): 19, 2015. Zeng & Zhuang, MycoKeys 55: 114, 2019.

子座发达；子囊壳聚生，球形至近球形，干后不凹陷，表面平滑或略粗糙，乳突明显，红色，在 3% KOH 水溶液中呈暗红色，在 100%乳酸溶液中变淡黄色，高 250–329 μm，直径 248–312 μm；壳壁厚 22–46 μm，分 2 层，外层为栅栏状细胞，厚 14–40 μm，细胞 8–13 × 2–4 μm，胞壁厚 1–1.2 μm；内层为角胞组织，厚 5.5–10 μm，细胞 6–12 × 4–8 μm，胞壁厚 0.5–0.9 μm；子囊圆柱形，具顶环，具 8 个孢子，74–91.5 × 7–11 μm；子囊孢子椭圆形，具 1 个分隔，分隔处不缢缩，无色，表面平滑，在子囊内单列排列，13–17 × 6.4–9.6 μm。

标本：湖北五峰后河，海拔 800 m，枯枝上生，2004 IX 12，庄文颖、农业 5542，HMAS 98333。

国内分布：湖北。

世界分布：中国、日本。

讨论：HMAS 98333 曾报道为 *T. discophora*（庄文颖，2013），通过形态学观察和多基因序列分析，Zeng 和 Zhuang（2019）认为 *T. porphyria* 是该标本的正确名称。

悬钩子乳突赤壳　图版 100

Thelonectria rubi (Osterw.) C.G. Salgado & P. Chaverri, Fungal Divers. 70: 21, 2015. Zeng & Zhuang, Mycosystema 39(10): 1986, 2020.

　≡ *Nectria rubi* Osterw., Ber. Deutsch. Bot. Ges. 29: 620, 1911.

　≡ *Hypomyces rubi* (Osterw.) Wollenw., Phytopathology 3: 224, 1913.

　≡ *Neonectria discophora* var. *rubi* (Osterw.) Brayford & Samuels, Mycologia 96: 572, 2004.

= *Cylindrocarpon ianthothele* var. *ianthothele* Wollenw., Ann. Mycol. 15: 56, 1917.

子座小，子囊壳单生至聚生，球形至近球形，干后不凹陷，表面稍粗糙，具乳突，亮红色至橘红色，在 3% KOH 水溶液中颜色变暗，在 100%乳酸溶液中颜色变淡；高 313–441 μm，直径 216–372 μm；壳壁厚 28–50 μm，分 2 层，外层为矩胞组织，厚 23–40 μm，细胞 15–20 × 2.5–3 μm，胞壁厚 0.8–1 μm，内层为矩胞组织，厚 5–10 μm，细胞 5–8 × 3–5 μm，胞壁厚 1–1.2 μm；完整子囊未见；子囊孢子椭圆形，淡黄色，表面具小刺，具 1 个分隔，15–18 × 4.5–5.5 μm。

标本：河南灵宝燕子山，枯枝上生，2013 IX 16，郑焕娣、曾昭清、朱兆香 8678，HMAS 279715。

国内分布：河南。

世界分布：中国、荷兰、英国、委内瑞拉。

讨论：虽然河南材料的基物不是悬钩子属 *Rubus*，但与 Salgado-Salazar 等（2015）对该种的形态描述相符，我国材料与模式菌株的 ITS 和 LSU 序列仅相差 3 bp 和 2 bp（Zeng and Zhuang, 2020）。

刺孢乳突赤壳　图版 101，图版 102

Thelonectria spinulospora Z.Q. Zeng & W.Y. Zhuang, J. Fungi 8(10): 1075-11, 2022.

基部子座；子囊壳单生，球形至近球形、阔梨形，干后不凹陷，表面稍粗糙，橙红色至红色，在 3% KOH 水溶液中呈暗红色，在 100%乳酸溶液中变淡黄色，高 123–195 μm，直径 143–212 μm；壳壁厚 8–18 μm，分 2 层，外层为球胞组织至角胞组织，厚 5–13 μm，细胞 6–10 × 4–9 μm，胞壁厚 1–1.2 μm；内层为矩胞组织，厚 3–5 μm，细胞 3–10 × 2–8 μm，胞壁厚 0.8–1 μm；完整子囊未见；子囊孢子椭圆形，具 1 个分隔，分隔处不缢缩或稍缢缩，无色，表面具小刺，12–18 × 5.6–8 μm。

在 PDA 培养基上，25°C 培养 14 d 菌落直径 40 mm，表面绒毛状，气生菌丝白色，菌落背面淡黄色；在 SNA 培养基上，25°C 培养 14 d 菌落直径 28 mm，表面绒毛状，气生菌丝白色；分生孢子梗不分枝至简单分枝，具隔膜，长 45–102 μm，基部宽 2.2–4 μm；大型分生孢子圆柱形，末端钝圆，稍弯曲，无色，具（1–）3 个分隔，28–62 × 2.8–4.5 μm；厚垣孢子球形至近球形，直径 6–8 μm；小型分生孢子未见。

标本及菌株：广西桂林猫儿山漓江源大峡谷，枯树枝上生，2019 XII 7，曾昭清、郑焕娣 12499，HMAS 290897，CGMCC 3.24133。

国内分布：广西。

世界分布：中国。

讨论：在 *Thelonectria* 的已知种中，*T. spinulospora* 的子囊壳单生至聚生、球形、干后不凹陷，子囊孢子椭圆形，大型分生孢子圆柱形等特征与 *T. rubrococca* (Brayford & Samuels) C.G. Salgado & P. Chaverri 相近，但后者子囊壳稍大（直径 200–450 μm），子囊孢子略小（8–14.5 × 3.6–6.6 μm），大型分生孢子分隔较多（5 个）（Brayford and Samuels, 1993）。二者模式菌株的 *act*、ITS、*rpb1* 和 *tub2* 序列分别存在 24 bp、8 bp、22 bp 和 28 bp 差异（Zeng and Zhuang, 2022b）。

平截乳突赤壳　图版 103

Thelonectria truncata C.G. Salgado & P. Chaverri, in Salgado-Salazar et al., Mycologia 104(6): 1345, 2012. Zeng & Zhuang, Mycosystema 35(11): 1402, 2016.

子座发达；子囊壳单生至聚生，球形至近球形，表面粗糙，新鲜时橙红色，干后为红色，在 3% KOH 水溶液中呈暗红色，在 100%乳酸溶液中变黄色，高 225–294 μm，直径 196–235 μm；壳壁厚 24–42 μm，分 2 层，外层为球胞组织，厚 18–37 μm，细胞直径 4–6 μm；内层为角胞组织，厚 5–7 μm，细胞 4–8 × 2–3 μm；子囊圆柱形至棒状，具顶环，具 8 个孢子，75–95 × 6–15 μm；子囊孢子椭圆形至纺锤形，具 1 个分隔，分隔处稍缢缩，无色，表面平滑至稍粗糙，在子囊内单列斜向排列，10–15 × 5–6 μm。

在 PDA 培养基上，25°C 培养 14 d 菌落直径 44 mm，表面绒毛状，气生菌丝白色；在 SNA 培养基上，25°C 培养 14 d 菌落直径 53 mm，表面绒毛状，气生菌丝稀疏，白色；分生孢子梗简单分枝，具隔膜，长 14–30 μm，基部宽 2.5–4.5 μm；大型分生孢子圆柱形至纺锤形，稍弯曲，末端钝圆，具 3–5（–6）个分隔，42–62 × 4.2–5.6 μm；小型分生孢子和厚垣孢子未见。

标本：黑龙江伊春，海拔 340 m，枯树皮上生，2014 VIII 28，曾昭清、郑焕娣、秦文韬 9386，HMAS 273755。

国内分布：黑龙江。

世界分布：中国、日本、美国。

讨论：我国材料较美国标本的子囊稍窄（宽 10–18 μm），其 ITS 序列与模式菌株（CBS 132329）完全一致（Salgado-Salazar et al., 2012）。

云南乳突赤壳　图版 104

Thelonectria yunnanica Z.Q. Zeng & W.Y. Zhuang, Phytotaxa 85(1): 19, 2013.

　　子座限于基部至发达；单生至 20 个聚生，近球形，干后不凹陷，表面平滑至粗糙，乳突较小，红色，孔口区颜色稍变暗，在 3% KOH 水溶液中变暗红色，在 100%乳酸溶液中变黄色，高 350–380 μm，直径 450–490 μm；壳壁厚 49–71 μm，分 3 层，外层由狭长垂直于子囊壳壁的细胞构成，形成栅栏层，厚 18–46 μm，19–24 × 2.4–3.2 μm，胞壁厚 0.8–1 μm；中间层为交错丝组织，厚 10–16 μm；内层为矩胞组织至薄壁丝组织，厚 5.4–10 μm，细胞 8–16 × 4–5.5 μm，胞壁厚 0.5–1 μm；子囊圆柱形，具顶环，具 8 个孢子，87–120 × 8.2–9.6 μm；子囊孢子椭圆形，具 1 个分隔，分隔处不缢缩，略带淡黄色，表面具小刺，在子囊内单列斜向排列，13–17 × 6–7.9 μm。

　　在 PDA 培养基上，25℃ 培养 7 d 菌落直径 32 mm，表面绒毛状，气生菌丝白色；分生孢子梗不分枝至简单分枝，长 28–80 μm，基部宽 1.2–3.2 μm；大型分生孢子近纺锤形至圆柱形，具（3–）4–7（–9）个分隔，稍弯曲，无色，59–93.5 × 5.5–9 μm；小型分生孢子梭椭圆形至杆状，不弯曲或稍弯曲，末端钝圆，具 0–1 个分隔，8–16.5 × 3–4.8 μm；厚垣孢子未见。

　　标本：云南保山，树皮上生，2003 X 15，吴文平 W7122，HMAS 183564。

　　国内分布：云南。

　　世界分布：中国。

　　讨论：该种与 *T. trachosa* (Samuels & Brayford) Samuels, P. Chaverri & C.G. Salgado 和 *T. viridispora* (Samuels & Brayford) P. Chaverri, C.G. Salgado & Samuels 的子囊壳壁均为 3 层，但壳壁结构不同；此外，*T. trachosa* 的子囊孢子稍大（17.5–20.5 × 6–9 μm），不产生小型分生孢子；*T. viridispora* 的子囊壳稍小（直径 300–375 μm），也不产生小型分生孢子（Brayford et al., 2004）。

笔者未观察的种

亚洲乳突赤壳

Thelonectria asiatica C.G. Salgado & Hirooka, in Salgado-Salazar et al., Fungal Divers. 70(1): 8, 2015.

　　国内分布：云南。

　　世界分布：中国、日本。

　　讨论：据 Salgado-Salazar 等（2015）的报道，该种发现于日本上田和云南大理，其子囊壳单生至聚生，球形至近球形，高 300–600 μm，直径 200–300 μm，表面平滑至稍粗糙；子囊圆柱形，具顶环，具 8 个孢子，68–119 × 7–10 μm；子囊孢子椭圆形至纺锤形，13–16 × 4.5–6.5 μm；大型分生孢子圆柱形，具 1–3 个分隔，20–57.5 × 3.5–7 μm；小型分生孢子圆柱形，长 6.5–9.5 μm；厚垣孢子未见。

冠顶乳突赤壳

Thelonectria coronalis C.G. Salgado & Guu, in Salgado-Salazar et al., Mycologia 104(6):

1339, 2012.

国内分布：台湾。

世界分布：中国。

讨论：据 Salgado-Salazar 等（2012）的报道，该种发现于台湾省台北和宜兰的腐烂树皮上，其子囊壳单生至少数聚生，球形至近球形，表面平滑至稍粗糙；子囊棒状至纺锤形，无顶环，具 8 个孢子，55–85 × 9–17 μm；子囊孢子阔椭圆形，17.4–24 × 6.2–9.2 μm；大型分生孢子圆柱形，具 5–7 个分隔；小型分生孢子和厚垣孢子未见。

紫乳突赤壳

Thelonectria ianthina C.G. Salgado & Guu, in Salgado-Salazar et al., Fungal Divers. 70(1): 12, 2015.

国内分布：台湾。

世界分布：中国、哥斯达黎加。

讨论：该种子囊壳单生至少数聚生，球形至近球形，表面平滑至稍粗糙，高 300–600 μm，直径 200–350 μm；子囊圆柱形至棒状，具顶环，具 8 个孢子，60–111 × 7–10 μm；子囊孢子椭圆形至纺锤形，11.5–15 × 5–6.5 μm；大型分生孢子圆柱形，具 3–5 个分隔，38–70 × 3.5–8.5 μm；小型分生孢子和厚垣孢子未见（Salgado-Salazar et al., 2015）。

附录 II 第 47 卷中部分物种名称变更

罗布麻枝穗霉

Clonostachys apocyni (Peck) Rossman, L. Lombard & Crous, in Lombard et al., Stud. Mycol. 80: 242, 2015.

　≡ *Bionectria apocyni* (Peck) Schroers & Samuels（见第 47 卷 12 页）

亚麻生枝穗霉

Clonostachys byssicola Schroers, Stud. Mycol. 46: 80, 2001.

= *Bionectria byssicola* (Berk. & Broome) Schroers & Samuels（见第 47 卷 13 页）

香柱菌枝穗霉

Clonostachys epichloë Schroers, Stud. Mycol. 46: 140, 2001.

= *Bionectria epichloë* (Speg.) Schroers（见第 47 卷 16 页）

囊状枝穗霉

Clonostachys gibberosa (Schroers) Rossman, L. Lombard & Crous, in Lombard et al., Stud. Mycol. 80: 242, 2015.

　≡ *Bionectria gibberosa* Schroers（见第 47 卷 17 页）

条孢枝穗霉

Clonostachys grammicospora Schroers & Samuels, Stud. Mycol. 46: 154, 2001.

= *Bionectria grammicospora* (Ferd. & Winge) Schroers & Samuels（见第 47 卷 18 页）

间枝穗霉

Clonostachys intermedia Schroers, Stud. Mycol. 46: 172, 2001.

= *Bionectria intermedia* J. Luo & W.Y. Zhuang（见第 47 卷 19 页）

槐枝穗霉

Clonostachys kowhai Schroers, Stud. Mycol. 46: 69, 2001.

= *Bionectria kowhai* (Dingley) Schroers（见第 47 卷 20 页）

蜜黄枝穗霉

Clonostachys mellea (Teng & S.H. Ou) Z.Q. Zeng & W.Y. Zhuang, Mycosystema 36(3): 279, 2017.

　≡ *Bionectria mellea* (Teng & S.H. Ou) W.Y. Zhuang & X.M. Zhang（见第 47 卷 21 页）

长孢枝穗霉

Clonostachys oblongispora Schroers, Stud. Mycol. 46: 66, 2001.

≡ *Bionectria oblongispora* Schroers（见第 47 卷 23 页）

糠枝穗霉

Clonostachys pityrodes Schroers, Stud. Mycol. 46: 148, 2001.

= *Bionectria pityrodes* (Mont.) Schroers（见第 47 卷 26 页）

假条孢枝穗霉

Clonostachys pseudostriata Schroers, Stud. Mycol. 46: 127, 2001.

≡ *Bionectria pseudostriata* Schroers（见第 47 卷 28 页）

粉红枝穗霉

Clonostachys rosea (Link) Schroers, Samuels, Seifert & W. Gams, Mycologia 91(2): 369, 1999.

= *Bionectria ochroleuca* (Schwein.) Schroers & Samuels（见第 47 卷 24 页）

塞氏枝穗霉

Clonostachys samuelsii Schroers, Stud. Mycol. 46: 129, 2001.

≡ *Bionectria samuelsii* Schroers（见第 47 卷 29 页）

塞斯枝穗霉

Clonostachys sesquicillium Schroers [as '*sesquicillii*'], Stud. Mycol. 46: 190, 2001.

= *Bionectria sesquicillii* (Samuels) Schroers（见第 47 卷 30 页）

茄枝穗霉

Clonostachys solani (Harting) Schroers & W. Gams, Stud. Mycol. 46: 111, 2001.

= *Bionectria solani* (Reinke & Berthold) Schroers（见第 47 卷 37 页）

粗纹枝穗霉

Clonostachys subquaternata Schroers & Samuels, Stud. Mycol. 46: 162, 2001.

= *Bionectria subquaternata* (Berk. & Broome) Schroers & Samuels（见第 47 卷 31 页）

轮枝穗霉

Clonostachys tornata (Höhn.) Rossman, L. Lombard & Crous, in Lombard et al., Stud. Mycol. 80: 242, 2015.

≡ *Bionectria tornata* (Höhn.) Schroers（见第 47 卷 32 页）

平截枝穗霉

Clonostachys truncata (J. Luo & W.Y. Zhuang) Z.Q. Zeng & W.Y. Zhuang, Mycosystema

36(3): 279, 2017.

 ≡ *Bionectria truncata* J. Luo & W.Y. Zhuang（见第 47 卷 33 页）

囊胞枝穗霉

Clonostachys vesiculosa (J. Luo & W.Y. Zhuang) Z.Q. Zeng & W.Y. Zhuang, Mycosystema 36(3): 279, 2017.

 ≡ *Bionectria vesiculosa* J. Luo & W.Y. Zhuang（见第 47 卷 34 页）

吴氏枝穗霉

Clonostachys wenpingii (J. Luo & W.Y. Zhuang) Z.Q. Zeng & W.Y. Zhuang, Mycol. Progr. 13(4): 969, 2014.

 ≡ *Bionectria wenpingii* J. Luo & W.Y. Zhuang（见第 47 卷 35 页）

冬青丽赤壳

Calonectria ilicicola Boedijn & Reitsma, Reinwardtia 1: 58, 1950.

= *Calonectria crotalariae* (Loos) D.K. Bell & Sobers（见第 47 卷 68 页）

覆盖丽赤壳

Calonectria indusiata (Seaver) Crous, Taxonomy and Pathology of *Cylindrocladium* (*Calonectria*) and Allied Genera (St. Paul): 94, 2002.

= *Calonectria theae* Loos（见第 47 卷 69 页）

锥梗围瓶孢

Chaetopsina fulva Rambelli, Diagn. IV 3: 5, 1956.

= *Chaetopsinectria chaetopsinae* (Samuels) J. Luo & W.Y. Zhuang（见第 47 卷 69 页）

球壳生光赤壳

Dialonectria episphaeria (Tode) Cooke, Grevillea 12(no. 63): 82, 1884.

 ≡ *Cosmospora episphaeria* (Tode) Rossman & Samuels（见第 47 卷 78 页）

竹镰孢

Fusarium bambusae (Teng) Z.Q. Zeng & W.Y. Zhuang, Mycosystema 36(3): 279, 2017.

 ≡ *Gibberella bambusae* (Teng) W.Y. Zhuang & X.M. Zhang（见第 47 卷 92 页）

藤仓镰孢

Fusarium fujikuroi Nirenberg, Mitt. biol. BundAnst. Ld- u. Forstw. 169: 32, 1976.

= *Gibberella fujikuroi* (Sawada) Wollenw（见第 47 卷 93 页）

禾本科镰孢

Fusarium graminearum Schwabe, Flora Anhalt 2: 285, 1839.

= *Gibberella zeae* (Schwein.) Petch（见第 47 卷 95 页）

砖红镰孢

Fusarium lateritium Nees, Syst. Pilze (Würzburg): 31, 1816.
= *Gibberella baccata* (Wallr.) Sacc.（见第 47 卷 91 页）

粉红镰孢

Fusarium roseum Link, Mag. Gesell. naturf. Freunde, Berlin 3(1-2): 10, 1809.
= *Gibberella pulicaris* (Fr.) Sacc.（见第 47 卷 96 页）

大枝粘头霉

Gliocephalotrichum grande (Y. Nong & W.Y. Zhuang) Rossman & L. Lombard, in
Rossman et al., IMA Fungus 4(1): 47, 2013.
≡ *Leuconectria grandis* Y. Nong & W.Y. Zhuang（见第 47 卷 109 页）

盘状大孢

Macroconia cupularis (J. Luo & W.Y. Zhuang) Gräfenhan & Seifert, in Gräfenhan et al.,
Stud. Mycol. 68: 102, 2011.
≡ *Cosmospora cupularis* J. Luo & W.Y. Zhuang（见第 47 卷 73 页）

巨孢大孢

Macroconia gigas (J. Luo & W.Y. Zhuang) Gräfenhan & Seifert, in Gräfenhan et al., Stud.
Mycol. 68: 102, 2011.
≡ *Cosmospora gigas* J. Luo & W.Y. Zhuang（见第 47 卷 80 页）

琼氏大孢壳

Macronectria jungneri (Henn.) C.G. Salgado & P. Chaverri, in Salgado-Salazar et al.,
Fungal Divers. 80: 448, 2016.
≡ *Thelonectria jungneri* (Henn.) P. Chaverri & C.G. Salgado（见第 47 卷 145 页）

链马利亚霉

Mariannaea catenulata (Samuels) L. Lombard & Crous, in Lombard et al., Stud. Mycol. 80:
213, 2015.
≡ *Chaetopsinectria chaetopsinae-catenulatae* (Samuels) J. Luo & W.Y. Zhuang（见第 47
卷 70 页）

（参照）澳洲丛赤壳

Nectria cfr. australiensis
= *Nectria australiensis* Seifert（见第 47 卷 112 页）
讨论：与 Seifert（1985）和 Hirooka 等（2012）的描述相比，海南标本 HMAS 83379

的子囊壳表面覆盖一层灰白色糠皮状物质，而非橘红色，其他性状如壳壁解剖结构、子囊和子囊孢子的形状和大小均符合该种的描述。笔者暂且将其处理为（参照）澳洲丛赤壳。

血红新赤壳

Neocosmospora haematococca (Berk. & Broome) Samuels, Nalim & Geiser, in Nalim et al., Mycologia 103(6): 1322, 2011.

    ≡ *Haematonectria haematococca* (Berk. & Broome) Samuels & Rossman（见第 47 卷 97 页）

番薯新赤壳

Neocosmospora ipomoeae (Halst.) L. Lombard & Crous, in Lombard et al., Stud. Mycol. 80: 227, 2015.

    ≡ *Haematonectria ipomoeae* (Halst.) Samuels & Nirenberg（见第 47 卷 99 页）

庐山新赤壳

Neocosmospora lushanensis (J. Luo & W.Y. Zhuang) Z.Q. Zeng & W.Y. Zhuang, Mycosystema 36(3): 280, 2017.

    ≡ *Haematonectria lushanensis* J. Luo & W.Y. Zhuang（见第 47 卷 101 页）

紫新丛赤壳

Neonectria punicea (J.C. Schmidt) Castl. & Rossman, in Castlebury, Rossman & Hyten, Can. J. Bot. 84(9): 1425, 2006.

= *Neonectria confusa* J. Luo & W.Y. Zhuang（见第 47 卷 127 页）

平铺假赤壳

Pseudocosmospora effusa (Teng) Z.Q. Zeng & W.Y. Zhuang, Mycosystema 36(3): 280, 2017.

    ≡ *Cosmospora effusa* (Teng) W.Y. Zhuang & X.M. Zhang（见第 47 卷 77 页）

河南假赤壳

Pseudocosmospora henanensis (Y. Nong & W.Y. Zhuang) Z.Q. Zeng & W.Y. Zhuang, Mycosystema 36(3): 280, 2017.

    ≡ *Cosmospora henanensis* Y. Nong & W.Y. Zhuang（见第 47 卷 82 页）

笑料假赤壳

Pseudocosmospora joca (Samuels) C.S. Herrera & P. Chaverri, Mycologia 105(5): 1296, 2013.

    ≡ *Cosmospora joca* (Samuels) Rossman & Samuels（见第 47 卷 90 页）

炭团假赤壳

Pseudocosmospora nummulariae (Teng) Z.Q. Zeng & W.Y. Zhuang, Mycosystema 36(3): 280, 2017.

≡ *Cosmospora nummulariae* (Teng) W.Y. Zhuang & X.M. Zhang（见第 47 卷 85 页）

蒙蔽假赤壳

Pseudocosmospora triqua (Samuels) C.S. Herrera & P. Chaverri, Mycologia 105(5): 1300, 2013.

≡ *Cosmospora triqua* (Samuels) Rossman & Samuels（见第 47 卷 90 页）

绒毛假赤壳

Pseudocosmospora vilior (Starbäck) C.S. Herrera & P. Chaverri, Mycologia 105(5): 1301, 2013.

≡ *Cosmospora vilior* (Starbäck) Rossman & Samuels（见第 47 卷 88 页）

黄毛肉座孢

Sarcopodium flavolanatum (Berk. & Broome) L. Lombard & Crous, in Lombard et al., Stud. Mycol. 80: 220, 2015.

≡ *Lanatonectria flavolanata* (Berk. & Broome) Samuels & Rossman（见第 47 卷 104 页）

长孢肉座孢

Sarcopodium oblongisporum (Y. Nong & W.Y. Zhuang) L. Lombard & Crous, in Lombard et al., Stud. Mycol. 80: 221, 2015.

≡ *Lanatonectria oblongispora* Y. Nong & W.Y. Zhuang（见第 47 卷 107 页）

芝博达斯肉座孢

Sarcopodium tjibodense (Penz. & Sacc.) Forin & Vizzini, in Forin et al., Persoonia 45: 246, 2020.

= *Lanatonectria flocculenta* (Henn. & E. Nyman) Samuels & Rossman（见第 47 卷 105 页）

珀顿菌赤壳

Stylonectria purtonii (Grev.) Gräfenhan, in Gräfenhan et al., Stud. Mycol. 68: 108, 2011.

≡ *Cosmospora purtonii* (Grev.) Rossman & Samuels（见第 47 卷 87 页）

香枞隔孢赤壳

Thyronectria balsamea (Cooke & Peck) Seeler, J. Arnold Arbor. 21: 442, 1940.

≡ *Nectria balsamea* Cooke & Peck（见第 47 卷 113 页）

臧氏隔孢赤壳

Thyronectria zangii (Z.Q. Zeng & W.Y. Zhuang) Voglmayr & Jaklitsch, in Voglmayr,

Akulov & Jaklitsch, Mycol. Progr. 15: 934, 2016.

≡ *Nectria zangii* Z.Q. Zeng & W.Y. Zhuang（见第 47 卷 123 页）

≡ *Allantonectria zangii* (Z.Q. Zeng & W.Y. Zhuang) Z.Q. Zeng & W.Y. Zhuang

维地乳突赤壳

Thelonectria veuillotiana (Roum. & Sacc.) P. Chaverri & C.G. Salgado, in Chaverri et al., Stud. Mycol. 68: 77, 2011.

≡ *Neonectria veuillotiana* (Roum. & Sacc.) Mantiri & Samuels（见第 47 卷 135 页）

亚洲周刺座霉

Volutella asiana (J. Luo, X.M. Zhang & W.Y. Zhuang) L. Lombard & Crous, in Lombard et al., Stud. Mycol. 80: 221, 2015.

≡ *Volutellonectria asiana* J. Luo, X.M. Zhang & W.Y. Zhuang（见第 47 卷 148 页）

参 考 文 献

陈庆涛, 傅秀辉, 陈扬德. 1986. 嗜石油的两个镰刀菌新分类单元. 真菌学报 (增刊 1): 328–333.

陈帅飞. 2014. 中国桉树真菌病原汇录: 2006–2013. 桉树科技 31(1): 37–65.

陈万浩, 韩燕峰, 梁建东, 邹晓, 梁宗琦, 金道超. 2016. 蛛生真菌中一枝穗霉属新种. 菌物学报 35(9): 1061–1069.

邓叔群. 1963. 中国的真菌. 北京: 科学出版社.

梁宗琦. 1983. 粉被虫草及其分生孢子阶段的记述. 贵州农学院学报 2(2): 72–80.

梁宗琦. 1991. 粉被虫草无性型的确证与鉴定. 真菌学报 10(2): 104–107.

柳玲玲. 2020. 贵州喀斯特高原湿地水生真菌多样性及分子系统学研究. 贵阳: 贵州大学博士论文

王玉君, 张丽春, 郭顺星. 2015. 土赤壳属三个中国新记录种. 菌物学报 34(6): 1209–1214.

曾昭清, 庄文颖. 2022. 丛赤壳科 5 个中国新记录种. 菌物学报 41(6): 1008–1017.

张传飞, 戚佩坤. 1996. 国内新记录属小帚梗柱孢属的一个新种. 真菌学报 15(3): 170–172.

张芙蓉, 曾敬, 张守梅, 卓侃, 习平根, 姜子德, 李敏慧. 2022. 广州南沙番石榴枯萎病的病原菌. 菌物学报 41(8): 1165–1173.

周仪, 朝乐孟图雅, 刁辰, 董爱荣, 刘雪峰. 2018. 树锦鸡儿枝条上的中国新纪录种真菌 *Stromatonectria caraganae*. 东北林业大学学报 46(1): 92–94.

庄文颖. 2013. 中国真菌志第四十七卷: 丛赤壳科 生赤壳科. 北京: 科学出版社.

Al-Bedak OA, Ismail MA, Mohamed RA. 2019. *Paracremonium moubasheri*, a new species from an alkaline sediment of Lake Hamra in Wadi-El-Natron, Egypt with a key to the accepted species. Studies in Fungi 4(1): 216–222.

Alfieri SAJr, Knauss JF, Wehlburg C. 1979. A stem gall- and canker-inciting fungus, new to the United States. Plant Disease Reporter 63(12): 1016–1020.

Alfieri SAJr, Samuels GJ. 1979. *Nectriella pironii* and its *Kutilakesa*-like anamorph, a parasite of ornamental shrubs. Mycologia 71(6): 1178–1185.

Aoki T, O'Donnell K, Homma Y, Lattanzi AR. 2003. Sudden-death syndrome of soybean is caused by two morphologically and phylogenetically distinct species within the *Fusarium solani* species complex–*F. virguliforme* in North America and *F. tucumaniae* in South America. Mycologia 95(4): 660–684.

Arnaud GB. 1952. Mycologie concrète: genera. Bulletin Trimestriel de la Société Mycologique de France 68(2): 181–223.

Bakhit MS, Abdel-Aziz AE. 2021. *Chaetopsina aquatica* sp. nov. (Hypocreales, Nectriaceae) from the River Nile, Egypt. Phytotaxa 511(3): 289–295.

Baschien C, Tsui CK-M, Gulis V, Szewzyk U, Marvanová L. 2013. The molecular phylogeny of aquatic hyphomycetes with affinity to the Leotiomycetes. Fungal Biology 117(9): 660–672.

Boesewinkel HJ. 1982. *Cylindrocladiella*, a new genus to accommodate *Cylindrocladium parvum* and other small-spored species of *Cylindrocladium*. Canadian Journal of Botany 60(11): 2288–2294.

Booth C. 1959. Studies of pyrenomycetes. IV. *Nectria* (part 1). Mycological Papers 73: 1–115.

Booth C. 1966. The genus *Cylindrocarpon*. Mycological Papers 104: 1–56.

Booth C. 1971. The genus *Fusarium*. Kew UK: Commonwealth Mycological Institute.

Braun U, Bensch K. 2020. Annotated list of taxonomic novelties published in "Fungi Rhenani Exsiccati"

Supplementi Fasc. 1 to 5, issued by K. W. G. L. Fuckel between 1865 and 1867. Schlechtendalia 37: 80–133.

Brayford D, Honda BM, Mantiri FR, Samuels GJ. 2004. *Neonectria* and *Cylindrocarpon*: the *Nectria mammoidea* group and species lacking microconidia. Mycologia 96(3): 572–597.

Brayford D, Samuels GJ. 1993. Some didymosporous species of *Nectria* with nonmicroconidial *Cylindrocarpon* anamorphs. Mycologia 85(4): 612–637.

Cabral A, Groenewald JZ, Rego C, Oliveira H, Crous PW. 2012. *Cylindrocarpon* root rot: multi-gene analysis reveals novel species within the *Ilyonectria radicicola* species complex. Mycological Progress 11(3): 655–688.

Cai L, Kurniawati E, Hyde KD. 2010. Morphological and molecular characterization of *Mariannaea aquaticola* sp. nov. collected from freshwater habitats. Mycological Progress 9(3): 337–343.

Chaverri P, Salgado C, Hirooka Y, Rossman AY, Samuels GJ. 2011. Delimitation of *Neonectria* and *Cylindrocarpon* (Nectriaceae, Hypocreales, Ascomycota) and related genera with *Cylindrocarpon*-like anamorphs. Studies in Mycology 68: 57–78.

Checa JL, Jaklitsch WM, Blanco MN, Moreno G, Olariaga I, Tello S, Voglmayr H. 2015. Two new species of *Thyronectria* from Mediterranean Europe. Mycologia 107(6): 1314–1322.

Chen SF, Lombard L, Roux J, Xie YJ, Wingfield MJ, Zhou XD. 2011. Novel species of *Calonectria* associated with *Eucalyptus* leaf blight in Southeast China. Persoonia 26: 1–12.

Cooke MC. 1884. Synopsis Pyrenomycetum. Grevillea 12(64): 102–113.

Crane JL, Dumont KP. 1978. Two new hyphomycetes from Venezuela. Canadian Journal of Botany 56(20): 2613–2616.

Crous PW. 2002. Taxonomy and pathology of *Cylindrocladium* (*Calonectria*) and allied genera. St Paul, Minnesota, USA: APS Press.

Crous PW, Carnegie AJ, Wingfield MJ, Sharma R, Mughini G, Noordeloos ME, Santini A, Shouche YS, Bezerra JDP, Dima B, Guarnaccia V, Imrefi I, Jurjević Ž, Knapp DG, Kovács GM, Magistà D, Perrone G, Rämä T, Rebriev YA, Shivas RG, Singh SM, Souza-Motta CM, Thangavel R, Adhapure NN, Alexandrova AV, Alfenas AC, Alfenas RF, Alvarado P, Alves AL, Andrade DA, Andrade JP, Barbosa RN, Barili A, Barnes CW, Baseia IG, Bellanger JM, Berlanas C, Bessette AE, Bessette AR, Biketova AY, Bomfim FS, Brandrud TE, Bransgrove K, Brito ACQ, Cano-Lira JF, Cantillo T, Cavalcanti AD, Cheewangkoon R, Chikowski RS, Conforto C, Cordeiro TRL, Craine JD, Cruz R, Damm U, de Oliveira RJV, de Souza JT, de Souza HG, Dearnaley JDW, Dimitrov RA, Dovana F, Erhard A, Esteve-Raventós F, Félix CR, Ferisin G, Fernandes RA, Ferreira RJ, Ferro LO, Figueiredo CN, Frank JL, Freire KTLS, García D, Gené J, Gêsiorska A, Gibertoni TB, Gondra RAG, Gouliamova DE, Gramaje D, Guard F, Gusmão LFP, Haitook S, Hirooka Y, Houbraken J, Hubka V, Inamdar A, Iturriaga T, Iturrieta-González I, Jadan M, Jiang N, Justo A, Kachalkin AV, Kapitonov VI, Karadelev M, Karakehian J, Kasuya T, Kautmanová I, Kruse J, Kušan I, Kuznetsova TA, Landell MF, Larsson KH, Lee HB, Lima DX, Lira CRS, Machado AR, Madrid H, Magalhães OMC, Majerova H, Malysheva EF, Mapperson RR, Marbach PAS, Martín MP, Martín-Sanz A, Matočec N, McTaggart AR, Mello JF, Melo RFR, Mešić A, Michereff SJ, Miller AN, Minoshima A, Molinero-Ruiz L, Morozova OV, Mosoh D, Nabe M, Naik R, Nara K, Nascimento SS, Neves RP, Olariaga I, Oliveira RL, Oliveira TGL, Ono T, Ordoñez ME, Ottoni AM, Paiva LM, Pancorbo F, Pant B, Pawłowska J, Peterson SW, Raudabaugh DB, Rodríguez-Andrade E, Rubio E, Rusevska K, Santiago ALCMA, Santos ACS, Santos C, Sazanova NA, Shah S, Sharma J, Silva BDB, Siquier JL, Sonawane MS, Stchigel AM, Svetasheva T, Tamakeaw N, Telleria MT, Tiago PV, Tian CM, Tkalčec Z, Tomashevskaya MA, Truong HH, Vecherskii MV, Visagie CM, Vizzini A,

Yilmaz N, Zmitrovich IV, Zvyagina EA, Boekhout T, Kehlet T, Læssøe T, Groenewald JZ. 2019. Fungal Planet description sheets: 868–950. Persoonia 42: 291–473.

Crous PW, Cowan DA, Maggs-Kölling G, Yilmaz N, Thangavel R, Wingfield MJ, Noordeloos ME, Dima B, Brandrud TE, Jansen GM, Morozova OV, Vila J, Shivas RG, Tan YP, Bishop-Hurley S, Lacey E, Marney TS, Larsson E, Le Floch G, Lombard L, Nodet P, Hubka V, Alvarado P, Berraf-Tebbal A, Reyes JD, Delgado G, Eichmeier A, Jordal JB, Kachalkin AV, Kubátová A, Maciá-Vicente JG, Malysheva EF, Papp V, Rajeshkumar KC, Sharma A, Spetik M, Szabóová D, Tomashevskaya MA, Abad JA, Abad ZG, Alexandrova AV, Anand G, Arenas F, Ashtekar N, Balashov S, Bañares Á, Baroncelli R, Bera I, Biketova AYu, Blomquist CL, Boekhout T, Boertmann D, Bulyonkova TM, Burgess TI, Carnegie AJ, Cobo-Diaz JF, Corriol G, Cunnington JH, da Cruz MO, Damm U, Davoodian N, de A. Santiago ALCM, Dearnaley J, de Freitas LWS, Dhileepan K, Dimitrov R, Di Piazza S, Fatima S, Fuljer F, Galera H, Ghosh A, Giraldo A, Glushakova AM, Gorczak M, Gouliamova DE, Gramaje D, Groenewald M, Gunsch CK, Gutiérrez A, Holdom D, Houbraken J, Ismailov AB, Istel Ł, Iturriaga T, Jeppson M, Jurjević Ž, Kalinina LB, Kapitonov VI, Kautmanova I, Khalid AN, Kiran M, Kiss L, Kovács Á, Kurose D, Kusan I, Lad S, Læssøe T, Lee HB, Luangsa-ard JJ, Lynch M, Mahamedi AE, Malysheva VF, Mateos A, Matočec N, Mešić A, Miller AN, Mongkolsamrit S, Moreno G, Morte A, Mostowfizadeh-Ghalamfarsa R, Naseer A, Navarro-Ródenas A, Nguyen TTT, Noisripoom W, Ntandu JE, Nuytinck J, Ostrý V, Pankratov TA, Pawłowska J, Pecenka J, Pham THG, Polhorský A, Posta A, Raudabaugh DB, Reschke K, Rodríguez A, Romero M, Rooney-Latham S, Roux J, Sandoval-Denis M, Smith MTh, Steinrucken TV, Svetasheva TY, Tkalčec Z, van der Linde EJ, v.d. Vegte M, Vauras J, Verbeken A, Visagie CM, Vitelli JS, Volobuev SV, Weill A, Wrzosek M, Zmitrovich IV, Zvyagina EA, Groenewald JZ. 2021c. Fungal Planet description sheets: 1182–1283. Persoonia 46: 313–528.

Crous PW, Groenewald JZ, Risède JM, Simoneau P, Hywel-Jones NL. 2004. *Calonectria* species and their *Cylindrocladium* anamorphs: species with sphaeropedunculate vesicles. Studies in Mycology 50: 415–430.

Crous PW, Hernández-Restrepo M, Schumacher RK, Cowan DA, Maggs-Kölling G, Marais E, Wingfield MJ, Yilmaz N, Adan OCG, Akulov A, Álvarez Duarte E, Berraf-Tebbal A, Bulgakov TS, Carnegie AJ, de Beer ZW, Decock C, Dijksterhuis J, Duong TA, Eichmeier A, Hien LT, Houbraken JAMP, Khanh TN, Liem NV, Lombard L, Lutzoni FM, Miadlikowska JM, Nel WJ, Pascoe IG, Roets F, Roux J, Samson RA, Shen M, Spetik M, Thangavel R, Thanh HM, Thao LD, van Nieuwenhuijzen EJ, Zhang JQ, Zhang Y, Zhao LL, Groenewald JZ. 2021a. New and interesting fungi 4. Fungal Systematics and Evolution 7: 255–343.

Crous PW, Lombard L, Sandoval-Denis M, Seifert KA, Schroers H-J, Chaverri P, Gene J, Guarro J, Hirooka Y, Bensch K, Kema GHJ, Lamprecht SC, Cai L, Rossman AY, Stadler M, Summerbell RC, Taylor JW, Ploch S, Visagie CM, Yilmaz N, Frisvad JC, Abdel-Azeem AM, Abdollahzadeh J, Abdolrasouli A, Akulov A, Alberts JF, Araujo JPM, Ariyawansa HA, Bakhshi M, Bendiksby M, Ben Hadj Amor A, Bezerra JDP, Boekhout T, Camara MPS, Carbia M, Cardinali G, Castaneda-Ruiz RF, Celis A, Chaturvedi V, Collemare J, Croll D, Damm U, Decock CA, de Vries RP, Ezekiel C N, Fan XL, Fernandez N B, Gaya E, Gonzalez CD, Gramaje D, Groenewald JZ, Grube M, Guevara-Suarez M, Gupta VK, Guarnaccia V, Haddaji A, Hagen F, Haelewaters D, Hansen K, Hashimoto A, Hernandez-Restrepo M, Houbraken J, Hubka V, Hyde KD, Iturriaga T, Jeewon R, Johnston PR, Jurjevic Z, Karalti I, Korsten L, Kuramae EE, Kusan I, Labuda R, Lawrence DP, Lee HB, Lechat C, Li HY, Litovka YA, Maharachchikumbura SSN, Marin-Felix Y, Matio Kemkuignou B, Matocec N, McTaggart AR, Mlcoch P, Mugnai L, Nakashima C, Nilsson RH, Noumeur SR, Pavlov IN, Peralta MP,

Phillips AJL, Pitt JI, Polizzi G, Quaedvlieg W, Rajeshkumar KC, Restrepo S, Rhaiem A, Robert J, Robert V, Rodrigues AM, Salgado-Salazar C, Samson RA, Santos ACS, Shivas RG , Souza-Motta CM, Sun GY, Swart WJ, Szoke S, Tan YP, Taylor JE, Taylor PWJ, Tiago PV, Vaczy KZ, van de Wiele N, van der Merwe NA, Verkley GJM, Vieira WAS, Vizzini A, Weir BS, Wijayawardene NN, Xia JW, Yanez-Morales MJ, Yurkov A, Zamora JC, Zare R, Zhang CL, Thines M. 2021b. *Fusarium*: more than a node or a foot-shaped basal cell. Studies in Mycology 98: 1–184.

Crous PW, Luangsa-ard JJ, Wingfield MJ, Carnegie AJ, Hernández-Restrepo M, Lombard L, Roux J, Barreto RW, Baseia IG, Cano-Lira JF, Martín MP, Morozova OV, Stchigel AM, Summerell BA, Brandrud TE, Dima B, García D, Giraldo A, Guarro J, Gusmão LFP, Khamsuntorn P, Noordeloos ME, Nuankaew S, Pinruan U, Rodríguez-Andrade E, Souza-Motta CM, Thangavel R, van Iperen AL, Abreu VP, Accioly T, Alves JL, Andrade JP, Bahram M, Baral HO, Barbier E, Barnes CW, Bendiksen E, Bernard E, Bezerra JDP, Bezerra JL, Bizio E, Blair JE, Bulyonkova TM, Cabral TS, Caiafa MV, Cantillo T, Colmán AA, Conceição LB, Cruz S, Cunha AOB, Darveaux BA, da Silva AL, da Silva GA, da Silva GM, da Silva RMF, de Oliveira RJV, Oliveira RL, De Souza JT, Dueñas M, Evans HC, Epifani F, Felipe MTC, Fernández-López J, Ferreira BW, Figueiredo CN, Filippova NV, Flores JA, Gené J, Ghorbani G, Gibertoni TB, Glushakova AM, Healy R, Huhndorf SM, Iturrieta-González I, Javan-Nikkhah M, Juciano RF, Jurjević Ž, Kachalkin AV, Keochanpheng K, Krisai-Greilhuber I, Li YC, Lima AA, Machado AR, Madrid H, Magalhães OMC, Marbach PAS, Melanda GCS, Miller AN, Mongkolsamrit S, Nascimento RP, Oliveira TGL, Ordoñez ME, Orzes R, Palma MA, Pearce CJ, Pereira OL, Perrone G, Peterson SW, Pham THG, Piontelli E, Pordel A, Quijada L, Raja HA, Rosas de Paz E, Ryvarden L, Saitta A, Salcedo SS, Sandoval-Denis M, Santos TAB, Seifert KA, Silva BDB, Smith ME, Soares AM, Sommai S, Sousa JO, Suetrong S, Susca A, Tedersoo L, Telleria MT, Thanakitpipattana D, Valenzuela-Lopez N, Visagie CM, Zapata M, Groenewald JZ. 2018a. Fungal Planet description sheets: 785–867. Persoonia 41: 238–417.

Crous PW, Sandoval-Denis M, Costa MM, Groenewald JZ, van Iperen AL, Starink-Willemse M, Hernández-Restrepo M, Kandemir H, Ulaszewski B, de Boer W, Abdel-Azeem AM, Abdollahzadeh J, Akulov A, Bakhshi M, Bezerra JDP, Bhunjun CS, Câmara MPS, Chaverri P, Vieira WAS, Decock CA, Gaya E, Gené J, Guarro J, Gramaje D, Grube M, Gupta VK, Guarnaccia V, Hill R, Hirooka Y, Hyde KD, Jayawardena RS, Jeewon R, Jurjević Ž, Korsten L, Lamprecht SC, Lombard L, Maharachchikumbura SSN, Polizzi G, Rajeshkumar KC, Salgado-Salazar C, Shang QJ, Shivas RG, Summerbell RC, Sun GY, Swart WJ, Tan YP, Vizzini A, Xia JW, Zare R, González CD, Iturriaga T, Savary O, Coton M, Coton E, Jany J-L, Liu C, Zeng ZQ, Zhuang WY, Yu ZH, Thines M. 2022. *Fusarium* and allied fusarioid taxa (FUSA). 1. Fungal Systematics and Evolution 9: 161–200.

Crous PW, Shivas RG, Quaedvlieg W, van der Bank M, Zhang Y, Summerell BA, Guarro J, Wingfield MJ, Wood AR, Alfenas AC, Braun U, Cano-Lira JF, García D, Marin-Felix Y, Alvarado P, Andrade JP, Armengol J, Assefa A, den Breeÿen A, Camele I, Cheewangkoon R, De Souza JT, Duong TA, Esteve-Raventós F, Fournier J, Frisullo S, García-Jiménez J, Gardiennet A, Gené J, Hernández-Restrepo M, Hirooka Y, Hospenthal DR, King A, Lechat C, Lombard L, Mang SM, Marbach PAS, Marincowitz S, Marin-Felix Y, Montaño-Mata NJ, Moreno G, Perez CA, Pérez Sierra AM, Robertson JL, Roux J, Rubio E, Schumacher RK, Stchigel AM, Sutton DA, Tan YP, Thompson EH, van der Linde E, Walker AK, Walker DM, Wickes BL, Wong PTW, Groenewald JZ. 2014. Fungal Planet description sheets: 214–280. Persoonia 32: 184–306.

Crous PW, Wingfield MJ. 1993. A re-evaluation of *Cylindrocladiella*, and a comparison with morphologically similar genera. Mycological Research 97(4): 433–448.

Crous PW, Wingfield MJ, Burgess TI, Carnegie AJ, Hardy GESJ, Smith D, Summerell BA, Cano-Lira JF, Guarro J, Houbraken J, Lombard L, Martín MP, Sandoval-Denis M, Alexandrova AV, Barnes CW, Baseia IG, Bezerra JDP, Guarnaccia V, May TW, Hernández-Restrepo M, Stchigel AM, Miller AN, Ordoñez ME, Abreu VP, Accioly T, Agnello C, Colmán AA, Albuquerque CC, Alfredo DS, Alvarado P, Araujo-Magalhaes GR, Arauzo S, Atkinson T, Barili A, Barreto RW, Bezerra JL, Cabral TS, Rodríguez FC, Cruz RHSF, Daniels PP, da Silva BDB, de Almeida DAC, de Carvalho Júnior AA, Decock CA, Delgat L, Denman S, Dimitrov RA, Edwards J, Fedosova AG, Ferreira RJ, Firmino AL, Flores JA, García D, Gené J, Giraldo A, Góis JS, Gomes AAM, Gonnclves CM, Gouliamova DE, Groenewald M, Guéorguiev BV, Guevara-Suarez M, Gusmao LFP, Hosaka K, Hubka V, Huhndorf SM, Jadan M, Jurjevic Z, Kraak B, Kucera V, Kumar TKA, Kusan I, Lacerda SR, Lamlertthon S, Lisboa WS, Loizides M, Luangsa-ard JJ, Lysková P, Cormack WPM, Macedo DM, Machado AR, Malysheva EF, Marinho P, Matocec N, Meijer M, Mesic A, Mongkolsamrit S, Moreira KA, Morozova OV, Nair KU, Nakamura N, Noisripoom W, Olariaga I, Oliveira RJV, Paiva LM, Pawar P, Pereira OL, Peterson SW, Prieto M, Rodríguez-Andrade E, De Blas CR, Roy M, Santos ES, Sharma R, Silva GA, Souza-Motta CM, Takeuchi-Kaneko Y, Tanaka C, Thakur A, Smith MT, Tkalčec Z, Valenzuela-Lopez N, van der Kleij P, Verbeken A, Viana MG, Wang XW, Groenewald JZ. 2017. Fungal Planet description sheets: 625–715. Persoonia 39: 270–467.

Crous PW, Wingfield MJ, Burgess TI, Hardy GESJ, Crane C, Barrett S, Cano-Lira JF, Leroux JJ, Thangavel R, Guarro J, Stchigel AM, Martín MP, Alfredo DS, Barber PA, Barreto RW, Baseia IG, Cano-Canals J, Cheewangkoon R, Ferreira RJ, Gené J, Lechat C, Moreno G, Roets F, Shivas RG, Sousa JO, Tan YP, Wiederhold NP, Abell SE, Accioly T, Albizu JL, Alves JL, Antoniolli ZI, Aplin N, Araújo J, Arzanlou M, Bezerra JDP, Bouchara J-P, Carlavilla JR, Castillo A, Castroagudín VL, Ceresini PC, Claridge GF, Coelho G, Coimbra VRM, Costa LA, da Cunha KC, da Silva SS, Daniel R, de Beer ZW, Dueñas M, Edwards J, Enwistle P, Fiuza PO, Fournier J, García D, Gibertoni TB, Giraud S, Guevara-Suarez M, Gusmão LFP, Haituk S, Heykoop M, Hirooka Y, Hofmann TA, Houbraken J, Hughes DP, Kautmanová I, Koppel O, Koukol O, Larsson E, Latha KPD, Lee DH, Lisboa DO, Lisboa WS, López-Villalba Á , Maciel JLN, Manimohan P, Manjón JL, Marincowitz S, Marney TS, Meijer M, Miller AN, Olariaga I, Paiva LM, Piepenbring M, Poveda-Molero JC, Raj KNA, Raja HA, Rougeron A, Salcedo I, Samadi R, Santos TAB, Scarlett K, Seifert KA, Shuttleworth LA, Silva GA, Silva M, Siqueira JPZ, Souza-Motta CM, Stephenson SL. 2016. Fungal Planet description sheets: 469–557. Persoonia 37: 218–403.

Crous PW, Wingfield MJ, Burgess TI, Hardy GESJ, Gené J, Guarro J, Baseia IG, García D, Gusmão LFP, Souza-Motta CM, Thangavel R, Adamčík S, Barili A, Barnes CW, Bezerra JDP, Bordallo JJ, Cano-Lira JF, de Oliveira RJV, Ercole E, Hubka V, Iturrieta-González I, Kubátová A, Martín MP, Moreau PA, Morte A, Ordoñez ME, Rodríguez A, Stchigel AM, Vizzini A, Abdollahzadeh J, Abreu VP, Adamčíková K, Albuquerque GMR, Alexandrova AV, Álvarez Duarte E, Armstrong-Cho C, Banniza S, Barbosa RN, Bellanger JM, Bezerra JL, Cabral TS, Caboň M, Caicedo E, Cantillo T, Carnegie AJ, Carmo LT, Castañeda-Ruiz RF, Clement CR, Čmoková A, Conceição LB, Cruz RHSF, Damm U, da Silva BDB, da Silva GA, da Silva RMF, de A Santiago ALCM de Oliveira LF, de Souza CAF, Déniel F, Dima B, Dong G, Edwards J, Félix CR, Fournier J, Gibertoni TB, Hosaka K, Iturriaga T, Jadan M, Jany JL, Jurjević Ž, Kolařík M, Kušan I, Landell MF, Leite Cordeiro TR, Lima DX, Loizides M, Luo S, Machado AR, Madrid H, Magalhães OMC, Marinho P, Matocec N, Mešić A, Miller AN, Morozova OV, Neves RP, Nonaka K, Nováková A, Oberlies NH, Oliveira-Filho JRC, Oliveira TGL, Papp V, Pereira OL, Perrone G, Peterson SW, Pham THG, Raja HA, Raudabaugh DB, Řehulka J, Rodríguez-Andrade E, Saba M, Schauflerová A, Shivas RG, Simonini G, Siqueira JPZ, Sousa JO, Stajsic V, Svetasheva T, Tan

YP, Tkalčec Z, Ullah S, Valente P, Valenzuela-Lopez N, Abrinbana M, Viana Marques DA, Wong PTW, Xavier de Lima V, Groenewald JZ. 2018b. Fungal Planet description sheets: 716–784. Persoonia 40: 240–393.

Crous PW, Wingfield MJ, Guarro J, Cheewangkoon R, van der Bank M, Swart WJ, Stchigel AM, Cano-Lira JF, Roux J, Madrid H, Damm U, Wood AR, Shuttleworth LA, Hodges CS, Munster M, de Jesús Yáñez-Morales M, Zúñiga-Estrada L, Cruywagen EM, de Hoog GS, Silvera S, Najafzadeh J, DavisonEM, Davison PJN, Barrett MD, Barrett RL, Manamgoda DS, Minnis AM, Kleczewski NM, Flory SL, Castlebury LA, Clay K, Hyde KD, Maússe-Sitoe SND, Chen S, Lechat C, Hairaud M, Lesage-Meessen L, Pawłowska J, Wilk M, Śliwińska-Wyrzychowska A, Mętrak M, Wrzosek M, Pavlic-Zupanc D, Maleme HM, Slippers B, Mac Cormack WP, Archuby DI, Grünwald NJ, Tellería MT, Dueñas M, Martín MP, Marincowitz S, de Beer ZW, Perez CA, Gené J, Marin-Felix Y, Groenewald JZ. 2013. Fungal Planet description sheets: 154–213. Persoonia 31: 188–296.

Crous PW, Wingfield MJ, Le Roux JJ, Richardson DM, Strasberg D, Shivas RG, Alvarado P, Edwards J, Moreno G, Sharma R, Sonawane MS, Tan YP, Altés A, Barasubiye T, Barnes CW, Blanchette RA, Boertmann D, Bogo A, Carlavilla JR, Cheewangkoon R, Daniel R, de Beer ZW, de Jesús Yáñez-Morales M, Duong TA, Fernández-Vicente J, Geering ADW, Guest DI, Held BW, Heykoop M, Hubka V, Ismail AM, Kajale SC, Khemmuk W, Kolařík M, Kurli R, Lebeuf R, Lévesque CA, Lombard L, Magista D, Manjón JL, Marincowitz S, Mohedano JM, Nováková A, Oberlies NH, Otto EC, Paguigan ND, Pascoe IG, Pérez-Butrón JL, Perrone G, Rahi P, Raja HA, Rintoul T, Sanhueza RMV, Scarlett K, Shouche YS, Shuttleworth LA, Taylor PWJ, Thorn RG, Vawdrey LL, Solano-Vidal R, Voitk A, Wong PTW, Wood AR, Zamora JC, Groenewald JZ. 2015. Fungal Planet description sheets: 371–399. Persoonia 35: 264–327.

Crous PW, Wingfield MJ, Schumacher RK, Akulov A, Bulgakov TS, Carnegie AJ, Jurjević Ž, Decock C, Denman S, Lombard L, Lawrence DP, Stack AJ, Gordon TR, Bostock RM, Burgess T, Summerell BA, Taylor PWJ Edwards J, Hou LW, Cai L, Rossman AY Wöhner T, Allen WC, Castlebury LA, Visagie CM, Groenewald JZ. 2020. New and interesting fungi 3. Fungal Systematics and Evolution 6: 157–231.

Dao HT, Beattie GAC, Rossman AY, Burgess LW, Holford P. 2016. Four putative entomopathogenic fungi of armoured scale insects on *Citrus* in Australia. Mycological Progress 15(5): 47.

Dayarathne MC, Jones EBG, Maharachchikumbura SSN, Devadatha B, Sarma VV, Khongphinitbunjong K, Chomnunti P, Hyde KD. 2020. Morpho-molecular characterization of microfungi associated with marine based habitats. Mycosphere 11(1): 1–188.

de Beer ZW, Seifert KA, Wingfield MJ. 2013. A nomenclator for ophiostomatoid genera and species in the Ophiostomatales and Microascales. CBS Biodiversity Series 12: 245–322.

Dryden GH, Nelson MA, Smith JT, Walter M. 2016. Postharvest foliar nitrogen applications increase *Neonectria ditissima* leaf scar infection in apple trees. New Zealand Plant Protection 69: 230–237.

Forin N, Vizzini A, Nigris S, Ercole E, Voyron S, Girlanda M, Baldan B. 2020. Illuminating type collections of nectriaceous fungi in Saccardo's fungarium. Persoonia 45: 221–249.

Gams W. 1971. *Cephalosporium*-artige Schimmelpilze (Hyphomycetes). Stuttgart, Germany: Gustav Fischer Verlag.

Geiser DM, Aoki T, Bacon CW, Baker SE, Bhattacharyya MK, Brandt ME, Brown DW, Burgess LW, Chulze S, Coleman JJ, Correll JC, Covert SF, Crous PW, Cuomo CA, De Hoog GS, Di Pietro A, Elmer WH, Epstein L, Frandsen RJ, Freeman S, Gagkaeva T, Glenn AE, Gordon TR, Gregory NF, Hammond-Kosack KE, Hanson LE, Jímenez-Gasco Mdel M, Kang S, Kistler HC, Kuldau GA, Leslie JF, Logrieco A, Lu G, Lysøe E, Ma LJ, McCormick SP, Migheli Q, Moretti A, Munaut F, O'Donnell K,

Pfenning L, Ploetz RC, Proctor RH, Rehner SA, Robert VA, Rooney AP, Bin Salleh B, Scandiani MM, Scauflaire J, Short DP, Steenkamp E, Suga H, Summerell BA, Sutton DA, Thrane U, Trail F, van Diepeningen A, Vanetten HD, Viljoen A, Waalwijk C, Ward TJ, Wingfield MJ, Xu JR, Yang XB, Yli-Mattila T, Zhang N. 2013. One fungus, one name: defining the genus *Fusarium* in a scientifically robust way that preserves longstanding use. Phytopathology 103(5): 400–408.

Gerlach W, Nirenberg HI. 1982. The genus *Fusarium*–a pictorial atlas. Mitteilungen der Biologischen Bundesanstalt für Land- und Forstwirtschaft 209: 1–406.

Goh TK, Hyde KD. 1997. The generic distinction between *Chaetopsina* and *Kionochaeta*, with descriptions of two new species. Mycological Research 101(12): 1517–1523.

González CD, Chaverri P. 2017. *Corinectria*, a new genus to accommodate *Neonectria fuckeliana* and *C. constricta* sp. nov. from *Pinus radiata* in Chile. Mycological Progress 16(11/12): 1015–1027.

Gordillo A, Decock C. 2019. Multigene phylogenetic and morphological evidence for seven new species of *Aquanectria* and *Gliocladiopsis* (Ascomycota, Hypocreales) from tropical areas. Mycologia 111(2): 299–318.

Gräfenhan T, Schroers HJ, Nirenberg HI, Seifert KA. 2011. An overview of the taxonomy, phylogeny, and typification of nectriaceous fungi in *Cosmospora*, *Acremonium*, *Fusarium*, *Stilbella*, and *Volutella*. Studies in Mycology 68: 79–113.

Guarnaccia V, van Niekerk J, Crous PW, Sandoval-Denis M. 2021. *Neocosmospora* spp. associated with dry root rot of citrus in South Africa. Phytopathologia Mediterranea 60(1): 79–100.

Guu JR, Ju YM, Hsieh HJ. 2010. Bionectriaceous fungi collected from forests in Taiwan. Botanical Studies 51: 61–74.

Hao CH, Chai X, Wu FC, Xu ZF. 2021. First report of collar rot in purple passion fruit (*Passiflora edulis*) caused by *Neocosmospora solani* in Yunnan province, China. Plant Disease 105(11): 3750.

Hawksworth DL, Punithalingam E. 1975. New and interesting microfungi from Slapton, South Devonshire: Deuteromycotina II. Transactions of the British Mycological Society 64: 89–99.

Herrera CS, Rossman AY, Samuels GJ, Chaverri P. 2013b. *Pseudocosmospora*, a new genus to accommodate *Cosmospora vilior* and related species. Mycologia 105(5): 1287–1305.

Herrera CS, Rossman AY, Samuels GJ, Lechat C, Chaverri P. 2013a. Revision of the genus *Corallomycetella* with *Corallonectria* gen. nov. for *C. jatrophae* (Nectriaceae, Hypocreales). Mycosystema 32(3): 518–544.

Herrera CS, Rossman AY, Samuels GJ, Pereira OL, Chaverri P. 2015. Systematics of the *Cosmospora viliuscula* species complex. Mycologia 107(3): 532–557.

Hirooka Y, Rossman AY, Chaverri P. 2011. A morphological and phylogenetic revision of the *Nectria cinnabarina* species complex. Studies in Mycology 68: 35–56.

Hirooka Y, Rossman AY, Samuels GJ, Lechat C, Chaverri P. 2012. A monograph of *Allantonectria*, *Nectria*, and *Pleonectria* (Nectriaceae, Hypocreales, Ascomycota) and their pycnidial, sporodochial, and synnematous anamorphs. Studies in Mycology 71: 1–210.

Hosoya T, Tubaki K. 2004. *Fusarium matuoi* sp. nov. and its teleomorph *Cosmospora matuoi* sp. nov. Mycoscience 45(4): 261–270.

Hu DM, Wang M, Cai L. 2017. Phylogenetic assessment and taxonomic revision of *Mariannaea*. Mycological Progress 16(4): 271–283.

Huang SK, Jeewon R, Hyde KD, Bhat DJ, Wen TC. 2018. Novel taxa within Nectriaceae: *Cosmosporella* gen. nov. and *Aquanectria* sp. nov. from freshwater habitats in China. Cryptogamie Mycologie 39(2): 169–192.

Hyde KD, Dong Y, Phookamsak R, Jeewon R, Bhat DJ, Jones EBG, Liu NG, Abeywickrama PD, Mapook A, Wei DP, Perera RH, Manawasinghe IS, Pem D, Bundhun D, Karunarathna A, Ekanayaka AH, Bao DF, Li JF, Samarakoon MC, Chaiwan N, Lin CG, Phutthacharoen K, Zhang SN, Senanayake IC, Goonasekara ID, Thambugala KM, Phukhamsakda C, Tennakoon DS, Jiang HB, Yang J, Zeng M, Huanraluek N, Liu JK, Wijesinghe SN, Tian Q, Tibpromma S, Brahmanage RS, Boonmee S, Huang SK, Thiyagaraja V, Lu YZ, Jayawardena RS, Dong W, Yang EF, Singh SK, Singh SM, Rana S, Lad SS, Anand G, Devadatha B, Niranjan M, Sarma VV, Liimatainen K, Aguirre-Hudson B, Niskanen T, Overall A, Alvarenga RLM, Gibertoni TB, Pfliegler WP, Horváth E, Imre A, Alves AL, Santos ACS, Tiago PV, Bulgakov TS, Wanasinghe DN, Bahkali AH, Doilom M, Elgorban AM, Maharachchikumbura SSN, Rajeshkumar KC, Haelewaters D, Mortimer PE, Zhao Q, Lumyong S, Xu JC; Sheng J. 2020a. Fungal diversity notes 1151–1276: Taxonomic and phylogenetic contributions on genera and species of fungal taxa. Fungal Diversity 100: 5–277.

Hyde KD, Norphanphoun C, Maharachchikumbura SSN, Bhat DJ, Jones EBG, Bundhun D, Chen YJ, Bao DF, Boonmee S, Calabon MS, Chaiwan N, Chethana KWT, Dai DQ, Dayarathne MC, Devadatha B, Dissanayake AJ, Dissanayake LS, Doilom M, Dong W, Fan XL, Goonasekara ID, Hongsanan S, Huang SK, Jayawardena RS, Jeewon R, Karunarathna A, Konta S, Kumar V, Lin CG, Liu JK, Liu NG, Luangsa-ard J, Lumyong S, Luo ZL, Marasinghe DS, McKenzie EHC, Niego AGT, Niranjan M, Perera RH, Phukhamsakda C, Rathnayaka AR, Samarakoon MC, Samarakoon SMBC, Sarma VV, Senanayake IC, Shang QJ, Stadler M, Tibpromma S, Wanasinghe DN, Wei DP, Wijayawardene NN, Xiao YP, Yang J, Zeng XY, Zhang SN, Xiang MM. 2020b. Refined families of Sordariomycetes. Mycosphere 11(1): 305–1059.

Ingold CT. 1942. Aquatic hyphomycetes of decaying Alder leaves. Transactions of the British Mycological Society 25(4): 339–417.

Jaklitsch WM, Voglmayr H. 2011. *Stromatonectria* gen. nov. and notes on *Myrmaeciella*. Mycologia 103(2): 431–440.

Jaklitsch WM, Voglmayr H. 2014. Persistent hamathecial threads in the Nectriaceae, Hypocreales: *Thyronectria* revisited and re-instated. Persoonia 33: 182–211.

Jeewon R, Hyde KD. 2016. Establishing species boundaries and new taxa among fungi: recommendations to resolve taxonomic ambiguities. Mycosphere 7(11): 1669–1677.

Karunarathna SC, Dong Y, Karasaki S, Tibpromma S, Hyde KD, Lumyong S, Xu JC, Sheng J, Mortimer PE. 2020. Discovery of novel fungal species and pathogens on bat carcasses in a cave in Yunnan Province, China. Emerging Microbes & Infections 9(1): 1554–1566.

Kirk PM, Canno PF, Minter DW, Stalpers JA. 2008. Dictionary of the Fungi (10th edition). Wallingford, UK: CABI Publishing.

Lawrence DP, Nouri MT, Trouillas FP. 2019. Taxonomy and multi-locus phylogeny of cylindrocarpon-like species associated with diseased roots of grapevine and other fruit and nut crops in California. Fungal Systematics and Evolution 4: 59–75.

Lechat C. 2010. *Ochronectria courtecuissei* sp. nov. Bulletin de la Société Mycologique de France. Bulletin de la Société Chimique de France 126(2): 97–101.

Lechat C, Courtecuisse R. 2010. A new species of *Ijuhya*, *I. antillana*, from the French West Indies. Mycotaxon 113(1): 443–447.

Lechat C, Fournier J. 2016. *Hydropisphaera znieffensis*, a new species from Martinique. Ascomycete.org 8(2): 55–58.

Lechat C, Fournier J. 2017a. *Hydropisphaera foliicola*, a new species from Martinique. Ascomycete.org 9(1):

6–8.

Lechat C, Fournier J. 2017b. *Hydropisphaera heliconiae*, a new species from Martinique (French West Indies). Ascomycete.org 9(3): 59–62.

Lechat C, Fournier J. 2017c. *Geejayessia montana* (Hypocreales, Nectriaceae), a new species from French Alps and Spain. Ascomycete.org 9(6): 209–213.

Lechat C, Fournier J. 2018. *Clonostachys spinulosispora* (Hypocreales, Bionectriaceae), a new species on palm from French Guiana. Ascomycete.org 10(4): 127–130.

Lechat C, Fournier J. 2019a. New insights into *Stilbocrea* (Hypocreales, Bionectriaceae): recognition of *S. colubrensis*, a new species from Martinique (French West Indies), and observations on lifestyle and synnematous asexual morphs of *S. gracilipes* and *S. macrostoma*. Ascomycete.org 11(6): 183–190.

Lechat C, Fournier J. 2019b. Two new species of *Chaetopsina* (Nectriaceae) from Saül (French Guiana). Ascomycete.org 11(4): 127–134.

Lechat C, Fournier J. 2020a. Two new species of *Clonostachys* (Bionectriaceae, Hypocreales) from Saül (French Guiana). Ascomycete.org 12(3): 61–66.

Lechat C, Fournier J. 2020b. *Chaetopsina pnagiana* (Nectriaceae, Hypocreales), a new holomorphic species from Saül (French Guiana). Ascomycete.org 12(1): 1–5.

Lechat C, Fournier J. 2021a. *Geejayessia ruscicola* (Hypocreales, Nectriaceae), a new species on *Ruscus aculeatus*. Ascomycete.org 13(4): 157–160.

Lechat C, Fournier J. 2021b. Two new species of *Stylonectria* (Nectriaceae) from the French Alps. Ascomycete.org 13(1): 49–53.

Lechat C, Fournier J, Chaduli D, Lesage-Meessen L, Favel A. 2019a. *Clonostachys saulensis* (Bionectriaceae, Hypocreales), a new species from French Guiana. Ascomycete.org 11(3): 65–68.

Lechat C, Fournier J, Gardiennet A. 2019b. Three new species of *Dialonectria* (Nectriaceae) from France. Ascomycete.org 11(1): 5–11.

Lechat C, Fournier J, Gasch A. 2020. *Clonostachys moreaui* (Hypocreales, Bionectriaceae), a new species from the island of Madeira (Portugal). Ascomycete.org 12(2): 35–38.

Lechat C, Gardiennet A, Fournier J. 2018. *Thyronectria abieticola* (Hypocreales), a new species from France on *Abies alba*. Ascomycete.org 10(1): 55–61.

Lechat C, Rossman AY. 2017. A new species of *Fusicolla* (Hypocreales), *F. ossicola*, from Belgium. Ascomycete.org 9(6): 225–228.

Li GJ, Hyde KD, Zhao RN, Hongsanan S, Abdel-Aziz FA, Abdel-Wahab MA, Alvarado P, Alves-Silva G, Ammirati JF, Ariyawansa HA, Baghela A, Bahkali AH, Beug M, Bhat DJ, Bojantchev D, Boonpratuang T, Bulgakov TS, Camporesi E, Boro MC, Ceska O, Chakraborty D, Chen JJ, Chethana KWT, Chomnunti P, Consiglio G, Cui BK, Dai DQ, Dai YC, Daranagama DA, Das K, Dayarathne MC, Crop ED, De Oliveira RJV, de Souza CAF, de Souza JI, Dentinger BTM, Dissanayake AJ, Doilom M, Drechsler-Santos ER, GhobadNejhad M, Gilmore SP, Góes-Neto A, Gorczak M, Haitjema GH, Hapuarachchi KK, Hashimoto A, He MQ, Henske JK, Hirayama K, Iribarren MJ, Jayasiri SC, Jayawardena RS, Jeon SJ, Jerónimo GH, Jesus AL, Jones EBG, Kang JC, Karunarathna SC, Kirk PM, Konta S, Kuhnert E, Langer E, Lee HS, Lee HB, Li WJ, Li XH, Liimatainen K, Lima DX, Lin CG, Liu JK, Liu XZ, Liu ZY, Luangsa-ard JJ, Lücking R, Lumbsch HT, Lumyong S, Leaño EM, Marano AV, Matsumura M, McKenzie EHC, Mongkolsamrit S, Mortimer PE, Nguyen TTT, Niskanen T, Norphanphoun C, O'Malley MA, Parnmen S, Pawłowska J, Perera RH, Phookamsak R, Phukhamsakda C, Pires-Zottarelli CLA, Raspe O, Reck MA, Rocha SCO, de Santiago ALCMA, Senanayake IC, Setti L, Shang QJ, Singh SK, Sir EB, Solomon KV, Song J, Srikitikulchai P, Stadler M, Suetrong S,

Takahashi H, Takahashi T, Tanaka K, Tang LP, Thambugala KM, Thanakitpipattana D, Theodorou MK, Thongbai B, Thummarukcharoen T, Tian Q, Tibpromma S, Verbeken A, Vizzini A, Vlasák J, Voigt K, Wanasinghe DN, Wang Y, Weerakoon G, Wen HA, Wen TC, Wijayawardene NN, Wongkanoun S, Wrzosek M, Xiao YP, Xu JC, Yan JY, Yang J, Yang SD, Hu Y, Zhang JF, Zhao J, Zhou LW, Peršoh D, Phillips AJL, Maharachchikumbura SSN. 2016. Fungal diversity notes 253–366: taxonomic and phylogenetic contributions to fungal taxa. Fungal Diversity 78: 1–237.

Li JQ, Wingfield MJ, Liu QL, Barnes I, Roux J, Lombard L, Crous PW, Chen SF. 2017. *Calonectria* species isolated from *Eucalyptus* plantations and nurseries in South China. IMA Fungus 8(2): 259–286.

Li SN, Zhao Y, Tian CM, Michailides TJ, Ma R. 2018. A new species and a new record of *Thyronectria* (Nectriaceae, Hypocreales) in China. Phytotaxa 376(1): 17–26.

Liu C, Zhuang WY, Yu ZH, Zeng ZQ. 2022a. Two new species of *Fusicolla* (Hypocreales) from China. Phytotaxa 536(2): 165–174.

Liu DY, Paterson RRM. 2011. *Sarcopodium*. In: Liu, D.Y. (Eds.) Molecular detection of human fungal pathogens. Florida, USA: Taylor and Francis Group, CRC Press.

Liu F, Cai L. 2013. A novel species of *Gliocladiopsis* from freshwater habitat in China. Cryptogamie Mycologie 34(3): 233–241.

Liu QL, Chen SF. 2017. Two novel species of *Calonectria* isolated from soil in a natural forest in China. MycoKeys 26: 25–60.

Liu QL, Li JQ, Wingfield MJ, Duong TA, Wingfield BD, Crous PW, Chen SF. 2020. Reconsideration of species boundaries and proposed DNA barcodes for *Calonectria*. Studies in Mycology 97: 1–71.

Liu QL, Wingfield MJ, Duong TA, Wingfield BD, Chen SF. 2022b. Diversity and distribution of *Calonectria* species from plantation and forest soils in Fujian Province, China. Journal of Fungi 8(8): 811.

Lombard L, Chen SF, Mou X, Zhou XD, Crous PW, Wingfield MJ. 2015a. New species, hyper-diversity and potential importance of *Calonectria* spp. from *Eucalyptus* in South China. Studies in Mycology 80: 151–188.

Lombard L, Crous PW. 2012. Phylogeny and taxonomy of the genus *Gliocladiopsis*. Persoonia 28: 25–33.

Lombard L, Crous PW, Wingfield BD, Wingfield MJ. 2010b. Phylogeny and systematics of the genus *Calonectria*. Studies in Mycology 66: 31–69.

Lombard L, Shivas RG, To-Anun C, Crous PW. 2012. Phylogeny and taxonomy of the genus *Cylindrocladiella*. Mycological Progress 11(4): 835–868.

Lombard L, van der Merwe NA, Groenewald JZ, Crous PW. 2014. Lineages in Nectriaceae: re-evaluating the generic status of *Ilyonectria* and allied genera. Phytopathologia Mediterranea 53(3): 515–532.

Lombard L, van der Merwe NA, Groenewald JZ, Crous PW. 2015b. Generic concepts in Nectriaceae. Studies in Mycology 80: 189–245.

Lombard L, Zhou XD, Crous PW, Wingfield BD, Wingfield MJ. 2010a. *Calonectria* species associated with cutting rot of *Eucalyptus*. Persoonia 24: 1–11.

Lu XH, Zhang XM, Jiao XL, Hao JJ, Zhang XS, Luo Y, Gao WW. 2020. Taxonomy of fungal complex causing red-skin root of *Panax ginseng* in China. Journal of Ginseng Research 44(3): 506–518.

Lumbsch HT, Huhndorf SM. 2010. Outline of Ascomycota – 2009. Myconet 14: 1–64.

Luo J, Zhuang WY. 2008. Two new species of *Cosmospora* (Nectriaceae, Hypocreales) from China. Fungal Diversity 31: 83–93.

Luo J, Zhuang WY. 2010a. New species and new Chinese records of Bionectriaceae (Hypocreales, Ascomycota). Mycological Progress 9(1): 17–25.

Luo J, Zhuang WY. 2010b. Four new species and a new Chinese record of the nectrioid fungi. Science China Life Sciences 53(8): 909–915.

Luo J, Zhuang WY. 2010c. *Bionectria vesiculosa* sp. nov. from Yunnan, China. Mycotaxon 113(1): 243–249.

Luo J, Zhuang WY. 2010d. Three new species of *Neonectria* (Nectriaceae, Hypocreales) with notes on their phylogenetic positions. Mycologia 102(1): 142–152.

Luo J, Zhuang WY. 2010e. *Chaetopsinectria* (Nectriaceae, Hypocreales), a new genus with *Chaetopsina* anamorphs. Mycologia 102(4): 976–984.

Luo J, Zhuang WY. 2012. *Volutellonectria* (Ascomycota, Fungi), a new genus with *Volutella* anamorphs. Phytotaxa 44(1): 1–10.

Luo ZL, Hyde KD, Liu JK, Maharachchikumbura SSN, Jeewon R, Bao DF, Bhat DJ, Lin CG, Li WL, Yang J, Liu NG, Lu YZ, Jayawardena RS, Li JF, Su HY. 2019. Freshwater Sordariomycetes. Fungal Diversity 99: 451–660.

Lynch SC, Twizeyimana M, Mayorquin JS, Wang DH, Na F, Kayim M, Kasson MT, Thu PQ, Bateman C, Rugman-Jones P, Hulcr J, Stouthamer R, Eskalen A. 2016. Identification, pathogenicity and abundance of *Paracremonium pembeum* sp. nov. and *Graphium euwallaceae* sp. nov. – two newly discovered mycangial associates of the polyphagous shot hole borer (*Euwallacea* sp.) in California. Mycologia 108(2): 313–329.

Mantiri FR, Samuels GJ, Rahe JE, Honda BM. 2001. Phylogenetic relationships in *Neonectria* species having *Cylindrocarpon* anamorphs inferred from mitochondrial ribosomal DNA sequences. Canadian Journal of Botany 79(3): 334–340.

Matsushima T. 1971. Microfungi of the Solomon Islands and Papua New Guinea. Kobe, Japan: Published by the author.

Matsushima T. 1985. Matsushima Mycological Memoirs 4. Matsushima Mycological Memoirs 4: 1–68.

Matsushima T. 1995. Matsushima Mycological Memoirs 8. Matsushima Mycological Memoirs 8: 1–44.

Mohali SR, Stewart JE. 2021. *Calonectria vigiensis* sp. nov. (Hypocreales, Nectriaceae) associated with dieback and sudden-death symptoms of *Theobroma cacao* from Mérida state, Venezuela. Botany 99(11): 683–693.

Moreira GM, Abreu LM, Carvalho VG, Schroers HJ, Pfenning LH. 2016. Multilocus phylogeny of *Clonostachys* subgenus *Bionectria* from Brazil and description of *Clonostachys chloroleuca* sp. nov. Mycological Progress 15(10/11): 1031–1039.

Nalim FA, Samuels GJ, Wijesundera RL, Geiser DM. 2011. New species from the *Fusarium solani* species complex derived from perithecia and soil in the old world tropics. Mycologia 103(6): 1302–1330.

O'Donnell K. 2000. Molecular phylogeny of the *Nectria haematococca–Fusarium solani* species complex. Mycologia 92(5): 919–938.

Peerally A. 1991. *Cylindrocladium hawksworthii* sp. nov. pathogenic on water-lilies in Mauritius. Mycotaxon 40: 367–376.

Perera RH, Hyde KD, Jones EBG, Maharachchikumbura SSN, Bundhun D, Camporesi E, Akulov A, Liu JK, Liu·ZY. 2023. Profile of Bionectriaceae, Calcarisporiaceae, Hypocreaceae, Nectriaceae, Tilachlidiaceae, Ijuhyaceae fam. nov., Stromatonectriaceae fam. nov. and Xanthonectriaceae fam. nov. Fungal Diversity 118: 95–271.

Perera RH, Hyde KD, Maharachchikumbura SSN, Jones EBG, McKenzie EHC, Stadler M, Lee HB, Samarakoon MC, Ekanayaka AH, Camporesi E, Liu JK, Liu ZY. 2020. Fungi on wild seeds and fruits. Mycosphere 11(1): 2108–2480.

Petch T. 1938. British Hypocreales. Transactions of the British Mycological Society 21(3–4): 243–305.

Polishook JD, Bills GF, Rossman AY. 1991. A new species of *Neocosmospora* with a *Penicillifer* anamorph. Mycologia 83(6): 797–804.

Prasher IB, Chauhan R. 2017. *Clonostachys indicus* sp. nov. from India. Kavaka 48(1): 22–26.

Rabenhorst L. 1862. *Cosmospora coccinea*. Hedwigia 2: 59.

Rambelli A. 1956. *Chaetopsina* nuovo genere di ifali demaziacei. Atti della Accademia delle Scienze dell'Istituto di Bologna 11: 1–6.

Ranzoni FV. 1956. The perfect stage of *Flagellospora penicillioides*. American Journal of Botany 43(1): 13–17.

Réblová M, Gams W, Seifert KA. 2011. Monilochaetes and allied genera of the Glomerellales, and a reconsideration of families in the Microascales. Studies in Mycology 68: 163–191.

Rossman AY. 2014. Lessons learned from moving to one scientific name for fungi. IMA Fungus 5(1): 81–89.

Rossman AY, Allen WC, Braun U, Castlebury LA, Chaverri P, Crous PW, Hawksworth DL, Hyde KD, Johnston P, Lombard L, Romberg M. 2016. Overlooked competing asexual and sexually typified generic names of Ascomycota with recommendations for their use or protection. IMA Fungus 7(2): 289–308.

Rossman AY, Samuels GJ, Rogerson CT, Lowen R. 1999. Genera of Bionectriaceae, Hypocreaceae and Nectriaceae (Hypocreales, Ascomycetes). Studies in Mycology 42: 1–248.

Rossman AY, Seifert KA, Samuel GJ, Minnis AM, Schroers HJ, Lombard L, Crous PW, Põldma K, Cannon PF, Summerbel RC, Geiser DM, Zhuang WY, Hirooka Y, Herrera C, Salgado-Salazar C, Chaverri P. 2013. Genera in Bionectriaceae, Hypocreaceae, and Nectriaceae (Hypocreales) proposed for acceptance or rejection. IMA Fungus 4(1): 41–51.

Saccardo PA. 1875. Nova ascomycetum genera. Grevillea 4: 21–22.

Saccardo PA. 1876. Fungi Veneti novi vel critici. Nuovo Giornale Botanico Italiano 8: 161–211.

Saccardo PA. 1882. Fungi Veneti novi vel critici v. mycologiae Veneti addendi (adjectis nonnullis extra-Venetis) Series XIII. Michelia 2: 528–563.

Saccardo PA. 1883. Sylloge Fungorum 2. Padova, Italy.

Saksena SB. 1954. A new genus of Moniliaceae. Mycologia 46(5): 660–666.

Salgado-Salazar C, Rossman A, Samuels GJ, Capdet M, Chaverri P. 2012. Multigene phylogenetic analyses of the *Thelonectria coronata* and *T. veuillotiana* species complexes. Mycologia 104(6): 1325–1350.

Salgado-Salazar C, Rossman AY, Chaverri P. 2016. The genus *Thelonectria* (Nectriaceae, Hypocreales, Ascomycota) and closely related species with cylindrocarpon-like asexual states. Fungal Diversity 80: 411–455.

Salgado-Salazar C, Rossman AY, Samuels GJ, Hirooka Y, Sanchez RM, Chaverri P. 2015. Phylogeny and taxonomic revision of *Thelonectria discophora* (Ascomycota, Hypocreales, Nectriaceae) species complex. Fungal Diversity 70: 1–29.

Samson RA. 1974. *Paecilomyces* and some allied hyphomycetes. Studies in Mycology 6: 1–119.

Samson RA, Bigg WL. 1988. A new species of *Mariannaea* from California. Mycologia 80(1): 131–134.

Samuels GJ. 1985. Four new species of *Nectria* and their *Chaetopsina* anamorphs. Mycotaxon 22: 13–32.

Samuels GJ. 1989. *Nectria* and *Penicillifer*. Mycologia 81(3): 347–355.

Samuels GJ, Brayford D. 1994. Species of *Nectria* (sensu lato) with red perithecia and striate ascospores. Sydowia 46: 75–161.

Samuels GJ, Doi Y, Rogerson CT. 1990. Hypocreales. Memoirs of the New York Botanical Garden 59:

6–108.

Samuels GJ, Rogerson CT. 1984. *Nectria atrofusca* and its anamorph, *Fusarium staphyleae*, a parasite of *Staphylea trifolia* in Eastern North America. Brittonia 36: 81–85.

Samuels GJ, Rossman AY, Chaverri P, Overton BE, Põldmaa K. 2006. Hypocreales of Southeastern United States: An Identification Guide. Utrecht, Netherlands: Centraalbureau voor Schimmelcultures.

Samuels GJ, Rossman AY, Lowen R, Rogerson CT. 1991. A synopsis of *Nectria* subgen. *Dialonectria*. Mycological Papers 164: 1–48.

Samuels GJ, Seifert KA. 1991. Two new species of *Nectria* with *Stilbella* and *Mariannaea* anamorphs. Sydowia 43: 249–263.

Sandoval-Denis M, Lombard L, Crous PW. 2019. Back to the roots: a reappraisal of *Neocosmospora*. Persoonia 43: 90–185.

Savary O, Coton M, Frisvad JC, Nodet P, Ropars J, Coton E, Jany JL. 2021. Unexpected Nectriaceae species diversity in cheese, description of *Bisifusarium allantoides* sp. nov., *Bisifusarium penicilloides* sp. nov., *Longinectria* gen. nov. *lagenoides* sp. nov. and *Longinectria verticilliforme* sp. nov. Mycosphere 12(1): 1077–1100.

Scattolin L, Montecchio L. 2007. First report of damping-off of common oak plantlets caused by *Cylindrocladiella parva* in Italy. Plant Disease 91(6): 771.

Schoch CL, Crous PW, Wingfield BD, Wingfield MJ. 1999. The *Cylindrocladium candelabrum* species complex includes four distinct mating populations. Mycologia 91(2): 286–298.

Schoch CL, Crous PW, Wingfield MJ, Wingfield BD. 2000. Phylogeny of *Calonectria* and selected hypocrealean genera with cylindrical macroconidia. Studies in Mycology 45: 45–62.

Schroers HJ. 2001. A monograph of *Bionectria* (Ascomycota, Hypocreales, Bionectriaceae) and its *Clonostachys* anamorphs. Studies in Mycology 46: 1–214.

Schroers HJ, Geldenhuis MM, Wingfield MJ, Schoeman MH, Ye YF, Shen WC, Wingfield BD. 2005. Classification of the guava wilt fungus *Myxosporium psidii*, the palm pathogen *Gliocladium vermoesenii* and the persimmon wilt fungus *Acremonium diospyri* in *Nalanthamala*. Mycologia 97(2): 375–395.

Schroers HJ, Gräfenhan T, Nirenberg HI, Seifert KA. 2011. A revision of *Cyanonectria* and *Geejayessia* gen. nov., and related species with *Fusarium*-like anamorphs. Studies in Mycology 68: 115–138.

Schroers HJ, O'Donnell K, Lamprecht SC, Kammeyer PL, Johnson S, Sutton DA, Rinaldi MG, Geiser DM, Summerbell RC. 2009. Taxonomy and phylogeny of the *Fusarium dimerum* species group. Mycologia 101(1): 44–70.

Schroers HJ, Samuels GJ, Zhang N, Short DPG, Juba J, Geiser DM. 2016. Epitypification of *Fusisporium* (*Fusarium*) *solani* and its assignment to a common phylogenetic species in the *Fusarium solani* species complex. Mycologia 108(4): 806–819.

Seaver FJ. 1909. The Hypocreales of North America: II. Mycologia 1(5): 177–207.

Seeler EV Jr. 1940. Two diseases of *Gleditsia* caused by a species of *Thyronectria*. Journal of the Arnold Arboretum 21: 405–427.

Seifert KA. 1985. A monograph of *Stilbella* and some allied Hyphomycetes. Studies in Mycology 27: 1–224.

Seifert KA, Gams W. 1985. *Dischloridium roseum*. Mycotaxon 24: 459–461.

Singh SK, Rana S, Bhat JD, Singh PN. 2020. Morphology and phylogeny of a novel species of *Fusicolla* (Hypocreales, Nectriaceae), isolated from the air in the Western Ghats, India. Journal of Fungal Research 18(4): 258–265.

Stauder CM, Utano NM, Kasson MTK. 2020. Resolving host and species boundaries for perithecia-producing nectriaceous fungi across the central Appalachian Mountains. Fungal Ecology 47: 100980.

Sukapure RS, Thirumalachar MJ. 1966. Conspectus of species of *Cephalosporium* with particular reference to Indian species. Mycologia 58(3): 351–361.

Sun BD, Zhou YG, Chen AJ. 2017. *Bisifusarium tonghuanum* (Nectriaceae), a novel species of *Fusarium*-like fungi from two desert oasis plants. Phytotaxa 317(2): 123–129.

Sutton BC. 1981. *Sarcopodium* and its synonyms. Transactions of the British Mycological Society 76: 97–102.

Tang L, Hyun MW, Yun YH, Suh DY, Kim SH, Sung GH, Choi HK. 2012. *Mariannaea samuelsii* isolated from a bark beetle-infested *Elm* tree in Korea. Mycobiology 40(2): 94–99.

Teng SC. 1934. Notes on Hypocreales from China. Sinensia 4: 269–298.

Teng SC. 1939. A contribution to our knowledge of the higher fungi of China. Nanjing: National Institute of Zoology and Botany, Academia Sinica.

Tibpromma S, Hyde KD, McKenzie EHC, Bhat DJ, Phillips AJL, Wanasinghe DN, Samarakoon MC, Jayawardena RS, Dissanayake AJ, Tennakoon DS, Doilom M, Phookamsak R, Tang AMC, Xu JC, Mortimer PE, Promputtha I, Maharachchikumbura SSN, Khan S, Karunarathna SC. 2018. Fungal diversity notes 840–928: micro-fungi associated with Pandanaceae. Fungal Diversity 93: 1–160.

Torcato C, Gonçalves MFM, Rodríguez-Gálvez E, Alves A. 2020. *Clonostachys viticola* sp. nov., a novel species isolated from *Vitis vinifera*. International Journal of Systematic and Evolutionary Biology 70: 4321–4328.

Turland NJ, Wiersema JH, Barrie FR, Greuter W, Hawksworth DL, Herendeen PS, Knapp S, Kusber WH, Li DZ, Marhold K, May TW, McNeill J, Monro AM, Prado J, Price M, Smith GF. 2018. International Code of Nomenclature for Algae, Fungi, and Plants (Shenzhen Code) adopted by the Nineteenth International Botanical Congress Shenzhen, China. July 2017. Regnum Vegetabile 159. Glashütten: Koeltz Botanical Books.

van Coller GJ, Denman S, Groenewald JZ, Lamprecht SC, Crous PW. 2005. Characterisation and pathogenicity of *Cylindrocladiella* spp. associated with root and cutting rot symptoms of grapevines in nurseries. Australasian Plant Pathology 34(4): 489–498.

van Emden JH. 1968. *Penicillifer*, a new genus of Hyphomycetes from soil. Acta Botanica Neerlandica 17: 54–58.

Vismer HF, Marasas WFO, Rheeder JP, Joubert JJ. 2002. *Fusarium dimerum* as a cause of human eye infections. Medical Mycology 40(4): 399–406.

Voglmayr H, Akulov OY, Jaklitsch WM. 2016. Reassessment of *Allantonectria*, phylogenetic position of Thyronectroidea, and *Thyronectria caraganae* sp. nov. Mycological Progress 15(9): 921–937.

Voglmayr H, Jaklitsch WM. 2019. *Stilbocrea walteri* sp. nov., an unusual species of Bionectriaceae. Mycological Progress 18(1–2): 91–105.

Wang MM, Crous PW, Sandoval-Denis M, Han SL, Liu F, Liang JM, Duan WJ, Cai L. 2022. *Fusarium* and allied genera from China: species diversity and distribution. Persoonia 48: 1–53.

Wang QC, Liu QL, Chen SF. 2019. Novel species of *Calonectria* isolated from soil near *Eucalyptus* plantations in southern China. Mycologia 111(6): 1028–1040.

Watanab T. 1993. *Sarcopodium araliae* sp. nov. on root of *Aralia elata* from Japan. Mycologia 85(3): 520–526.

Watanabe T. 1990. Three new *Nectria* species from Japan. Transactions of the Mycological Society of Japan 31: 227–236.

Wollenweber HW. 1916. Fusaria autographice delineata. Berlin, Germany: Published by the author.

Xu JJ, Qin SY, Hao YY, Ren J, Tan P, Bahkali AH, Hyde KD, Wang Y. 2012. A new species of *Calonectria* causing leaf disease of water lily in China. Mycotaxon 122(1): 177–185.

Xu XL, Zeng Q, Lv YC, Jeewon R, Maharachchikumbura SSN, Wanasinghe DN, Hyde KD, Xiao QG, Liu YG, Yang CL. 2021. Insight into the systematics of novel entomopathogenic Fungi associated with armored scale insect, *Kuwanaspis howardi* (Hemiptera: Diaspididae) in China. Journal of Fungi 7(8): 628.

Yang H, Wang GN, Zhang H, 2021. *Mariannaea submersa* sp. nov., with a new habitat and geographic record of *Mariannaea catenulata*. Mycosystema 40(6): 1286–1298.

Yang Q, Chen WY, Jiang N, Tian CM. 2019. *Nectria*-related fungi causing dieback and canker diseases in China, with *Neothyronectria citri* sp. nov. described. MycoKeys 56: 49–66.

Yang Q, Du Z, Liang YM, Tian CM. 2018. Molecular phylogeny of *Nectria* species associated with dieback and canker diseases in China, with a new species described. Phytotaxa 356(3): 199–214.

Zeng ZQ, Zheng HD, Wang XC, Wei SL, Zhuang WY. 2020. Ascomycetes from the Qilian Mountains, China – Hypocreales. MycoKeys 71: 119–137.

Zeng ZQ, Zhuang WY, Ho WH. 2012. A new species of *Rugonectria* (Nectriaceae) with four-spored asci. Mycosystema 31(4): 465–470.

Zeng ZQ, Zhuang WY, Yu ZH. 2018. New species and new Chinese records of Nectriaceae from Tibet, China. Nova Hedwigia 106(3–4): 283–294.

Zeng ZQ, Zhuang WY. 2014. A new holomorphic species of *Mariannaea* and epitypification of *M. samuelsii*. Mycological Progress 13(4): 967–973.

Zeng ZQ, Zhuang WY. 2015. A new species of *Nectria* (Nectriaceae, Hypocreales) with multiseptate ascospores. Nova Hedwigia 101(3–4): 327–334.

Zeng ZQ, Zhuang WY. 2016a. A new species of *Cosmospora* and the first record of sexual state of *C. lavitskiae*. Mycological Progress 15(5/59): 1–7.

Zeng ZQ, Zhuang WY. 2016b. A new fungicolous species of *Hydropisphaera* (Bionectriaceae, Hypocreales) from central China. Phytotaxa 288(3): 279–284.

Zeng ZQ, Zhuang WY. 2016c. Revision of the genus *Thyronectria* (Hypocreales) from China. Mycologia 108(6): 1130–1140.

Zeng ZQ, Zhuang WY. 2016d. Three new Chinese records of Nectriaceae. Mycosystema 35(11): 1399–1405.

Zeng ZQ, Zhuang WY. 2017a. Three new Chinese records of Hypocreales. Mycosystema 36(5): 654–662.

Zeng ZQ, Zhuang WY. 2017b. Eight new combinations of Bionectriaceae and Nectriaceae. Mycosystema 36(3): 278–281.

Zeng ZQ, Zhuang WY. 2017c. Two new species of *Neocosmospora* from China. Phytotaxa 319(2): 175–183.

Zeng ZQ, Zhuang WY. 2018a. Two new species of *Geejayessia* (Hypocreales) from Asia as evidenced by morphology and multi-gene analyses. MycoKeys 42: 7–19.

Zeng ZQ, Zhuang WY. 2018b. Discovery of a second species of *Hyalocylindrophora* and the phylogenetic position of the genus in Bionectriaceae. Mycologia 110(5): 941–947.

Zeng ZQ, Zhuang WY. 2019. The genera *Rugonectria* and *Thelonectria* (Hypocreales, Nectriaceae) in China. MycoKeys 55: 101–120.

Zeng ZQ, Zhuang WY. 2020. Four new Chinese records of Nectriaceae. Mycosystema 39(10): 1981–1988.

Zeng ZQ, Zhuang WY. 2021a. Our current understanding of the genus *Pseudocosmospora* (Hypocreales, Nectriaceae) in China. Mycological Progress 20(4): 419–429.

Zeng ZQ, Zhuang WY. 2021b. A new species of *Sarcopodium* (Hypocreales, Nectriaceae) from China. Phytotaxa 491(1): 65–71.

Zeng ZQ, Zhuang WY. 2022a. Three new species of *Clonostachys* (Hypocreales, Ascomycota) from China. Journal of Fungi 8(10): 1027.

Zeng ZQ, Zhuang WY. 2022b. New species of Nectriaceae (Hypocreales) from China. Journal of Fungi 8(10): 1075.

Zeng ZQ, Zhuang WY. 2023a. Three new species of *Fusicolla* (Hypocreales) from China. Journal of Fungi 9(5): 572.

Zeng ZQ, Zhuang WY. 2023b. New species of *Neocosmospora* (Ascomycota) from China as evidenced by morphological and molecular data. Life 13(7): 1515.

Zhai NP, Sun ZQ, Zhang YL, Zang R, Xu C, Geng YH, Zhang M. 2019. *Gliocladiopsis wuhanensis* sp. nov. from China. Mycotaxon 134(2): 313–319.

Zhang XM, Zhuang WY. 2003. Re-examination of Bionectriaceae and Nectriaceae (Hypocreales) from temperate China on deposit in HMAS. Nova Hedwigia 76(1–2): 191–200.

Zhang XM, Zhuang WY. 2006. Phylogeny of some genera in the Nectriaceae (Hypocreales, Ascomycetes) inferred from 28S nrDNA partial sequences. Mycosystema 25(1): 15–22.

Zhang ZF, Liu F, Zhou X, Liu XZ, Liu SJ, Cai L. 2017. Culturable mycobiota from Karst caves in China, with descriptions of 20 new species. Persoonia 39: 1–31.

Zhang ZF, Zhou SY, Eurwilaichitr L, Ingsriswang S, Raza M, Chen Q, Zhao P, Liu F, Cai L. 2021. Culturable mycobiota from Karst caves in China II, with descriptions of 33 new species. Fungal Diversity 106: 29–136.

Zhao P, Luo J, Zhuang WY, Liu XZ, Wu B. 2011. DNA barcoding of the fungal genus *Neonectria* and the discovery of two new species. Science China Life Sciences 54(7): 664–674.

索　引

真菌汉名索引

A

埃什特雷莫什土赤壳　84
安徽新赤壳　38
桉丽赤壳　72, 75
桉树丽赤壳　74
暗丛赤壳　87, 88

B

白壳属　14
白孔壳属　2
白蜡树赤壳　80
版纳近柱孢　10
版纳小帚梗柱孢　21
棒孢塞氏壳　26, 27
棒隔孢赤壳　58, 60
薄壁枝穗霉　4, 6
薄光壳　70
北京假赤壳　51
北京乳突赤壳　95, 96
北京锥梗围瓶孢　18
宾氏近枝顶孢　47, 48
波密新赤壳　37, 39

C

苍白新赤壳　38, 45
侧梗丽赤壳　77
层叠马利亚霉　31, 35
长白土赤壳　84
长孢肉座孢　55, 109
长孢枝穗霉　4, 105
常丽赤壳　72, 78

橙色丛赤壳　87
橙色新赤壳　38, 39
赤闭壳属　2
赤壳属　15, 79, 80
重庆枝穗霉　4
锤舌菌纲　15
锤舌菌目　15
刺孢乳突赤壳　95, 100
刺孢水球壳　68
丛赤壳　1, 19, 86, 87
丛赤壳科　1, 12, 13, 15, 71
丛赤壳属　14, 86
粗纹枝穗霉　3, 105
翠绿赤壳　80, 82

D

大孢丛赤壳　86, 89
大孢壳属　13, 15, 30
大孢属　13, 15
大孢梭镰孢　23, 25
大孔光壳　70
大明山赤壳　80
大新丛赤壳　92
大屿山丽赤壳　77
大枝粘头霉　107
顶环新丛赤壳　92
鼎湖新丛赤壳　92
东方隔孢赤壳　58, 61
冬青丽赤壳　72, 106
多形近枝顶孢　47, 48

真菌学名索引

P

Paracremonium　13, 47

Paracremonium apiculatum　47

Paracremonium binnewijzendii　47, 48

Paracremonium ellipsoideum　47

Paracremonium inflatum　47, 48

Paracremonium variiforme　47, 48

Paracylindrocarpon　1, 2, 10, 11

Paracylindrocarpon aloicola　10

Paracylindrocarpon nabanheensis　10, 11

Paracylindrocarpon pandanicola　10, 11

Paracylindrocarpon xishuangbannaensis　10, 11

Penicillifer　13, 14, 49

Penicillifer pulcher　49

Penicillifer sinicus　49

Penicillifer superimpositus　35

Periolopsis　54

Pleonectria　57

Pleonectria cucurbitula　60

Pleonectria lamyi　64

Pleonectria pinicola　61

Pleonectria rosellinii　60, 62

Pleonectria strobi　60, 63

Protocreopsis　2

Pseudocosmospora　13, 14, 50

Pseudocosmospora beijingensis　51

Pseudocosmospora curvispora　51, 52

Pseudocosmospora effusa　50, 108

Pseudocosmospora eutypellae　50, 52

Pseudocosmospora henanensis　50, 108

Pseudocosmospora joca　50, 108

Pseudocosmospora nummulariae　50, 109

Pseudocosmospora rogersonii　50, 52, 54

Pseudocosmospora shennongjiana　51, 53

Pseudocosmospora sp. 10048　51, 53, 54

Pseudocosmospora triqua　50, 109

Pseudocosmospora vilior　51, 109

R

Roumegueriella　2

Rubrinectria　36

Rugonectria　15, 65, 93

Rugonectria microconidiorum　94

Rugonectria rugulosa　94

S

Sarcopodium　13, 14, 54

Sarcopodium circinatum　54

Sarcopodium flavolanatum　55, 109

Sarcopodium oblongisporum　55, 109

Sarcopodium pironii　55

Sarcopodium tibetense　55

Sarcopodium tjibodense　55, 109

Selenosporium aquaeductuum　24

Selinia　2

Sesquicillium impariphiale　5

Sphaeria cucurbitula　60

Sphaeria dematiosa　88

Sphaeria lamyi　64

Sphaerostilbe repens　19

Stephanonectria　8

Stilbocrea　2, 70

Stilbocrea dussii　70

Stilbocrea macrostoma　70

Stromatonectria　1, 2, 12

Stromatonectria caraganae　12

Stylonectria　13, 15, 56

Stylonectria applanata　56

Stylonectria purtonii　56, 109

Stylonectria qilianshanensis　56

T

Thelonectria　15, 95, 97, 101

Thelonectria asiatica　96, 102

Thelonectria beijingensis　95, 96

Thelonectria coronalis　95, 102

Thelonectria discophora　95, 96, 98, 99, 100

图　　版

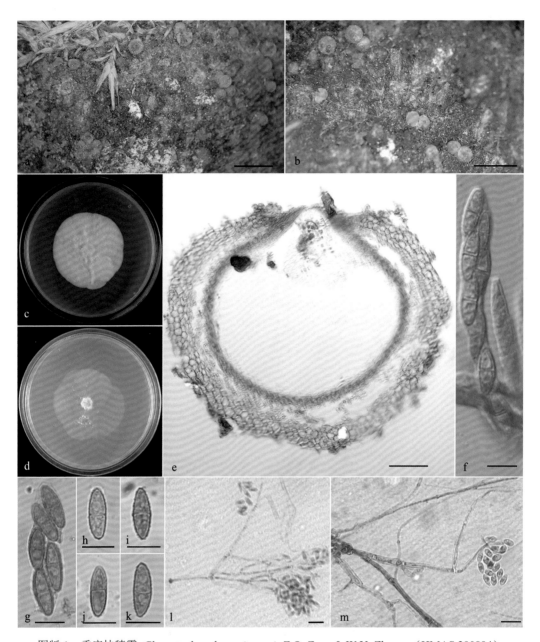

图版 1　重庆枝穗霉 *Clonostachys chongqingensis* Z.Q. Zeng & W.Y. Zhuang（HMAS 290894）

a, b. 自然基物上的子囊壳；c, d. 在培养基上 25℃ 培养 14 d 的菌落形态（c. PDA，d. SNA）；e. 子囊壳纵切面；f, g. 子囊和子囊孢子；h–k. 子囊孢子；l, m. 分生孢子梗和小型分生孢子。标尺：a, b = 1 mm；e = 50 μm；f–m = 10 μm

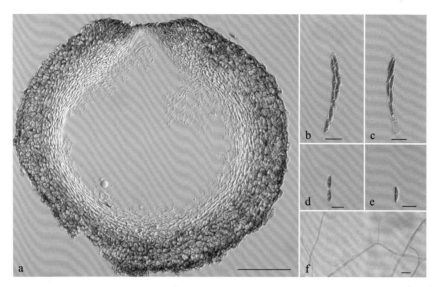

图版 2　密集枝穗霉 *Clonostachys compactiuscula* (Sacc.) D. Hawksw. & W. Gams（HMAS 266545）

a. 子囊壳纵切面；b, c. 子囊和子囊孢子；d, e. 子囊孢子；f. 分生孢子梗。标尺：a = 50 μm；b–f = 10 μm

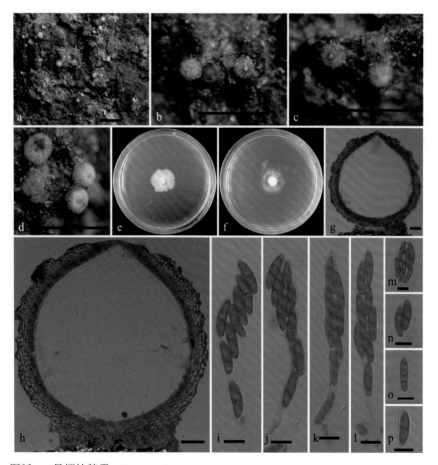

图版 3　异梗枝穗霉 *Clonostachys impariphialis* (Samuels) Schroers（HMAS 275560）

a–d. 自然基物上的子囊壳；e, f. 在培养基上 25℃培养 7 d 的菌落形态（e. PDA, f. SNA）；g, h. 子囊壳纵切面；i–l. 子囊和子囊孢子；m–p. 子囊孢子。标尺：a–d = 1 mm；g, h = 50 μm；i–p = 10 μm

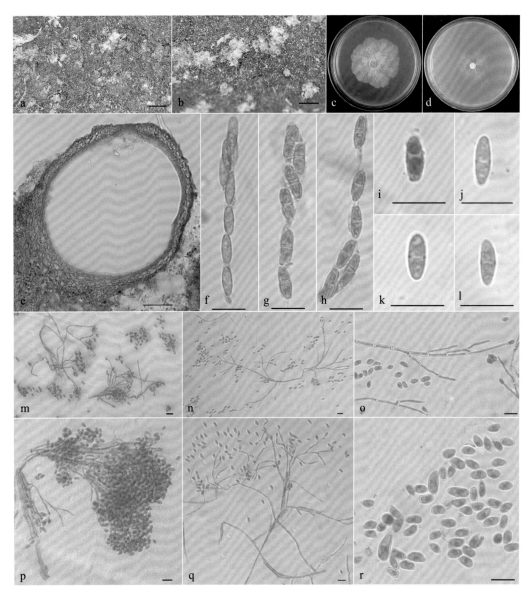

图版 4　薄壁枝穗霉 *Clonostachys leptoderma* Z.Q. Zeng & W.Y. Zhuang（HMAS 255834）

a, b. 自然基物上的子囊壳；c, d. 在培养基上 25℃培养 14 d 的菌落形态（c. PDA，d. SNA）；e. 子囊壳纵切面；f–h. 子囊和子囊孢子；i–l. 子囊孢子；m–q. 分生孢子梗和小型分生孢子；r. 小型分生孢子。标尺：a, b = 1 mm；e = 50 μm；f–r = 10 μm

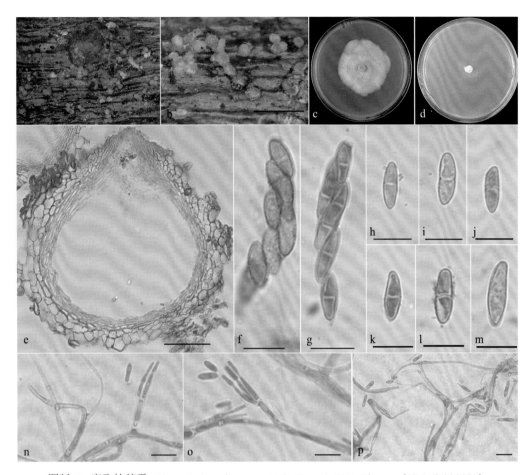

图版 5 寡孢枝穗霉 *Clonostachys oligospora* Z.Q. Zeng & W.Y. Zhuang（HMAS 290895）

a, b. 自然基物上的子囊壳；c, d. 在培养基上 25℃培养 14 d 的菌落形态（c. PDA，d. SNA）；e. 子囊壳纵切面；f, g. 子囊和子囊孢子；h–m. 子囊孢子；n–p. 分生孢子梗和小型分生孢子。标尺：a, b = 1 mm；e = 50 μm；f–p = 10 μm

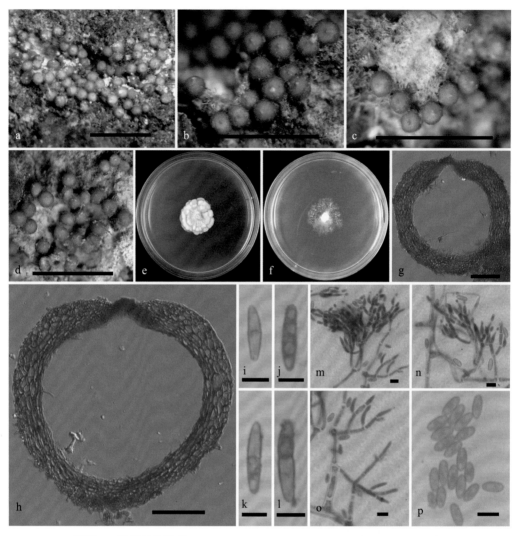

图版 6　罗斯曼枝穗霉 *Clonostachys rossmaniae* Schroers（HMAS 275561）

a–d. 自然基物上的子囊壳；e, f. 在培养基上 25℃培养 7 d 的菌落形态（e. PDA，f. SNA）；g, h. 子囊壳纵切面；i–l. 子囊孢子；m–o. 分生孢子梗和小型分生孢子；p. 小型分生孢子。标尺：a–d = 1 mm；g, h = 50 μm；i–p = 5 μm

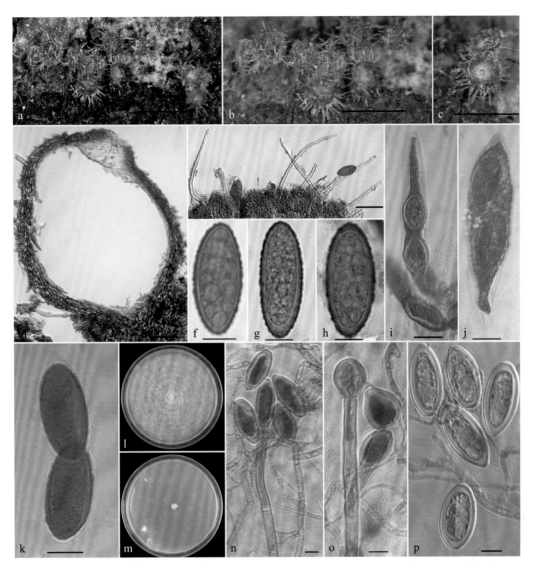

图版 7　双孢晶柱梗 *Hyalocylindrophora bispora* Z.Q. Zeng & W.Y. Zhuang（HMAS 273892）

a–c. 自然基物上的子囊壳；d. 子囊壳纵切面；e. 子囊壳表面的刚毛；f–h. 子囊孢子；i–k. 子囊和子囊孢子；l, m. 在培养基上 25℃培养 7 d 的菌落形态（l. PDA，m. SNA）；n, o. 分生孢子梗和小型分生孢子；p. 小型分生孢子。

标尺：a–c = 0.5 mm；d, e = 50 μm；f–k, n–p = 10 μm

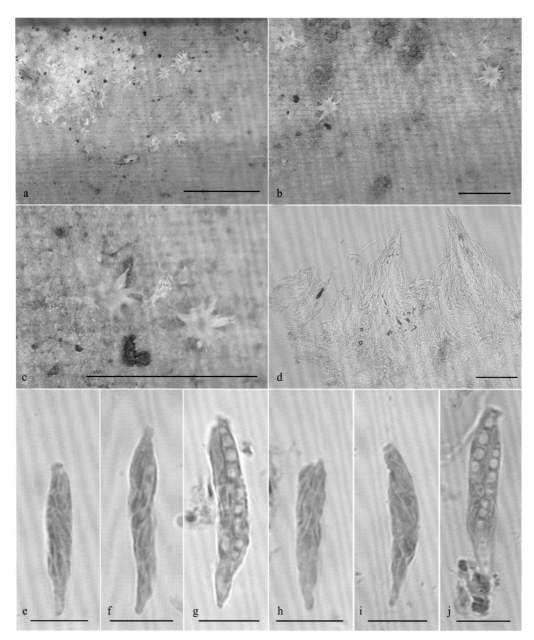

图版 8　甲米毛赤壳 *Lasionectria krabiensis* Tibpromma & K.D. Hyde（HKAS 96213）

a–c. 自然基物上的子囊壳；d. 子囊壳顶部结构；e–j. 子囊和子囊孢子。标尺：a–c = 1 mm；d = 50 μm；e–j = 10 μm

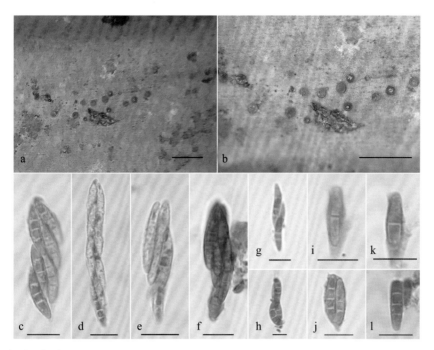

图版 9　版纳近柱孢 *Paracylindrocarpon xishuangbannaensis* Tibpromma & K.D. Hyde（HKAS 96204）

a, b. 自然基物上的子囊壳；c–f. 子囊和子囊孢子；g–l. 子囊孢子。标尺：a, b = 1 mm；c–l = 10 μm

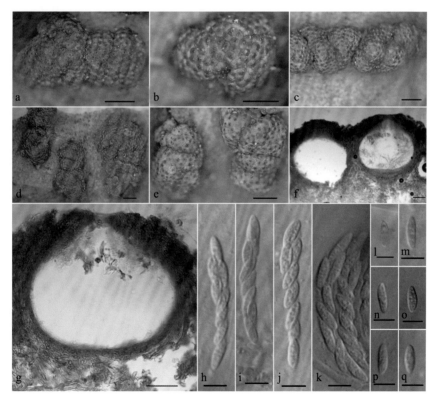

图版 10　树锦鸡子座丛赤壳 *Stromatonectria caraganae* (Höhn.) Jaklitsch & Voglmayr（Z22082215）

a–e. 自然基物上的子座和子囊壳；f, g. 子囊壳纵切面；h–k. 子囊和子囊孢子；l–q. 子囊孢子。标尺：a–e = 1 mm；f, g = 50 μm；h–q = 10 μm

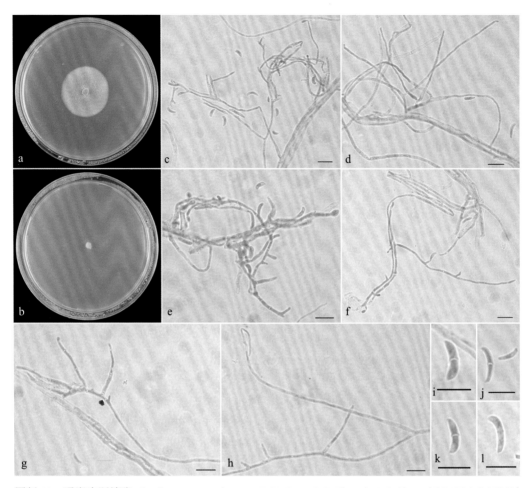

图版 11　通湖寡隔镰孢 *Bisifusarium tonghuanum* B.D. Sun, Y.G. Zhou & A.J. Chen（CGMCC 3.17369）
a, b. 在培养基上 25℃培养 7 d 的菌落形态（a. PDA，b. SNA）；c–g. 分生孢子梗和小型分生孢子；h. 分生孢子梗；i–l. 小
型分生孢子。标尺：c–l = 10 μm

图版 12　匍匐珊瑚赤壳 *Corallomycetella repens* (Berk. & Broome) Rossman & Samuels（HMAS 290898）
a. 无性阶段产生的菌索；b, c. 在 PDA 培养基上 25℃培养 7 d 的菌落形态（b. 正面，c. 反面）；d, e. 在 SNA 培养基上
　25℃培养 7 d 的菌落形态（d. 正面，e. 反面）；f–m. 分生孢子梗和小型分生孢子。标尺：a = 1 cm；f–m = 10 μm

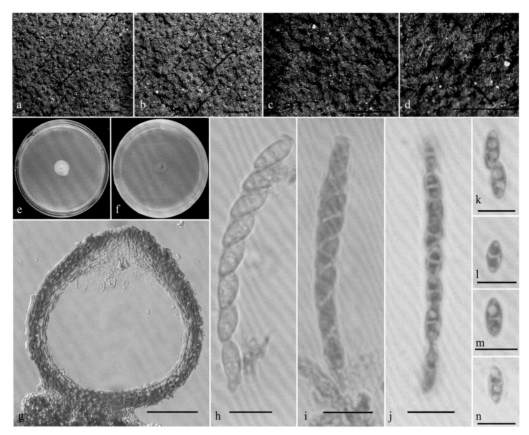

图版 13　乌列沃光赤壳 *Dialonectria ullevolea* Seifert & Gräfenhan（HMAS 279712）

a–d. 自然基物上的子囊壳；e, f. 在培养基上 25℃ 培养 7 d 的菌落形态（e. PDA，f. SNA）；g. 子囊壳纵切面；h–j. 子囊和子囊孢子；k–n. 子囊孢子。标尺：a–d = 1 mm；g = 50 μm；h–n = 10 μm

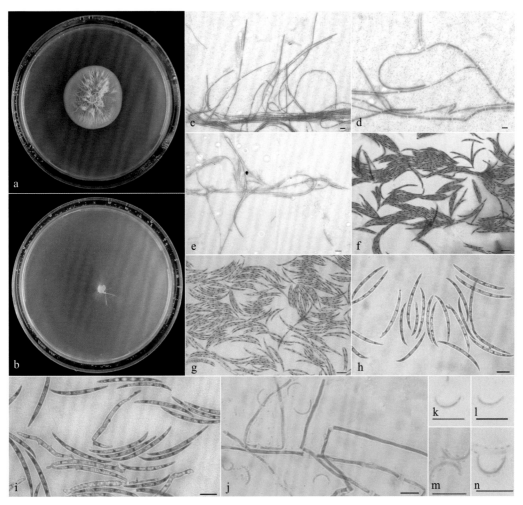

图版 14　气生丝梭镰孢 *Fusicolla aeria* Z.Q. Zeng & W.Y. Zhuang（HMAS 247866）

a, b. 在培养基上 25℃ 培养 14 d 的菌落形态（a. PDA，b. SNA）；c–e. 分生孢子梗和大型分生孢子；f–i. 大型分生孢子；
j. 分生孢子梗和小型分生孢子；k–n. 小型分生孢子。标尺：c–n = 10 μm

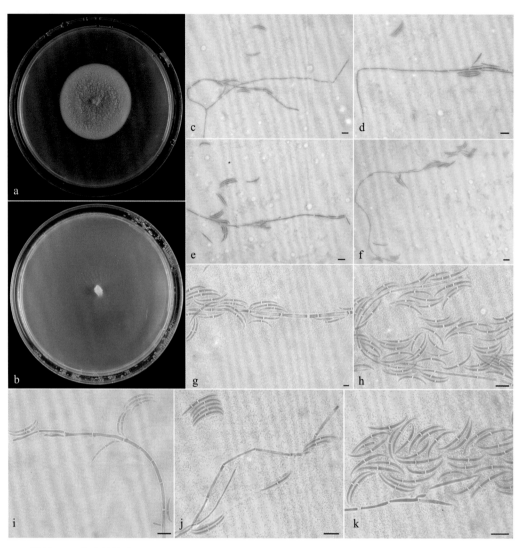

图版 15　水生梭镰孢 *Fusicolla aquaeductuum* (Radlk. & Rabenh.) Gräfenhan, Seifert & Schroers
（HMAS 247869）

a, b. 在培养基上 25℃ 培养 14 d 的菌落形态（a. PDA，b. SNA）；c–k. 分生孢子梗和大型分生孢子。标尺：c–k = 10 μm

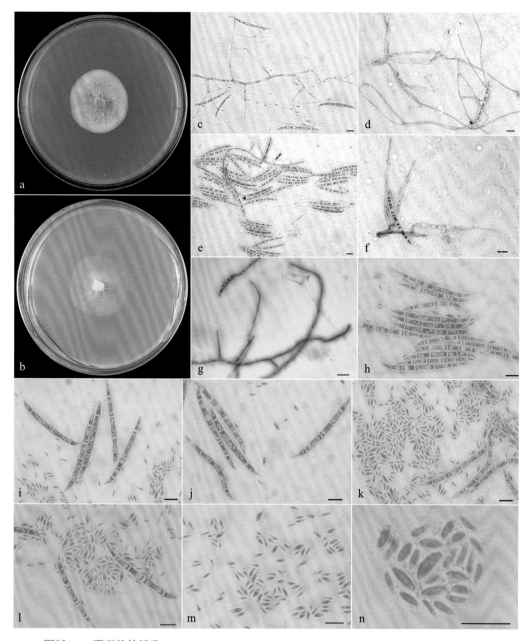

图版 16　珊瑚状梭镰孢 *Fusicolla coralloidea* Z.Q. Zeng & W.Y. Zhuang（HMAS 247870）
a, b. 在培养基上 25℃ 培养 14 d 的菌落形态（a. PDA，b. SNA）；c–e. 分生孢子梗和大小型分生孢子；f, g. 分生孢子梗
和大型分生孢子；h–l. 大小型分生孢子；m, n. 小型分生孢子。标尺：c–n = 10 μm

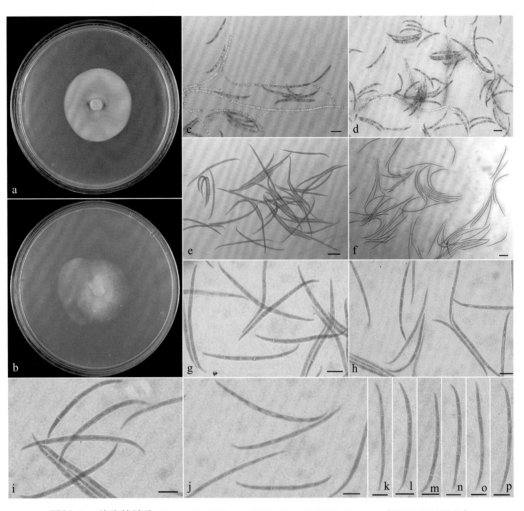

图版 17　线孢梭镰孢 *Fusicolla filiformis* Z.Q. Zeng & W.Y. Zhuang（HMAS 247871）

a, b. 在培养基上 25°C 培养 14 d 的菌落形态（a. PDA，b. SNA）；c, d. 分生孢子梗和大型分生孢子；e–p. 大型分生孢子。

标尺：c–p = 10 μm

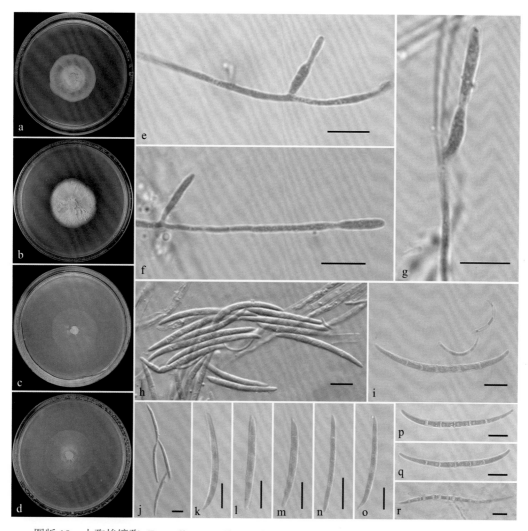

图版 18　大孢梭镰孢 *Fusicolla gigas* Chang Liu, Z.Q. Zeng & W.Y. Zhuang（HMAS 247872）

a–d. 在培养基上 25℃培养 14 d 的菌落形态（a. PDA，b. MEA，c. SNA，d. OA）；e–g. 分生孢子梗；h–r. 大小型分生孢子。标尺：e–r = 10 μm

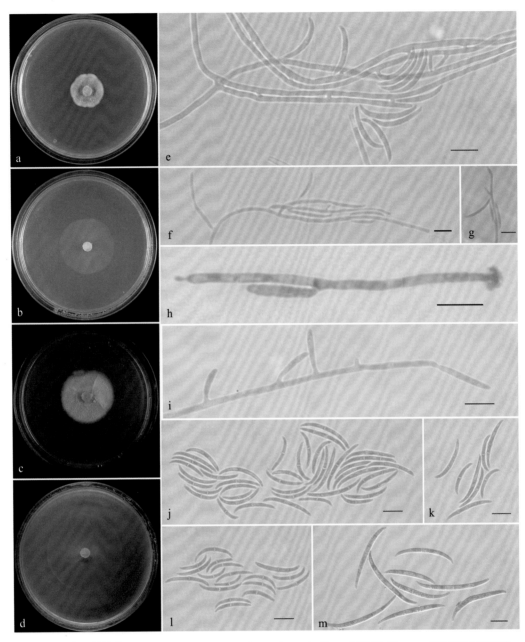

图版 19 广西梭镰孢 *Fusicolla guangxiensis* Chang Liu, Z.Q. Zeng & W.Y. Zhuang（HMAS 247873）
a–d. 在培养基上 25℃培养 14 d 的菌落形态（a. PDA，b. MEA，c. SNA，d. OA）；e–i. 分生孢子梗和大型分生孢子；j–m. 大型分生孢子。标尺：e–m = 10 μm

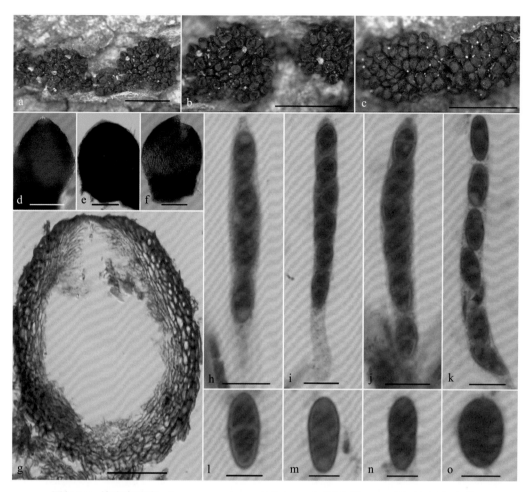

图版 20　棒孢塞氏壳 *Geejayessia clavata* Z.Q. Zeng & W.Y. Zhuang（HMAS 275654）

a–c. 自然基物上的子囊壳；d–f. 子囊壳（d. 水，e. 3% KOH，f. 100%乳酸）；g. 子囊壳纵切面；h–k. 子囊和子囊孢子；
l–o. 子囊孢子。标尺：a–c = 1 mm；d–f = 100 μm；g = 50 μm；h–k = 10 μm；l–o = 5 μm

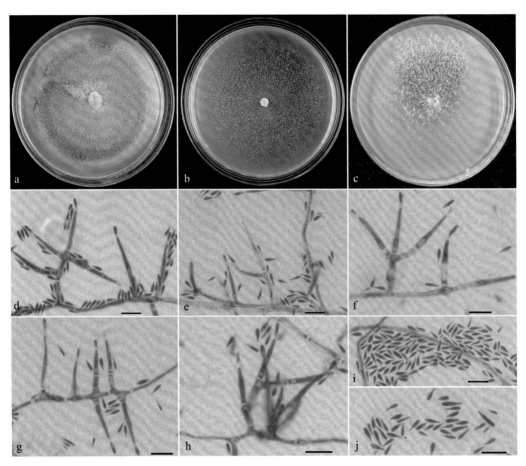

图版 21　棒孢塞氏壳 *Geejayessia clavata* Z.Q. Zeng & W.Y. Zhuang（HMAS 248725）

a–c. 在培养基上 25℃培养 14 d 的菌落形态（a. PDA，b. SNA，c. CMD）；d–i. 分生孢子梗和小型分生孢子；j. 小型分生
孢子。标尺：d–j = 10 μm

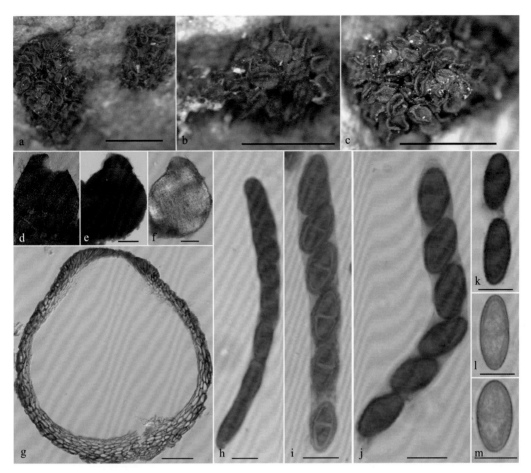

图版 22　中国塞氏壳 *Geejayessia sinica* Z.Q. Zeng & W.Y. Zhuang（HMAS 254520）

a–c. 自然基物上的子囊壳；d–f. 子囊壳（d. 水，e. 3% KOH，f. 100%乳酸）；g. 子囊壳纵切面；h–j. 子囊和子囊孢子；k–m. 子囊孢子。标尺：a–c = 1 mm；d–f = 100 μm；g = 50 μm；h–m = 10 μm

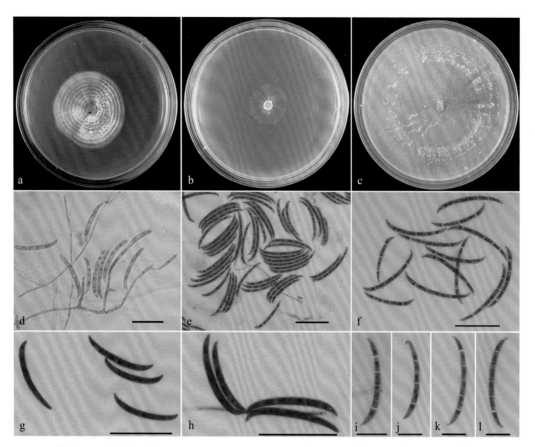

图版 23　中国塞氏壳 *Geejayessia sinica* Z.Q. Zeng & W.Y. Zhuang（HMAS 248726）

a–c. 在培养基上 25℃培养 14 d 的菌落形态（a. PDA，b. SNA，c. CMD）；d. 分生孢子梗和大型分生孢子；e–l. 大型分生孢子。标尺：d–h = 50 μm；i–l = 10 μm

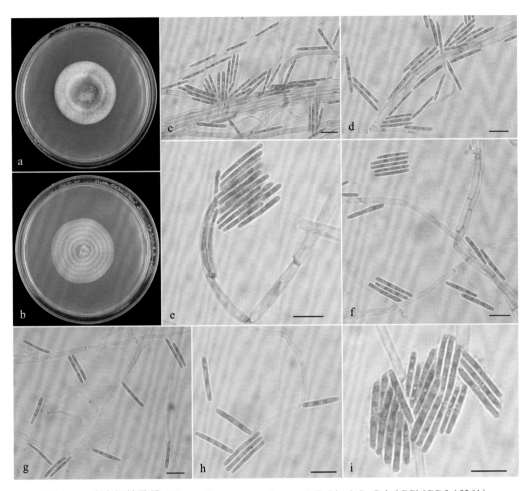

图版 24　广东拟粘帚霉 *Gliocladiopsis guangdongensis* F. Liu & L. Cai（CGMCC 3.15261）

a, b. 在培养基上 25℃ 培养 7 d 的菌落形态（a. PDA，b. SNA）；c–i. 分生孢子梗和大型分生孢子。标尺：c–i = 10 μm

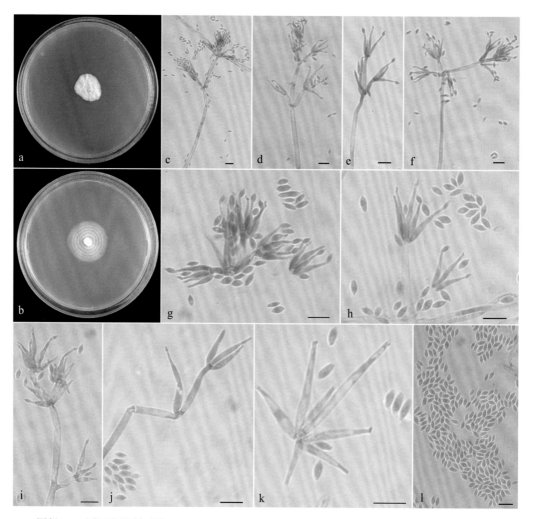

图版 25　厚垣孢马利亚霉 *Mariannaea chlamydospora* D.M. Hu & L. Cai（CGMCC 3.17273）

a, b. 在培养基上 25℃ 培养 7 d 的菌落形态（a. PDA，b. SNA）；c-k. 分生孢子梗和小型分生孢子；l. 小型分生孢子。标尺：c-l = 10 μm

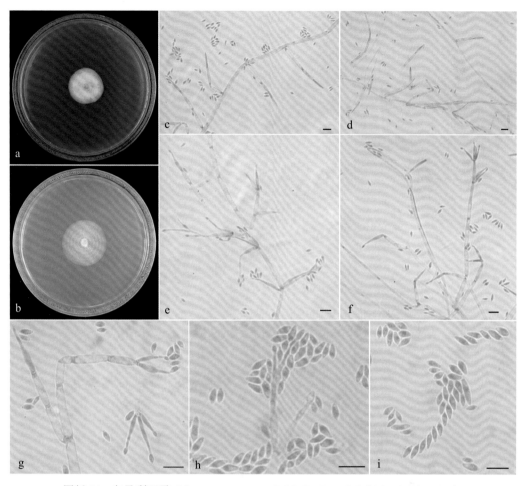

图版 26 灰马利亚霉 *Mariannaea cinerea* D.M. Hu & L. Cai（CGMCC 3.17274）

a, b. 在培养基上 25℃ 培养 7 d 的菌落形态（a. PDA，b. SNA）；c–h. 分生孢子梗和小型分生孢子；i. 小型分生孢子。标尺：c–i = 10 μm

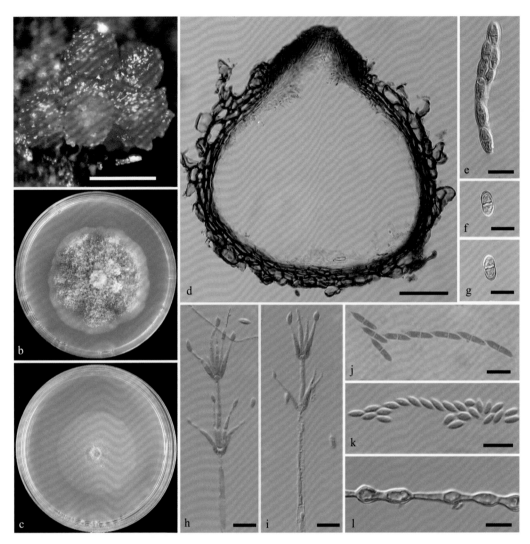

图版 27　两型马利亚霉 *Mariannaea dimorpha* Z.Q. Zeng & W.Y. Zhuang（HMAS 266564）

a. 自然基物上的子囊壳；b, c. 在培养基上 25℃培养 7 d 的菌落形态（b. PDA，c. SNA）；d. 子囊壳纵切面；e. 子囊和子囊孢子；f, g. 子囊孢子；h, i. 分生孢子梗和小型分生孢子；j. 大型分生孢子；k. 小型分生孢子；l. 厚垣孢子。标尺：a = 200 μm；d = 50 μm；e–l = 10 μm

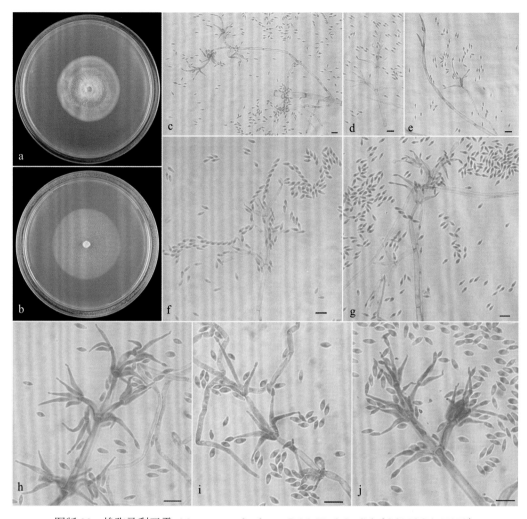

图版 28　梭孢马利亚霉 *Mariannaea fusiformis* D.M. Hu & L. Cai（CGMCC 3.17272）

a, b. 在培养基上 25℃ 培养 7 d 的菌落形态（a. PDA，b. SNA）；c–j. 分生孢子梗和小型分生孢子。标尺：c–j = 10 μm

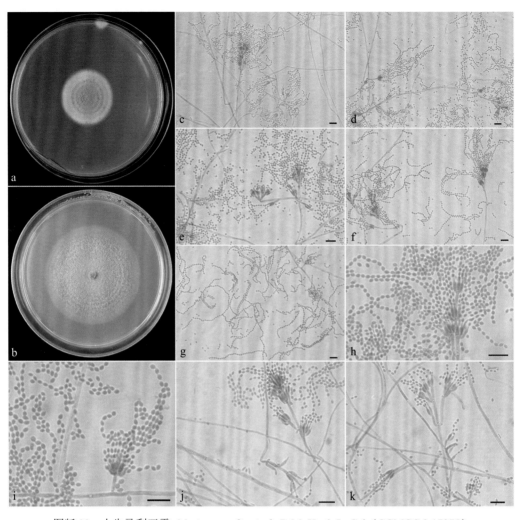

图版 29 木生马利亚霉 *Mariannaea lignicola* D.M. Hu & L. Cai（CGMCC 3.17275）

a. 在 PDA 培养基上 25℃ 培养 7 d 的菌落形态；b. 在 SNA 培养基上 25℃ 培养 14 d 的菌落形态；c–k. 分生孢子梗和小型
分生孢子。标尺：c–k = 10 μm

图版 30　塞氏马利亚霉 *Mariannaea samuelsii* Seifert & Bissett（HMAS 266563）

a. 自然基物上的子囊壳；b, c. 在培养基上 25℃培养 14 d 的菌落形态（b. PDA，c. SNA）；d. 子囊壳纵切面；e. 分生孢子梗和小型分生孢子；f. 小型分生孢子；g. 子囊和子囊孢子；h–j. 子囊孢子；k. 厚垣孢子。标尺：a = 200 μm；d = 50 μm；e, f = 5 μm；g–k = 10 μm

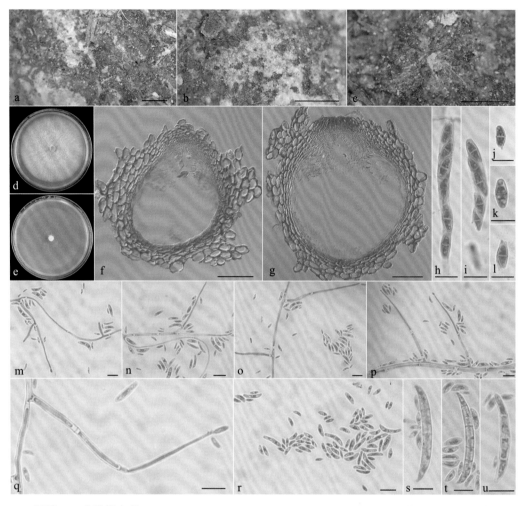

图版 31　安徽新赤壳 *Neocosmospora anhuiensis* Z.Q. Zeng & W.Y. Zhuang（HMAS 255836）
a–c. 自然基物上的子囊壳；d, e. 在培养基上 25°C 培养 7 d 的菌落形态（d. PDA，e. SNA）；f, g. 子囊壳纵切面；h, i. 子囊和子囊孢子；j–l. 子囊孢子；m–q. 分生孢子梗和小型分生孢子；r. 小型分生孢子；s–u. 大小型分生孢子。标尺：a–c = 1 mm；f, g = 50 μm；h–u = 10 μm

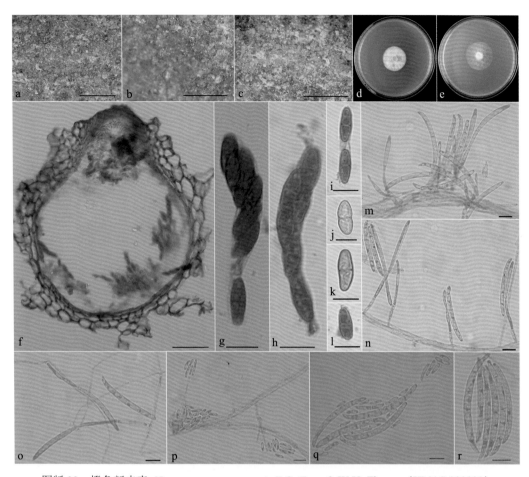

图版 32　橙色新赤壳 *Neocosmospora aurantia* Z.Q. Zeng & W.Y. Zhuang（HMAS 290899）

a–c. 自然基物上的子囊壳；d, e. 在培养基上 25℃ 培养 7 d 的菌落形态（d. PDA，e. SNA）；f. 子囊壳纵切面；g, h. 子囊和子囊孢子；i–l. 子囊孢子；m–o. 分生孢子梗和大型分生孢子；p. 分生孢子梗和小型分生孢子；q. 大小型分生孢子；r. 大型分生孢子。标尺：a–c = 1 mm；f = 50 μm；g–r = 10 μm

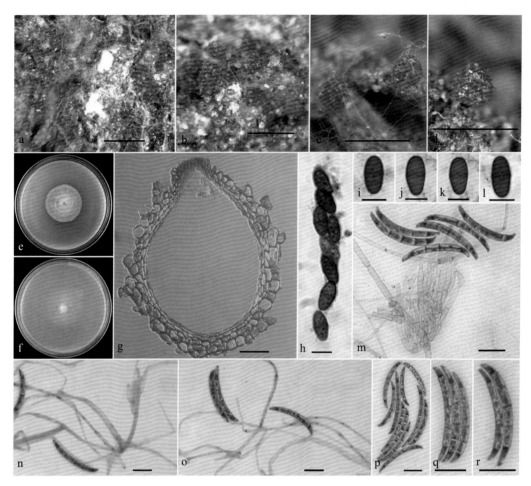

图版 33　波密新赤壳 *Neocosmospora bomiensis* Z.Q. Zeng & W.Y. Zhuang（HMAS 254519）

a–d. 自然基物上的子囊壳；e, f. 在培养基上 25℃培养 7 d 的菌落形态（e. PDA，f. SNA）；g. 子囊壳纵切面；h. 子囊和子囊孢子；i–l. 子囊孢子；m–o. 分生孢子梗和大型分生孢子；p–r. 大型分生孢子。标尺：a = 1 mm；b–d = 0.5 mm；g = 50 μm；h–l = 10 μm；m–r = 20 μm

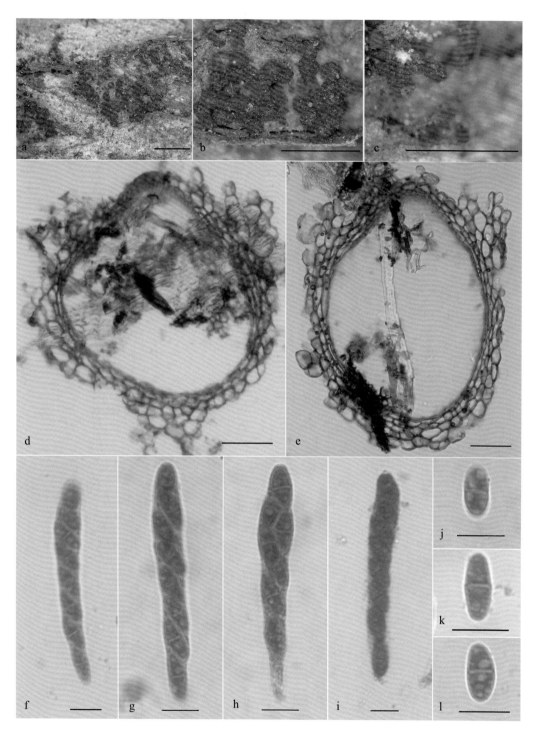

图版 34 两型新赤壳 *Neocosmospora dimorpha* Z.Q. Zeng & W.Y. Zhuang（HMAS 255837）

a–c. 自然基物上的子囊壳；d, e. 子囊壳纵切面；f–i. 子囊和子囊孢子；j–l. 子囊孢子。标尺：a–c = 1 mm；d, e = 50 μm；
f–l = 10 μm

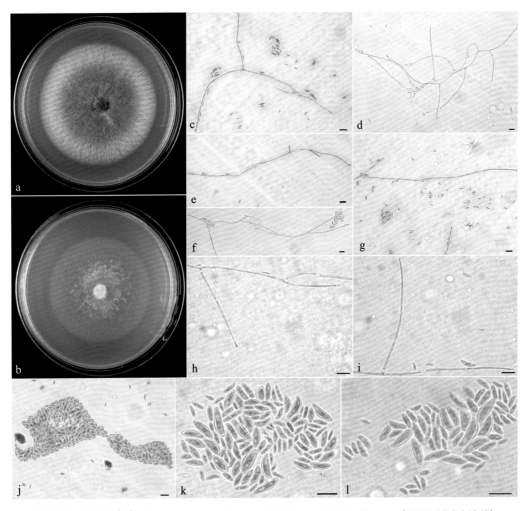

图版 35 两型新赤壳 *Neocosmospora dimorpha* Z.Q. Zeng & W.Y. Zhuang（CGMCC 3.24867）

a, b. 在培养基上 25℃ 培养 7 d 的菌落形态（a. PDA，b. SNA）；c–i. 分生孢子梗和小型分生孢子；j–l. 小型分生孢子。

标尺：c–l = 10 μm

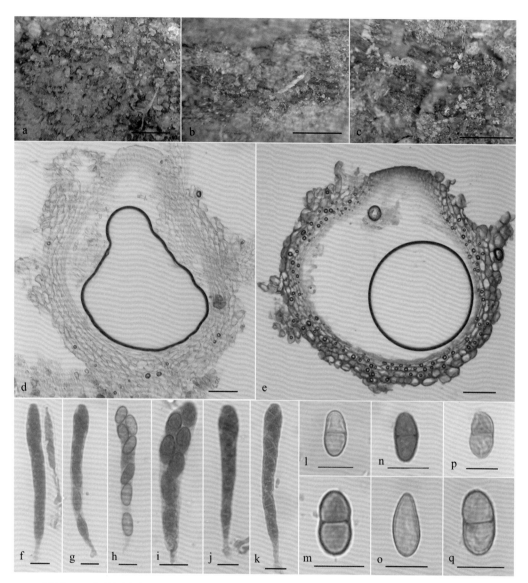

图版 36　黄绿新赤壳 *Neocosmospora galbana* Z.Q. Zeng & W.Y. Zhuang（HMAS 247874）

a–c. 自然基物上的子囊壳；d, e. 子囊壳纵切面；f–k. 子囊和子囊孢子；l–q. 子囊孢子。标尺：a–c = 1 mm；d, e = 50 μm；f–q = 10 μm

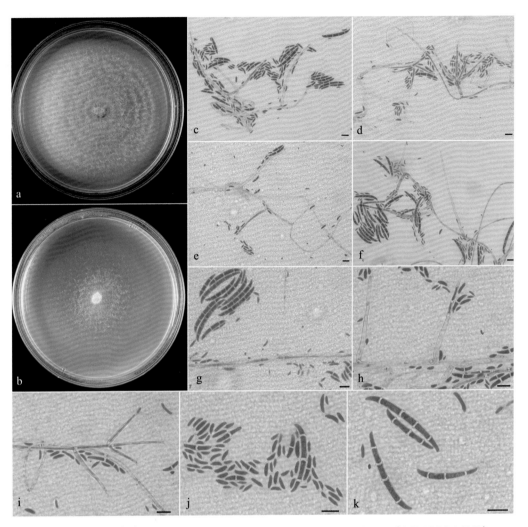

图版 37　黄绿新赤壳 *Neocosmospora galbana* Z.Q. Zeng & W.Y. Zhuang（CGMCC 3.24868）
a, b. 在培养基上 25℃ 培养 7 d 的菌落形态（a. PDA，b. SNA）；c–i. 分生孢子梗和大小型分生孢子；j, k. 大小型分生孢子。标尺：c–k = 10 μm

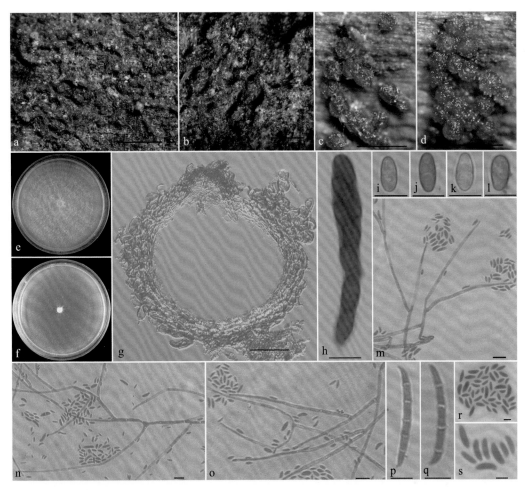

图版 38　衡阳新赤壳 *Neocosmospora hengyangensis* Z.Q. Zeng & W.Y. Zhuang（HMAS 254518）

a–c. 自然基物上的子囊壳；d. 回水后的子囊壳；e, f. 在培养基上 25℃培养 14 d 的菌落形态（e. PDA，f. SNA）；g. 子囊壳纵切面；h. 子囊和子囊孢子；i–l. 子囊孢子；m–o. 分生孢子梗和小型分生孢子；p, q. 大型分生孢子；r, s. 小型分生孢子。标尺：a = 1 mm；b–d = 0.5 mm；g = 50 μm；h–s = 10 μm

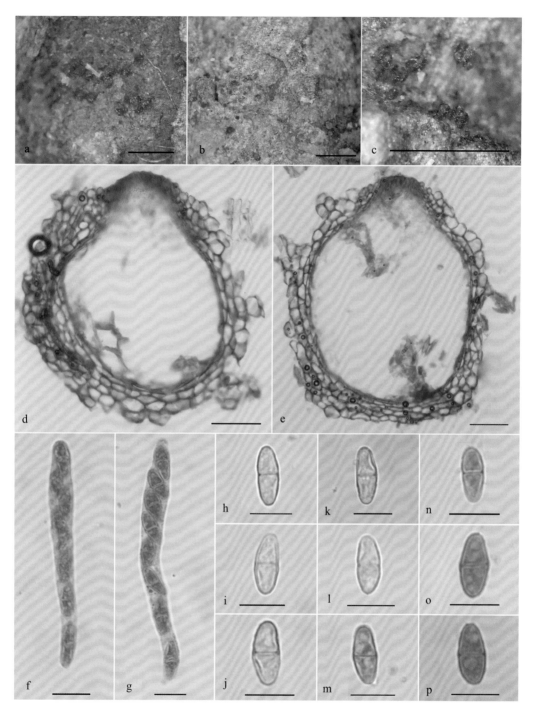

图版 39　猫儿山新赤壳 *Neocosmospora maoershanica* Z.Q. Zeng & W.Y. Zhuang（HMAS 247875）

a–c. 自然基物上的子囊壳；d, e. 子囊壳纵切面；f, g. 子囊和子囊孢子；h–p. 子囊孢子。标尺：a–c = 1 mm；d, e = 50 μm；f–p = 10 μm

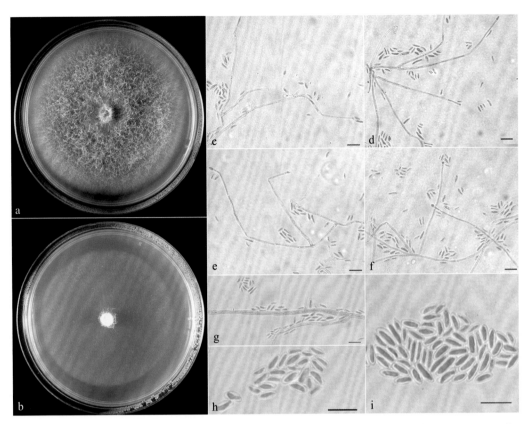

图版 40　猫儿山新赤壳 *Neocosmospora maoershanica* Z.Q. Zeng & W.Y. Zhuang（CGMCC 3.24870）

a, b. 在培养基上 25°C 培养 7 d 的菌落形态（a. PDA，b. SNA）；c–g. 分生孢子梗和小型分生孢子；h, i. 小型分生孢子。

标尺：c–i = 10 μm

图版 41　剑孢新赤壳 *Neocosmospora protoensiformis* Sand.-Den. & Crous（HMAS 290889）

a–c. 自然基物上的子囊壳；d, e. 在培养基上 25℃培养 7 d 的菌落形态（d. PDA，e. SNA）；f. 子囊壳纵切面；g–i. 子囊和子囊孢子；j–l. 子囊孢子；m, n. 分生孢子梗和小型分生孢子；o. 小型分生孢子；p–s. 大型分生孢子。标尺：a–c = 1 mm；f = 50 μm；g–s = 10 μm

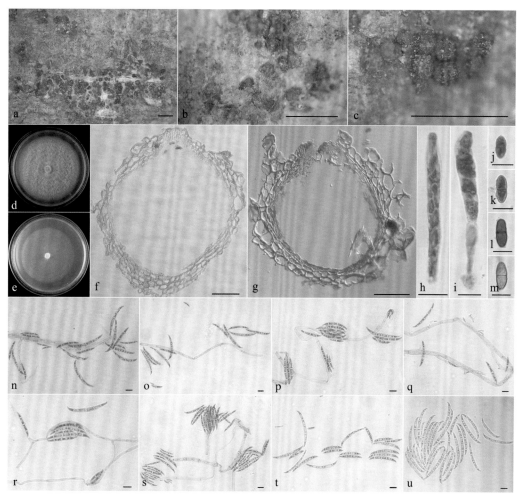

图版 42　假剑孢新赤壳 *Neocosmospora pseudensiformis* Samuels（HMAS 255838）

a–c. 自然基物上的子囊壳；d, e. 在培养基上 25℃ 培养 7 d 的菌落形态（d. PDA，e. SNA）；f, g. 子囊壳纵切面；h, i. 子囊和子囊孢子；j–m. 子囊孢子；n–s. 分生孢子梗和大型分生孢子；t, u. 大小型分生孢子。标尺：a–c = 1 mm；f, g = 50 μm；h–u = 10 μm

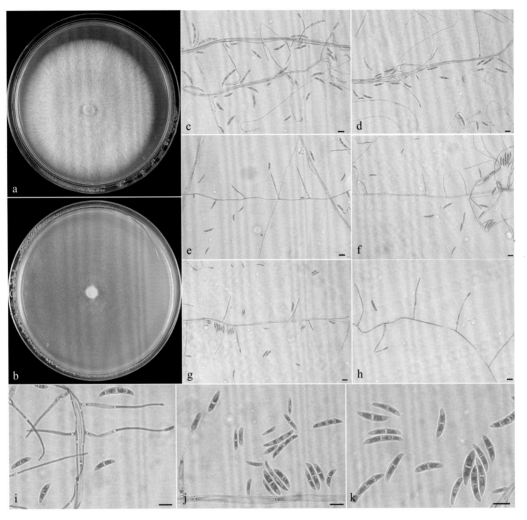

图版 43　茄新赤壳 *Neocosmospora solani* (Mart.) L. Lombard & Crous（HMAS 247876）

a, b. 在培养基上 25°C 培养 7 d 的菌落形态（a. PDA，b. SNA）；c–j. 分生孢子梗和小型分生孢子；k. 小型分生孢子。标尺：c–k = 10 μm

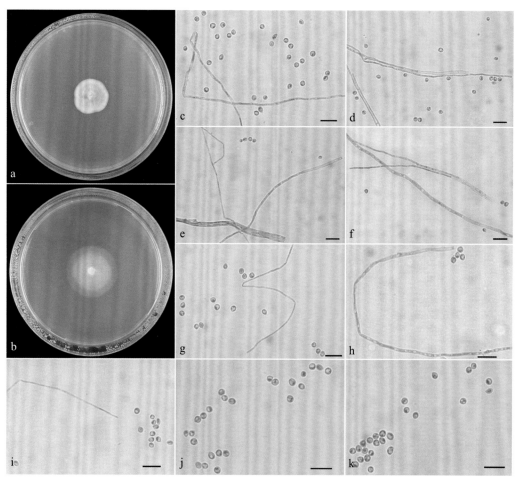

图版 44　尖近枝顶孢 *Paracremonium apiculatum* Z.F. Zhang & L. Cai（CGMCC 3.19309）

a, b. 在培养基上 25℃ 培养 7 d 的菌落形态（a. PDA，b. SNA）；c–i. 分生孢子梗和小型分生孢子；j, k. 小型分生孢子。

标尺：c–k = 10 μm

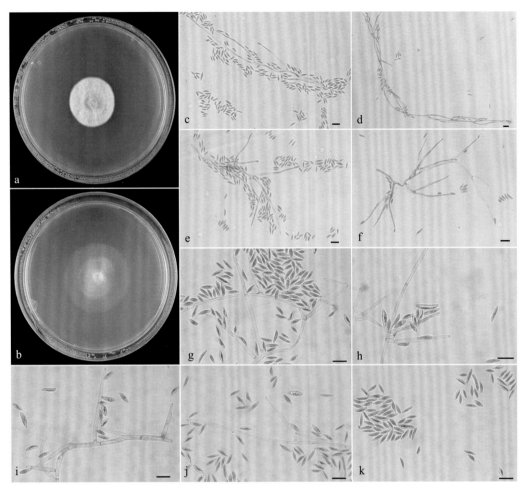

图版 45　椭圆近枝顶孢 *Paracremonium ellipsoideum* Z.F. Zhang & L. Cai（CGMCC 3.19316）

a, b. 在培养基上 25℃ 培养 7 d 的菌落形态（a. PDA，b. SNA）；c–j. 分生孢子梗和小型分生孢子；k. 小型分生孢子。标尺：c–k = 10 μm

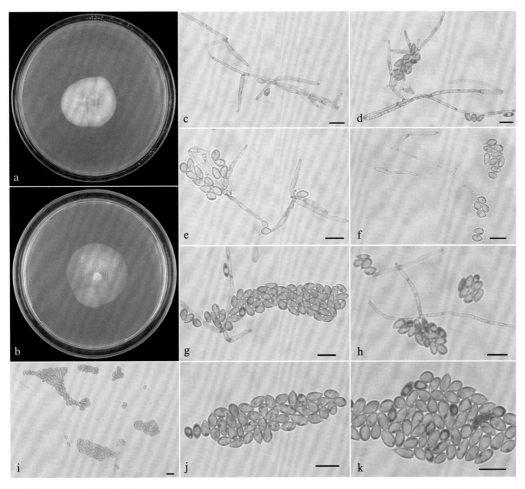

图版 46　多形近枝顶孢 *Paracremonium variiforme* Z.F. Zhang, F. Liu & L. Cai（CGMCC 3.17931）
a, b. 在培养基上 25℃ 培养 7 d 的菌落形态（a. PDA，b. SNA）；c–h. 分生孢子梗和小型分生孢子；i–k. 小型分生孢子。
标尺：c–k = 10 μm

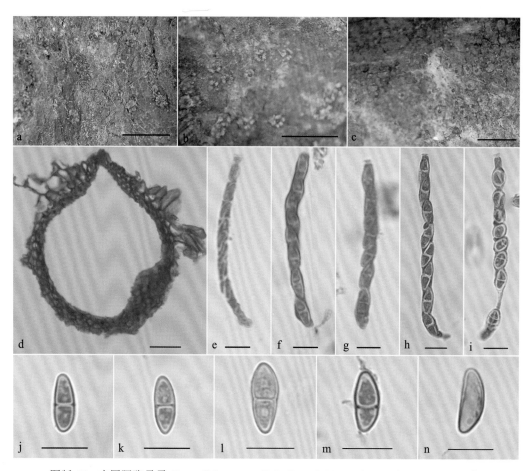

图版 47　中国隔孢帚霉 *Penicillifer sinicus* Z.Q. Zeng & W.Y. Zhuang（HMAS 247865）

a–c. 自然基物上的子囊壳；d. 子囊壳纵切面；e–i. 子囊和子囊孢子；j–n. 子囊孢子。标尺：a–c = 1 mm；d = 50 μm；
e–n = 10 μm

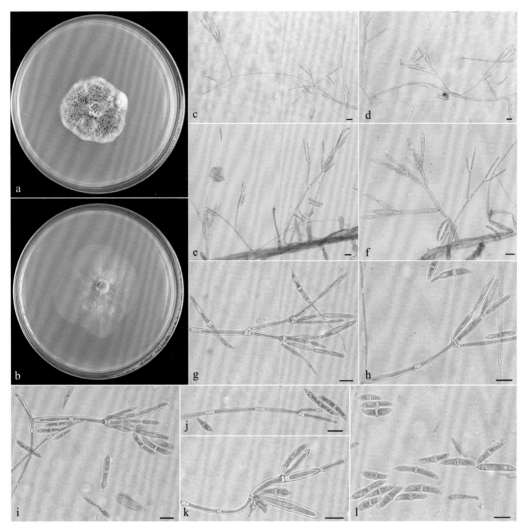

图版 48　中国隔孢帚霉 *Penicillifer sinicus* Z.Q. Zeng & W.Y. Zhuang（CGMCC 3.24130）
a, b. 在培养基上 25℃培养 14 d 的菌落形态（a. PDA，b. SNA）；c–k. 分生孢子梗和小型分生孢子；l. 小型分生孢子。标尺：c–l = 10 μm

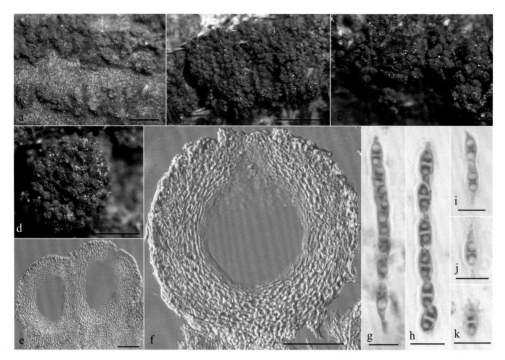

图版 49　北京假赤壳 *Pseudocosmospora beijingensis* Z.Q. Zeng & W.Y. Zhuang（HMAS 290896）

a–d. 自然基物上的子囊壳；e, f. 子囊壳纵切面；g, h. 子囊和子囊孢子；i–k. 子囊孢子。标尺：a–d = 1 mm；e, f = 50 μm；g–k = 10 μm

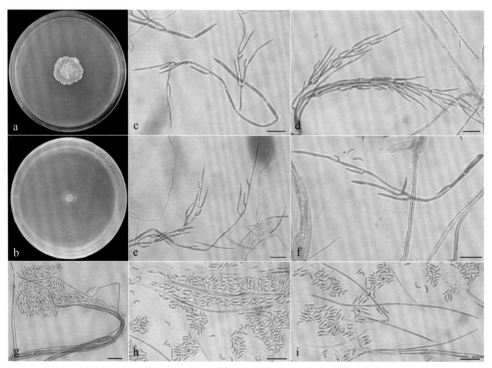

图版 50　北京假赤壳 *Pseudocosmospora beijingensis* Z.Q. Zeng & W.Y. Zhuang（CGMCC 3.24131）

a, b. 在培养基上 25℃培养 14 d 的菌落形态（a. PDA，b. SNA）；c–i. 分生孢子梗和小型分生孢子。标尺：c–i = 10 μm

图版 51　弯孢假赤壳 *Pseudocosmospora curvispora* Z.Q. Zeng & W.Y. Zhuang（HMAS 271239）

a–c. 自然基物上的子囊壳；d. 在 PDA 培养基上 25℃培养 7 d 的菌落形态；e, f. 子囊壳纵切面；g, h. 子囊和子囊孢子；i–k. 子囊孢子；l, n. 分生孢子梗和小型分生孢子；m, o. 小型分生孢子。标尺：a–c = 1 mm；e, f = 50 μm；g–o = 10 μm

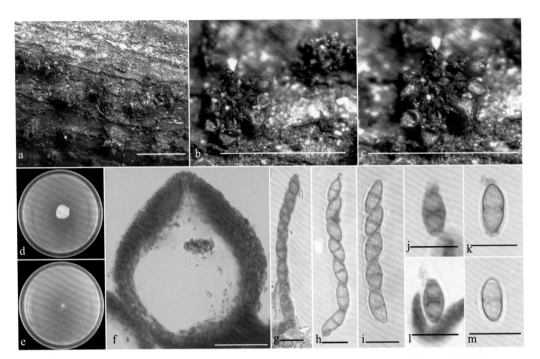

图版 52　假赤壳 *Pseudocosmospora eutypellae* C.S. Herrera & P. Chaverri（HMAS 279713）

a, b. 自然基物上的子囊壳；c. 回水后的子囊壳；d, e. 在培养基上 25℃培养 7 d 的菌落形态（d. PDA，e. SNA）；f. 子囊
壳纵切面；g–i. 子囊和子囊孢子；j–m. 子囊孢子。标尺：a–c = 1 mm；f = 50 μm；g–m = 10 μm

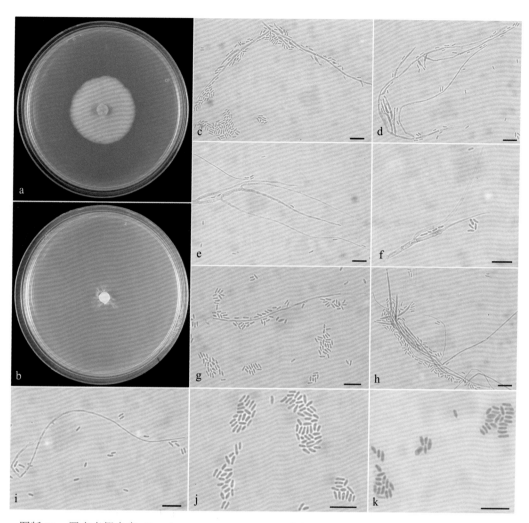

图版 53　罗杰森假赤壳 *Pseudocosmospora rogersonii* C.S. Herrera & P. Chaverri（HMAS 247852）

a, b. 在培养基上 25℃培养 14 d 的菌落形态（a. PDA，b. SNA）；c–i. 分生孢子梗和小型分生孢子；j, k. 小型分生孢子。

标尺：c–k = 10 μm

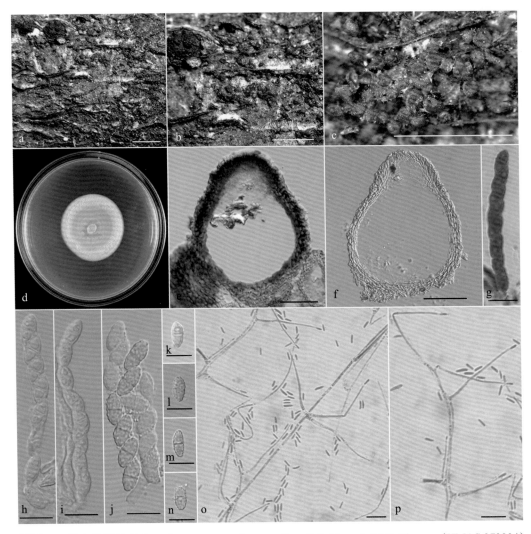

图版 54　神农架假赤壳 *Pseudocosmospora shennongjiana* Z.Q. Zeng & W.Y. Zhuang（HMAS 273904）
a–c. 自然基物上的子囊壳；d. 在 PDA 培养基上 25℃培养 7 d 的菌落形态；e, f. 子囊壳纵切面；g–j. 子囊和子囊孢子；k–n. 子囊孢子；o, p. 分生孢子梗和小型分生孢子。标尺：a–c = 1 mm；e, f = 50 μm；g–p = 10 μm

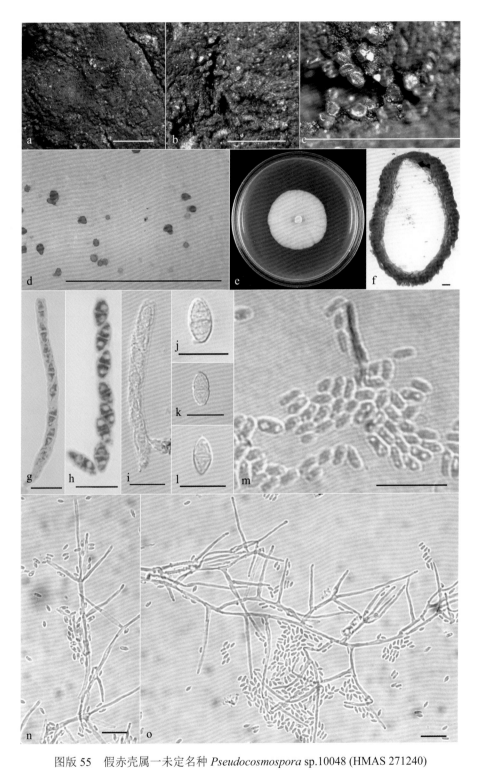

图版 55　假赤壳属一未定名种 *Pseudocosmospora* sp.10048 (HMAS 271240)

a–c. 自然基物上的子囊壳；d. 在 SNA 培养基上的子囊壳；e. 在 PDA 培养基上 25℃培养 7 d 的菌落形态；f. 子囊壳纵切面；g–i. 子囊和子囊孢子；j–l. 子囊孢子；m. 小型分生孢子；n, o. 分生孢子梗和小型分生孢子。标尺：a–d = 1 mm；f–o = 10 μm

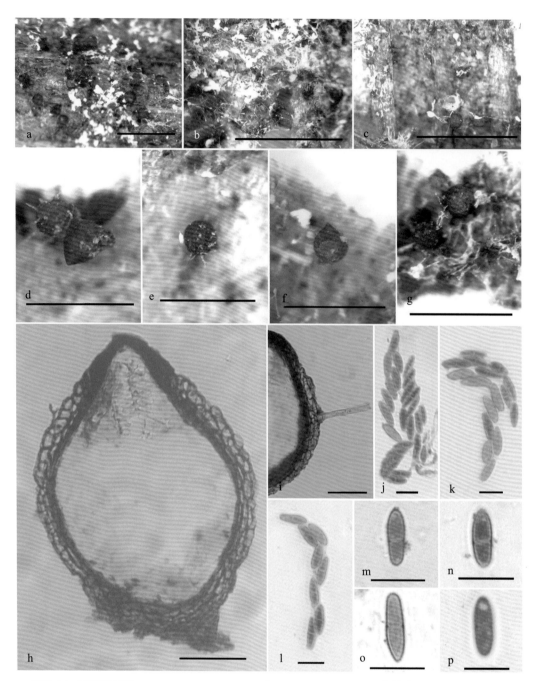

图版 56　西藏肉座孢 *Sarcopodium tibetense* Z.Q. Zeng & W.Y. Zhuang 有性阶段 (HMAS 255809)

a–c. 自然基物上的子囊壳和分生孢子器；d–g. 子囊壳及表面的毛状物；h. 子囊壳纵切面；i. 子囊壳壁及表面毛状物；j–
l. 子囊和子囊孢子；m–p. 子囊孢子。标尺：a–c = 1 mm；d–g = 0.5 mm；h, i = 50 μm；j–p = 10 μm

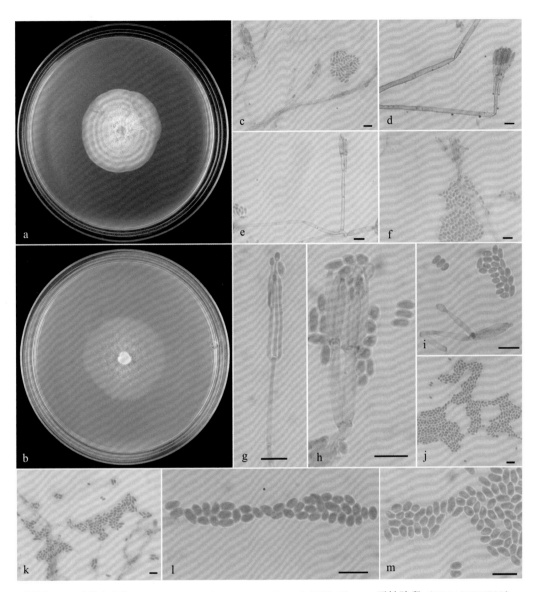

图版 57　西藏肉座孢 *Sarcopodium tibetense* Z.Q. Zeng & W.Y. Zhuang 无性阶段（HMAS 255809）

a, b. 在培养基上 25℃培养 14 d 的菌落形态（a. PDA，b. SNA）；c–i, k. 分生孢子梗和小型分生孢子；j, l, m. 小型分生孢子。标尺：c–m = 10 μm

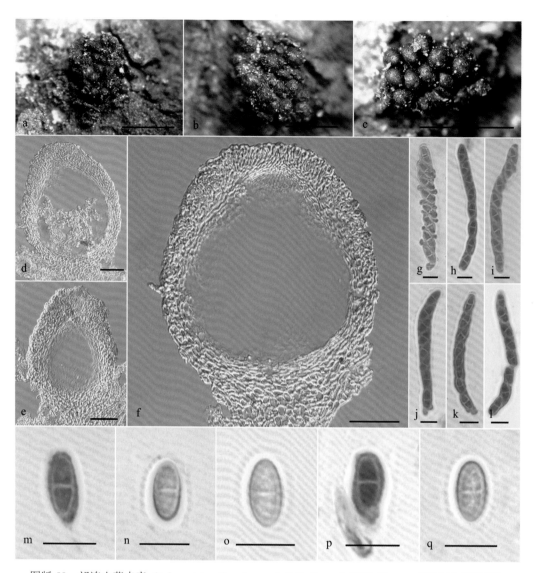

图版 58　祁连山菌赤壳 *Stylonectria qilianshanensis* Z.Q. Zeng & W.Y. Zhuang（HMAS 255803）
a–c. 自然基物上的子囊壳；d–f. 子囊壳纵切面；g–l. 子囊和子囊孢子；m–q. 子囊孢子。标尺：a–c = 1 mm；d–f = 50 μm；
g–q = 10 μm

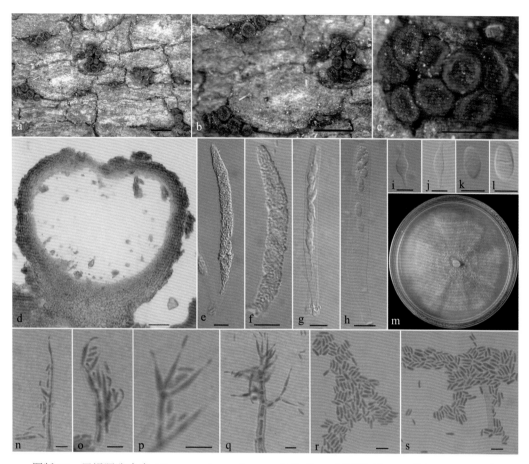

图版 59 黑褐隔孢赤壳 *Thyronectria atrobrunnea* Z.Q. Zeng & W.Y. Zhuang（HMAS 271280）

a–c. 自然基物上的子囊壳；d. 子囊壳纵切面；e, f. 子囊和子囊分生孢子；g, h. 子囊和子囊孢子；i–l. 子囊孢子；m. 在 PDA 培养基上 25℃培养 7 d 的菌落形态；n–q. 分生孢子梗和小型分生孢子；r, s. 小型分生孢子。标尺：a–c = 1 mm；d = 50 μm；e–h = 10 μm；i–l, n–s = 5 μm

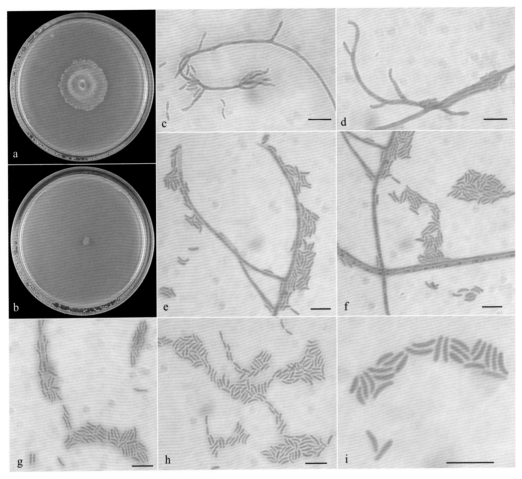

图版 60 小檗隔孢赤壳 *Thyronectria berberidis* R. Ma & S.N. Li（CGMCC 3.18998）

a, b. 在培养基上 25℃培养 7 d 的菌落形态（a. PDA，b. SNA）；c–f. 分生孢子梗和小型分生孢子；g–i. 小型分生孢子。

标尺：c–i = 10 μm

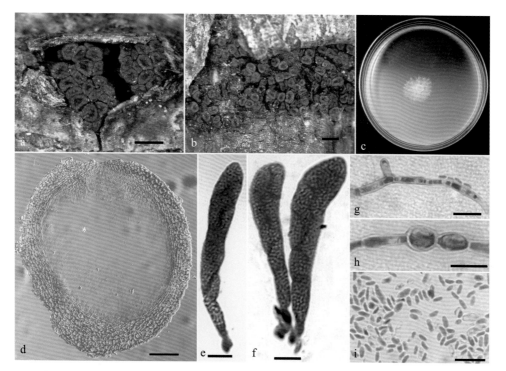

图版 61　榛隔孢赤壳 *Thyronectria coryli* (Fuckel) Jaklitsch & Voglmayr（HMAS 275651）

a, b. 自然基物上的子囊壳；c. 在 PDA 培养基上 25℃培养 7 d 的菌落形态；d. 子囊壳纵切面；e, f. 子囊、子囊孢子和子囊分生孢子；g. 分生孢子梗；h. 厚垣孢子；i. 小型分生孢子。标尺：a, b = 0.5 mm；d = 50 μm；e–i = 10 μm

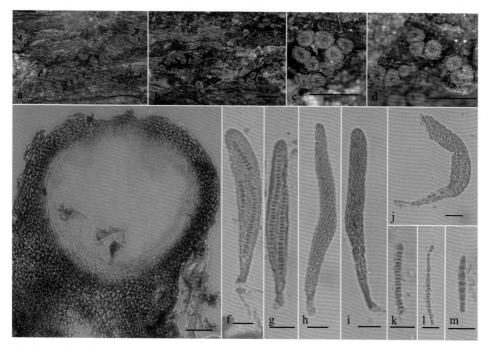

图版 62　棒隔孢赤壳 *Thyronectria cucurbitula* (Tode) Jaklitsch & Voglmayr（HMAS 252897）

a–d. 自然基物上的子囊壳；e. 子囊壳纵切面；f, g, j. 子囊、子囊孢子和子囊分生孢子；h, i. 子囊和子囊分生孢子；k–m. 子囊孢子。标尺：a–d = 1 mm；e = 50 μm；f–m = 10 μm

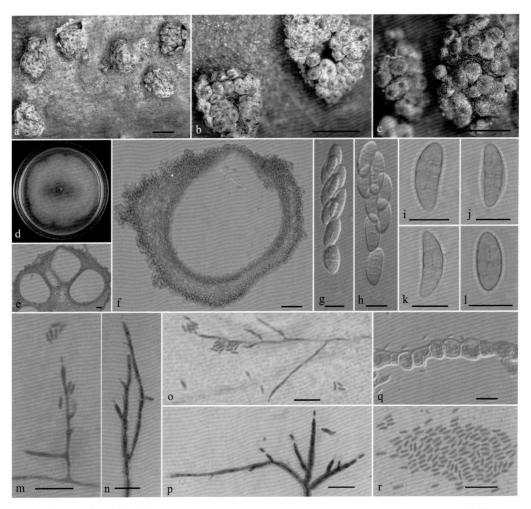

图版 63 东方隔孢赤壳 *Thyronectria orientalis* Z.Q. Zeng & W.Y. Zhuang（HMAS 252896）

a–c. 自然基物上的子囊壳；d. 在 PDA 培养基上 25℃培养 7 d 的菌落形态；e, f. 子囊壳纵切面；g, h. 子囊和子囊孢子；i–l. 子囊孢子；m, o, p. 分生孢子梗和小型分生孢子；n. 分生孢子梗；q. 厚垣孢子和小型分生孢子；r. 小型分生孢子。标尺：a–c = 1 mm；e, f = 50 μm；g–r = 10 μm

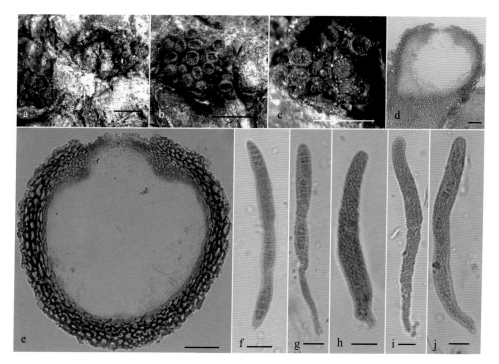

图版 64　松生隔孢赤壳 *Thyronectria pinicola* (Kirschst.) Jaklitsch & Voglmayr（HMAS 252898）

a–c. 自然基物上的子囊壳；d, e. 子囊壳纵切面；f, g. 子囊和子囊孢子；h–j. 子囊和子囊分生孢子。标尺：a–c = 1 mm；d, e = 50 μm；f–j = 10 μm

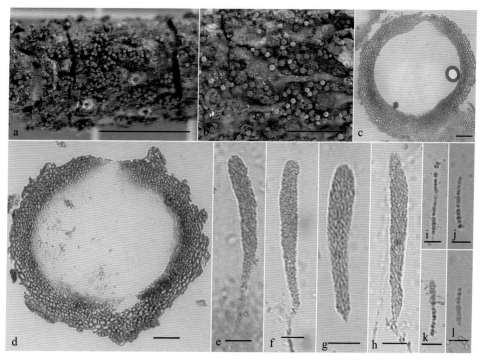

图版 65　罗塞琳隔孢赤壳 *Thyronectria rosellinii* (Carestia) Jaklitsch & Voglmayr（HMAS 252901）

a, b. 自然基物上的子囊壳；c, d. 子囊壳纵切面；e–h. 子囊和子囊分生孢子；i–l. 子囊孢子。标尺：a, b = 1 mm；c, d = 50 μm；e–l = 10 μm

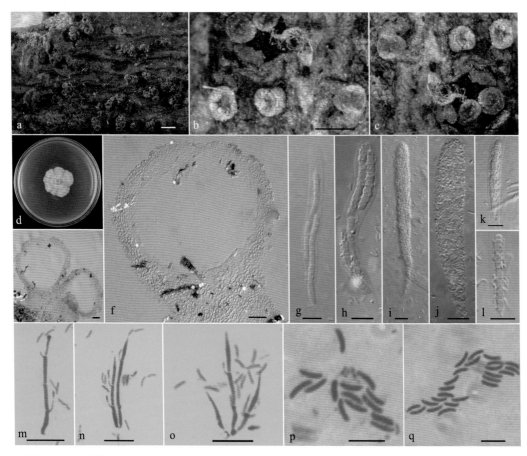

图版 66　中国隔孢赤壳 *Thyronectria sinensis* Z.Q. Zeng & W.Y. Zhuang（a–l. HMAS 271282，m–q. HMAS 271399）

a–c. 自然基物上的子囊壳；d. 在 PDA 培养基上 25℃ 培养 7 d 的菌落形态；e, f. 子囊壳纵切面；g, h. 子囊和子囊孢子；i, j. 子囊和子囊分生孢子；k, l. 子囊孢子；m–o. 分生孢子梗和小型分生孢子；p, q. 小型分生孢子。标尺：a = 1 mm；b, c = 0.5 mm；e, f = 50 μm；g–q = 10 μm

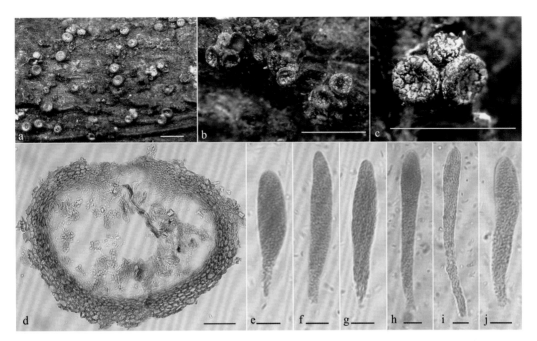

图版 67　软木松隔孢赤壳 *Thyronectria strobi* (Hirooka, Rossman & P. Chaverri) Jaklitsch & Voglmayr
（HMAS 252904）

a–c. 自然基物上的子囊壳；d. 子囊壳纵切面；e–j. 子囊和子囊分生孢子。标尺：a–c = 1 mm；d = 50 μm；e–j = 10 μm

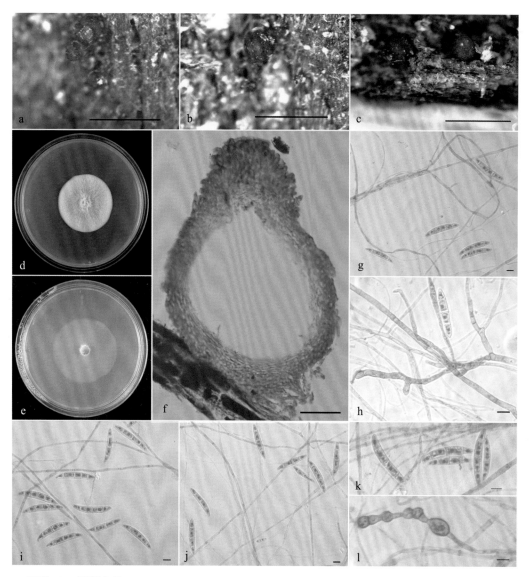

图版 68　瘤顶赤壳 *Tumenectria laetidisca* (Rossman) C.G. Salgado & Rossman（HMAS 290890）

a–c. 自然基物上的子囊壳；d, e. 在培养基上 25℃培养 14 d 的菌落形态（d. PDA，e. SNA）；f. 子囊壳纵切面；g–k. 分生孢子梗和大型分生孢子；l. 厚垣孢子。标尺：a–c = 1 mm；f = 50 μm；g–l = 10 μm

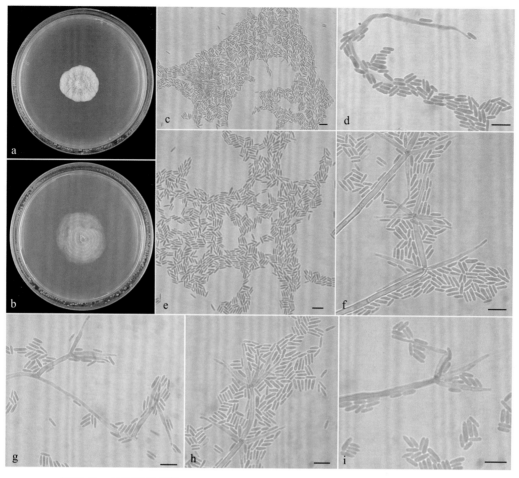

图版 69　气生周刺座霉 *Volutella aeria* Z.F. Zhang & L. Cai（CGMCC 3.17945）

a, b. 在培养基上 25℃培养 7 d 的菌落形态（a. PDA，b. SNA）；c, e. 小型分生孢子；d, f–i. 分生孢子梗和小型分生孢子。

标尺：c–i = 10 μm

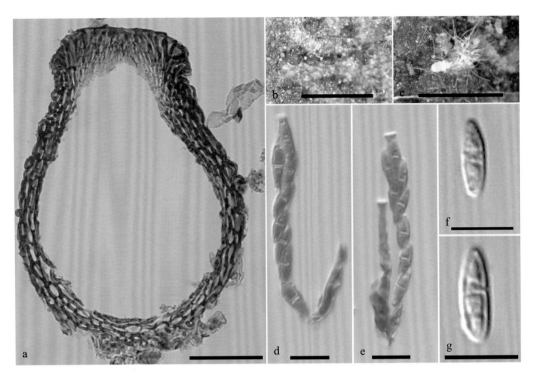

图版 70　周刺座霉 *Volutella ciliata* (Alb. & Schwein.) Fr.（HMAS 266559）

a. 子囊壳纵切面；b. 自然基物上的子囊壳；c. 自然基物上的分生孢子座；d, e. 子囊和子囊孢子；f, g. 子囊孢子。标尺：
a = 50 μm；b, c = 1 mm；d–g = 10 μm

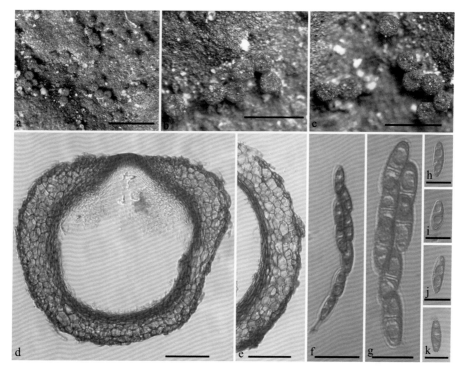

图版 71　刺孢水球壳 *Hydropisphaera spinulosa* Z.Q. Zeng & W.Y. Zhuang（HMAS 273900）

a–c. 自然基物上的子囊壳；d. 子囊壳纵切面；e. 子囊壳壁结构；f, g. 子囊和子囊孢子；h–k. 子囊孢子。标尺：a = 1 mm；
b, c = 0.5 mm；d, e = 50 μm；f = 20 μm；g–k = 10 μm

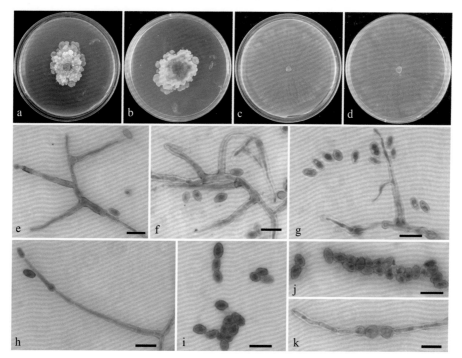

图版 72　刺孢水球壳 *Hydropisphaera spinulosa* Z.Q. Zeng & W.Y. Zhuang（HMAS 248782）

a, b. 在 PDA 培养基上 25℃培养 14 d 的菌落形态（a. 正面，b. 背面）；c, d. 在 SNA 培养基上 25℃培养 14 d 的菌落形态
（a. 正面，b. 背面）；e–h. 分生孢子梗和小型分生孢子；i, j. 小型分生孢子；k. 厚垣孢子。标尺：e–k = 10 μm

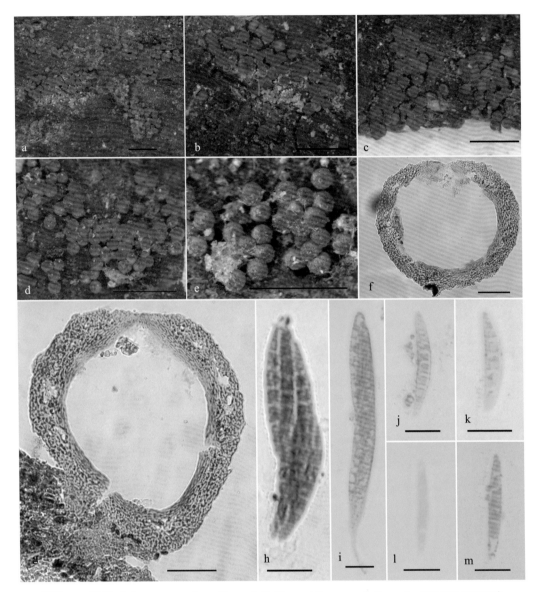

图版 73　黄壳 *Ochronectria calami* (Henn. & E. Nyman) Rossman & Samuels（HMAS 252925）

a–e. 自然基物上的子囊壳；f, g. 子囊壳纵切面；h, i. 子囊和子囊孢子；j–m. 子囊孢子。标尺：a–e = 1 mm；f, g = 50 μm；
h–m = 10 μm

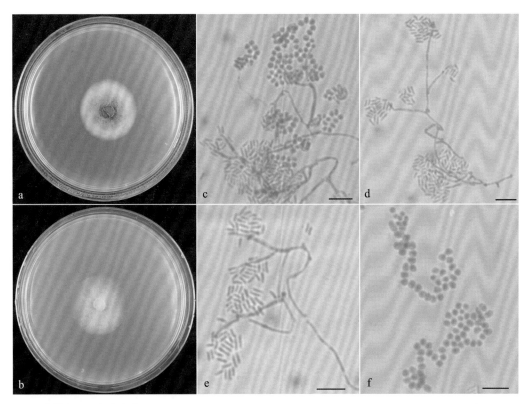

图版 74　大孔光壳 *Stilbocrea macrostoma* (Berk. & M.A. Curtis) Höhn.（HMAS 275564）

a, b. 在培养基上 25℃培养 7 d 的菌落形态（a. PDA，b. SNA）；c–e. 分生孢子梗和小型分生孢子；f. 小型分生孢子。标尺：c–f = 10 μm

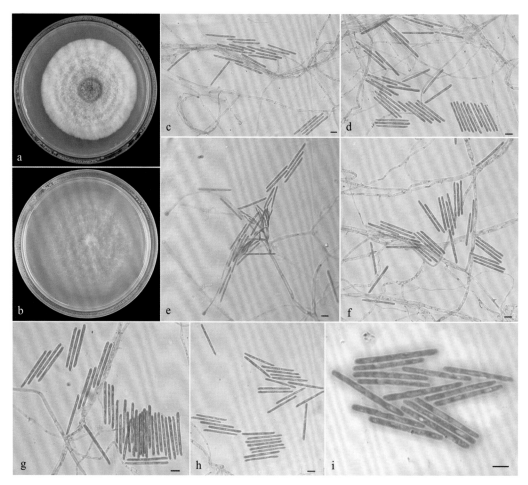

图版 75　加拿大丽赤壳 *Calonectria canadiana* L. Lombard, M.J. Wingf. & Crous（CGMCC 3.18735）

a, b. 在培养基上 25℃培养 7 d 的菌落形态（a. PDA，b. SNA）；c–g. 分生孢子梗和大型分生孢子；h, i. 大型分生孢子。

标尺：c–i = 10 μm

图版 76　仙人洞丽赤壳 *Calonectria xianrensis* Q.C. Wang, Q.L. Liu & S.F. Chen（CGMCC 3.19584）

a, b. 在培养基上 25℃培养 7 d 的菌落形态（a. PDA，b. SNA）；c–g, i–k. 分生孢子梗和大型分生孢子；h, l. 大型分生孢子。标尺：c–l = 10 μm

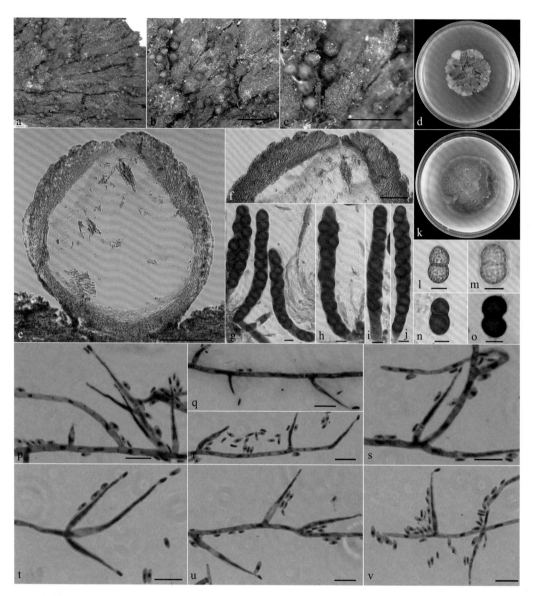

图版 77　纤孔菌赤壳 *Cosmospora inonoticola* Z.Q. Zeng & W.Y. Zhuang（HMAS 271401）

a–c. 自然基物上的子囊壳；d, k. 在培养基上 25℃培养 7 d 的菌落形态（d. PDA，k. CMD）；e. 子囊壳纵切面；f. 子囊壳孔口结构；g–j. 子囊和子囊孢子；l–o. 子囊孢子；p–v. 分生孢子梗和小型分生孢子。标尺：a–c = 1 mm；e, f = 50 μm；g–j, l–v = 10 μm

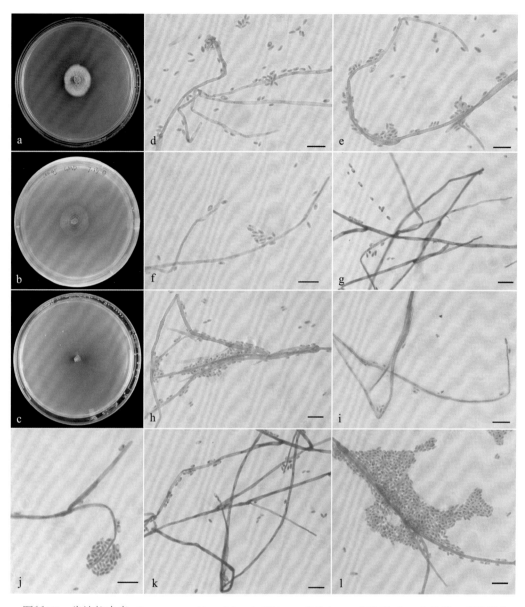

图版 78　肯达拉赤壳 *Cosmospora khandalensis* (Thirum. & Sukapure) Gräfenhan & Seifert（HMAS 247850）

a–c. 在培养基上 25℃培养 7 d 的菌落形态（a. PDA，b. CMD，c. SNA）；d–l. 分生孢子梗和小型分生孢子。标尺：d–l = 10 μm

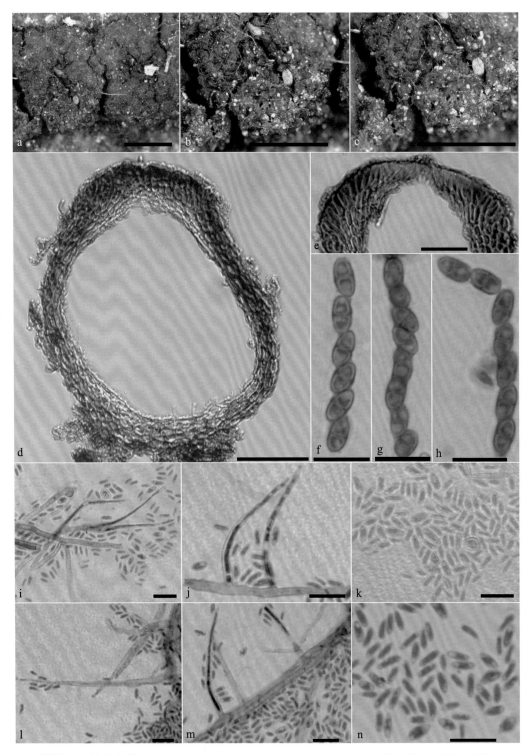

图版 79　拉氏赤壳 *Cosmospora lavitskiae* (Zhdanova) Gräfenhan & Seifert（HMAS 252477）

a–c. 自然基物上的子囊壳；d. 子囊壳纵切面；e. 子囊壳孔口结构；f–h. 子囊和子囊孢子；i, j, l, m. 分生孢子梗和小型分
生孢子；k, n. 小型分生孢子。标尺：a–c = 1 mm；d, e = 50 μm；f–n = 10 μm

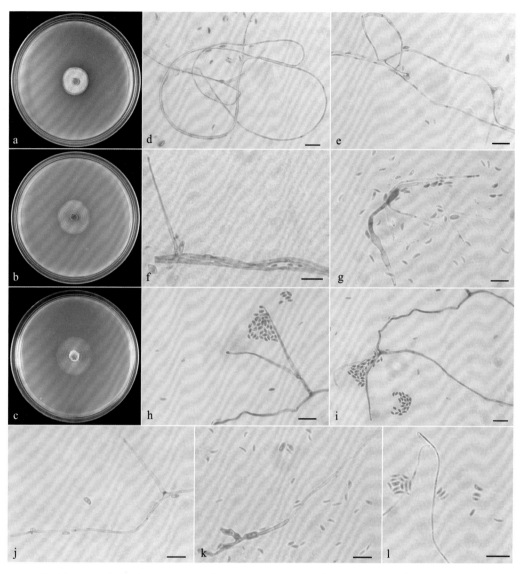

图版 80　翠绿赤壳 *Cosmospora viridescens* (C. Booth) Gräfenhan & Seifert（HMAS 247851）

a–c. 在培养基上 25℃培养 7 d 的菌落形态（a. PDA，b. CMD，c. SNA）；d–l. 分生孢子梗和小型分生孢子。标尺：d–l = 10 μm

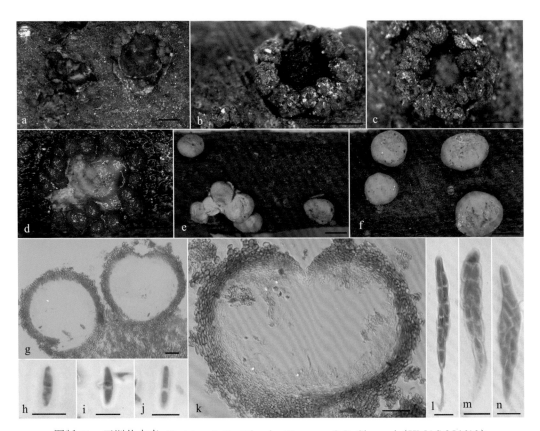

图版 81　亚洲丛赤壳 *Nectria asiatica* Hirooka, Rossman & P. Chaverri（HMAS 254610）

a–c. 自然基物上的子囊壳；d. 回水后的子囊壳；e, f. 自然基物上的分生孢子座；g, k. 子囊壳纵切面；h–j. 子囊孢子；l–n. 子囊和子囊孢子。标尺：a–f = 1 mm；g, k = 50 μm；h–j, l–n = 10 μm

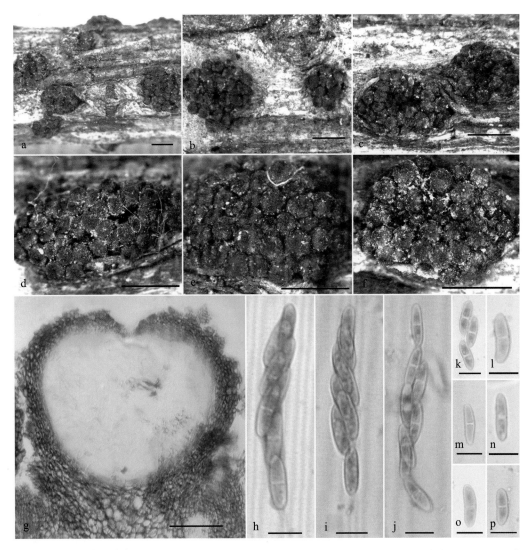

图版 82 小檗生丛赤壳 Nectria berberidicola Hirooka, Lechat, Rossman & P. Chaverri（HMAS 254613）

a–e. 自然基物上的子囊壳；f. 回水后的子囊壳；g. 子囊壳纵切面；h–j. 子囊和子囊孢子；k–p. 子囊孢子。标尺：a–f = 1 mm；g = 50 μm；h–p = 10 μm

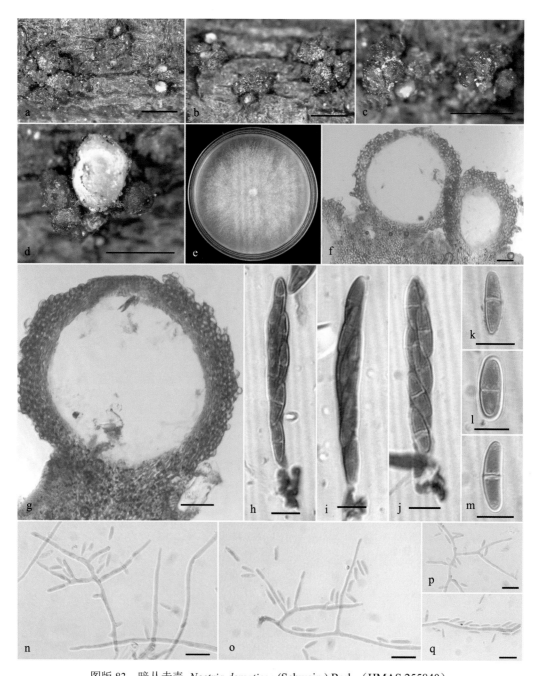

图版 83　暗丛赤壳 *Nectria dematiosa* (Schwein.) Berk.（HMAS 255840）

a–d. 自然基物上的子囊壳；e. 在 PDA 培养基上 25°C 培养 7 d 的菌落形态；f, g. 子囊壳纵切面；h–j. 子囊和子囊孢子；k–m. 子囊孢子；n–q. 分生孢子梗和小型分生孢子。标尺：a–d = 1 mm；f, g = 50 μm；h–q = 10 μm

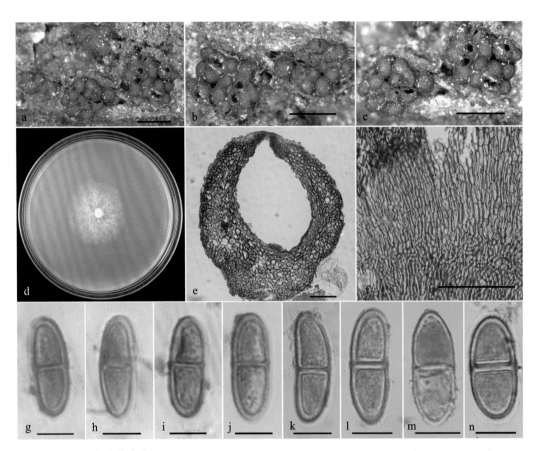

图版 84 大孢丛赤壳 *Nectria magnispora* Hirooka, Rossman & P. Chaverri（HMAS 275650）

a–c. 自然基物上的子囊壳；d. 在 PDA 培养基上 25℃培养 7 d 的菌落形态；e. 子囊壳纵切面；f. 子座组织；g–n. 子囊孢子。标尺：a–c = 1 mm；e, f = 100 μm；g–n = 10 μm

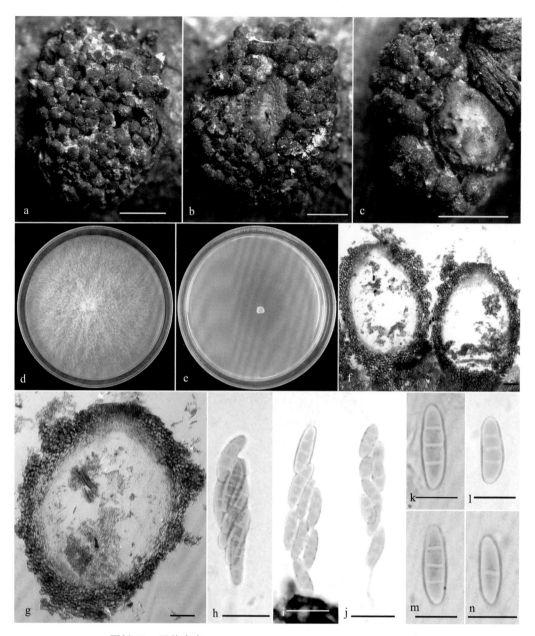

图版 85 黑丛赤壳 *Nectria nigrescens* Cooke（HMAS 255802）

a–c. 自然基物上的子囊壳；d, e. 在培养基上 25℃ 培养 7 d 的菌落形态（d. PDA，e. SNA）；f, g. 子囊壳纵切面；h–j. 子囊和子囊孢子；k–n. 子囊孢子。标尺：a–c = 1 mm；f, g = 50 μm；h–n = 10 μm

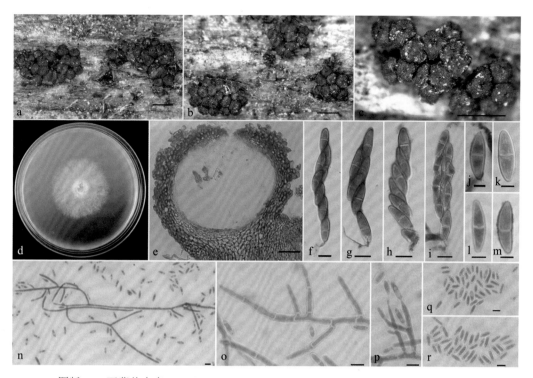

图版 86　西藏丛赤壳 *Nectria tibetensis* Z.Q. Zeng & W.Y. Zhuang（HMAS 248882）

a–c. 自然基物上的子囊壳；d. 在 PDA 培养基上 25℃培养 7 d 的菌落形态；e. 子囊壳纵切面；f–i. 子囊和子囊孢子；j–m. 子囊孢子；n–p. 分生孢子梗和小型分生孢子；q, r. 小型分生孢子。标尺：a–c = 0.5 mm；e = 50 μm；f–m = 10 μm；n–r =5 μm

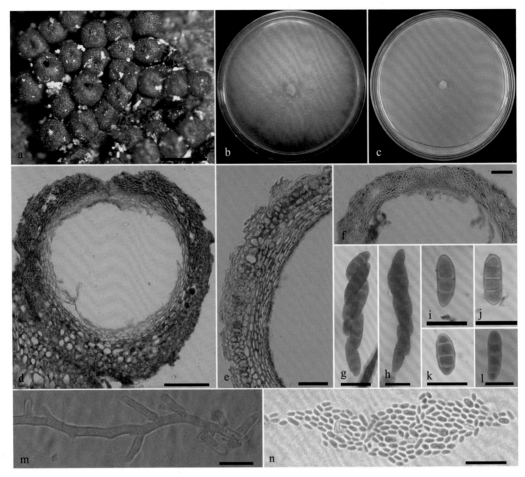

图版 87　三隔孢丛赤壳 *Nectria triseptata* Z.Q. Zeng & W.Y. Zhuang（a, c, e–n. HMAS 266689；b, d. HMAS 252485）

a. 自然基物上的子囊壳；b, c. 在培养基上 25℃培养 14 d 的菌落形态（b. PDA，c. SNA）；d. 子囊壳纵切面；e. 子囊壳壁结构；f. 子囊壳孔口结构；g, h. 子囊和子囊孢子；i–l. 子囊孢子；m. 分生孢子梗；n. 小型分生孢子。标尺：a = 1 mm；d = 100 μm；e, f = 50 μm；g–n = 20 μm

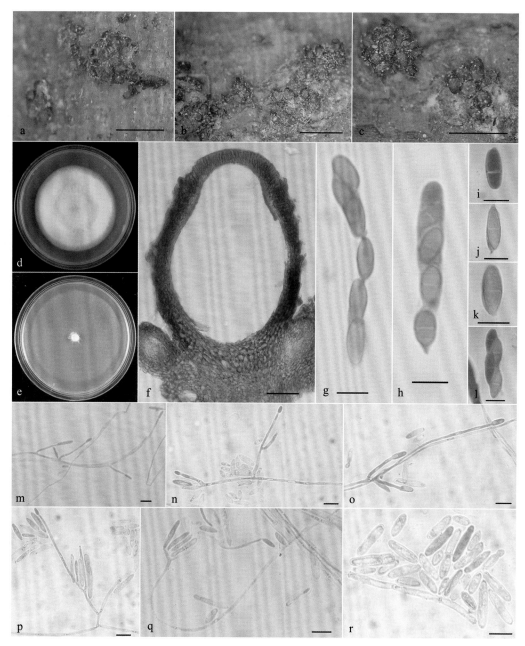

图版 88　红新丛赤壳 *Neonectria ditissima* (Tul. & C. Tul.) Samuels & Rossman（HMAS 91784）

a–c. 自然基物上的子囊壳；d, e. 在培养基上 25℃ 培养 7 d 的菌落形态（d. PDA，e. SNA）；f. 子囊壳纵切面；g, h. 子囊和子囊孢子；i–l. 子囊孢子；m–r. 分生孢子梗和小型分生孢子。标尺：a–c = 1 mm；f = 50 μm；g–r = 10 μm

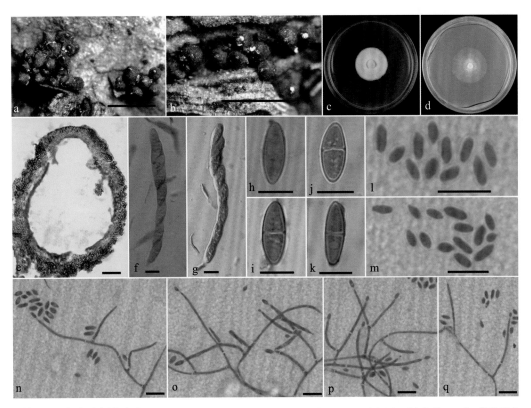

图版 89　新大孢新丛赤壳 *Neonectria neomacrospora* (C. Booth & Samuels) Mantiri & Samuels（HMAS 252906）

a, b. 自然基物上的子囊壳；c, d. 在培养基上25℃培养7 d的菌落形态（c. PDA，d. SNA）；e. 子囊壳纵切面；f, g. 子囊和子囊孢子；h–k. 子囊孢子；l, m. 小型分生孢子；n–q. 分生孢子梗和小型分生孢子。标尺：a, b = 1 mm；e = 50 μm；f–q = 10 μm

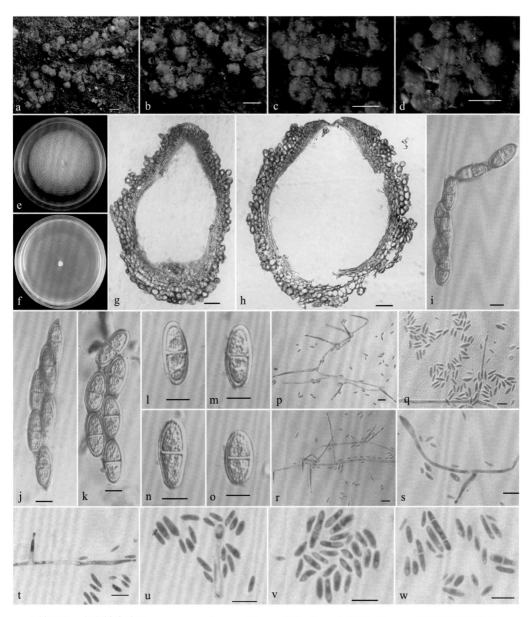

图版 90 小孢皱赤壳 *Rugonectria microconidiorum* Z.Q. Zeng & W.Y. Zhuang（HMAS 254521）
a–d. 自然基物上的子囊壳；e, f. 在培养基上 25℃ 培养 7 d 的菌落形态（e. PDA，f. SNA）；g, h. 子囊壳纵切面；i–k. 子囊和子囊孢子；l–o. 子囊孢子；p–u. 分生孢子梗和小型分生孢子；v, w. 小型分生孢子。标尺：a–d = 0.5 mm；g, h = 50 μm；i–w = 10 μm

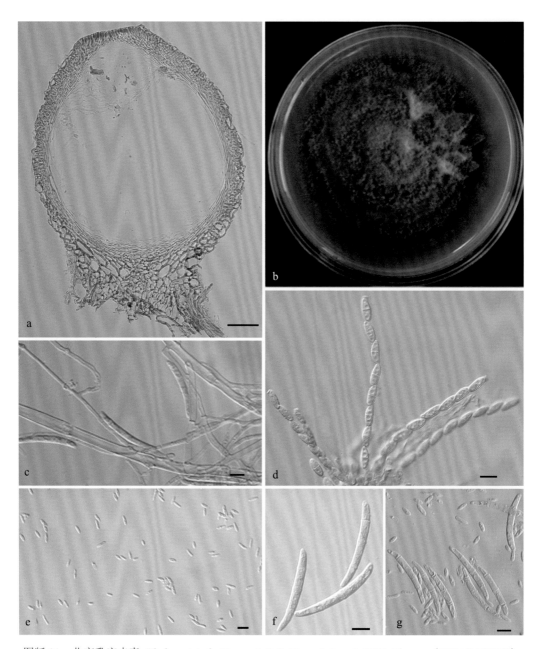

图版 91 北京乳突赤壳 *Thelonectria beijingensis* Z.Q. Zeng, J. Luo & W.Y. Zhuang（HMAS 188498）
a. 子囊壳纵切面；b. 在 PDA 培养基上 25℃ 培养 7 d 的菌落形态；c. 分生孢子梗和大型分生孢子；d. 子囊和子囊孢子；
e. 小型分生孢子；f. 大型分生孢子；g. 大小型分生孢子。标尺：a = 50 μm；c–g = 10 μm

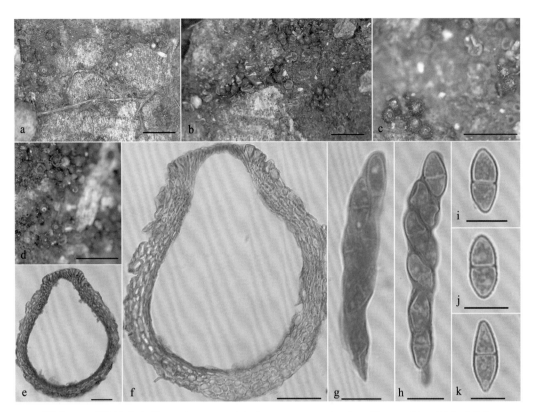

图版 92　球孢乳突赤壳 *Thelonectria globulosa* Z.Q. Zeng & W.Y. Zhuang（HMAS 255835）

a–d. 自然基物上的子囊壳；e, f. 子囊壳纵切面；g, h. 子囊和子囊孢子；i–k. 子囊孢子。标尺：a–d = 1 mm；e, f = 50 μm；
g–k = 10 μm

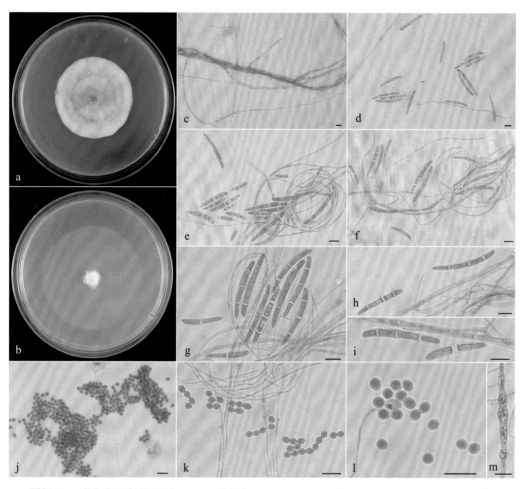

图版 93　球孢乳突赤壳 *Thelonectria globulosa* Z.Q. Zeng & W.Y. Zhuang（CGMCC 3.24132）

a, b. 在培养基上 25℃培养 14 d 的菌落形态（a. PDA，b. SNA）；c-i. 分生孢子梗和大型分生孢子；j. 小型分生孢子；
k, l. 分生孢子梗和小型分生孢子；m. 厚垣孢子。标尺：c-m = 10 μm

图版 94　广东乳突赤壳 *Thelonectria guangdongensis* Z.Q. Zeng & W.Y. Zhuang（HMAS 254522）

a–d. 自然基物上的子囊壳；e, f. 在培养基上 25°C 培养 7 d 的菌落形态（e. PDA，f. SNA）；g. 子囊壳纵切面；h–m. 子囊孢子；n, q, r. 分生孢子梗和大型分生孢子；o, p, s–u. 大型分生孢子。标尺：a–d = 0.5 mm；g = 50 μm；h–u = 10 μm

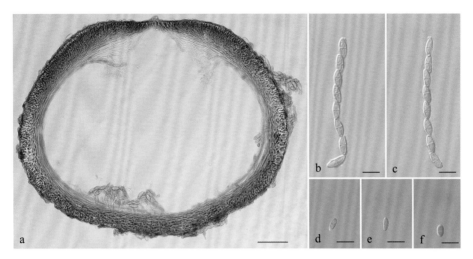

图版 95　日本乳突赤壳 *Thelonectria japonica* C.G. Salgado & Hirooka（HMAS 98327）
a. 子囊壳纵切面；b, c. 子囊和子囊孢子；d–f. 子囊孢子。标尺：a = 50 μm；b–f = 10 μm

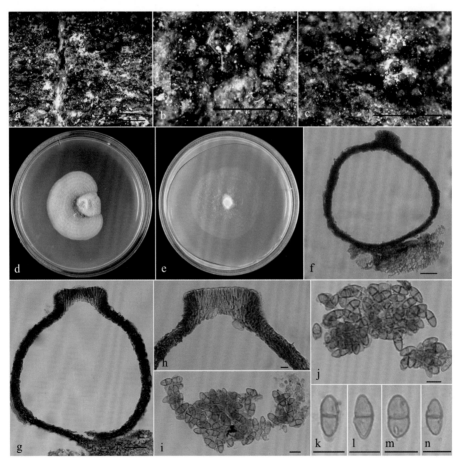

图版 96　乳状乳突赤壳 *Thelonectria mamma* C.G. Salgado & P. Chaverri（HMAS 255841）
a–c. 自然基物上的子囊壳；d, e. 在培养基上 25℃培养 7 d 的菌落形态（d. PDA，e. SNA）；f, g. 子囊壳纵切面；h. 子囊
壳孔口结构；i–n. 子囊孢子。标尺：a–c = 1 mm；f–h = 50 μm；i–n = 10 μm

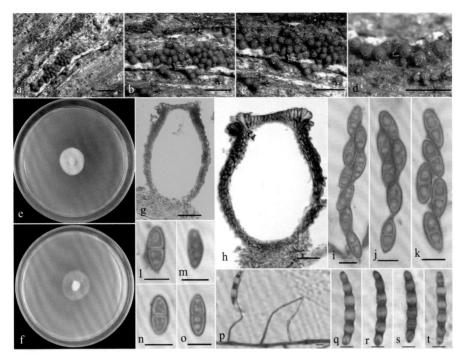

图版 97　瘤顶乳突赤壳 *Thelonectria nodosa* C.G. Salgado & P. Chaverri（HMAS 279714）

a–d. 自然基物上的子囊壳；e, f. 在培养基上 25℃ 培养 7 d 的菌落形态（e. PDA，f. SNA）；g, h. 子囊壳纵切面；i–k. 子囊和子囊孢子；l–o. 子囊孢子；p. 分生孢子梗和大型分生孢子；q–t. 大型分生孢子。标尺：a–d = 1 mm；g, h = 50 μm；i–t = 10 μm

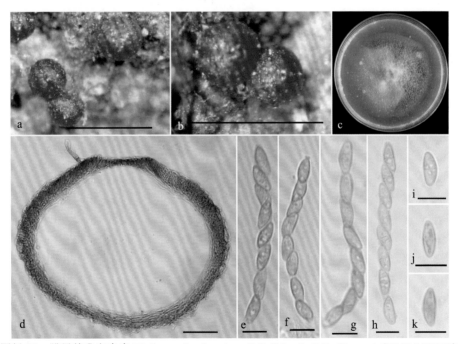

图版 98　腓尼基乳突赤壳 *Thelonectria phoenicea* C.G. Salgado & P. Chaverri（HMAS 76856）

a, b. 自然基物上的子囊壳；c. 在 PDA 培养基上 25℃ 培养 7 d 的菌落形态；d. 子囊壳纵切面；e–h. 子囊和子囊孢子；i–k. 子囊孢子。标尺：a, b = 1 mm；d = 50 μm；e–k = 10 μm

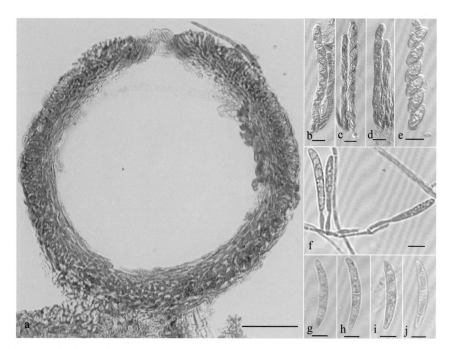

图版 99　紫质乳突赤壳 *Thelonectria porphyria* C.G. Salgado & Hirooka（HMAS 98333）

a. 子囊壳纵切面；b–e. 子囊和子囊孢子；f. 分生孢子梗和大型分生孢子；g–j. 大型分生孢子。标尺：a = 50 μm；b–j = 10 μm

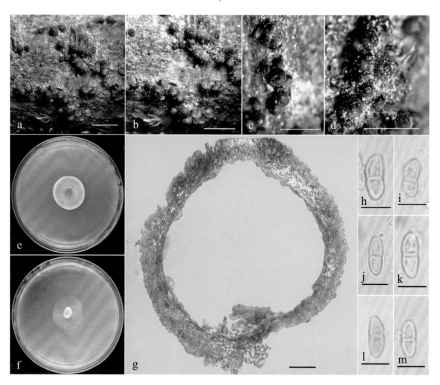

图版 100　悬钩子乳突赤壳 *Thelonectria rubi* (Osterw.) C.G. Salgado & P. Chaverri（HMAS 279715）

a–d. 自然基物上的子囊壳；e, f. 在培养基上 25℃培养 7 d 的菌落形态（e. PDA，f. SNA）；g. 子囊壳纵切面；h–m. 子囊孢子。标尺：a–d = 1 mm；g = 50 μm；h–m = 10 μm

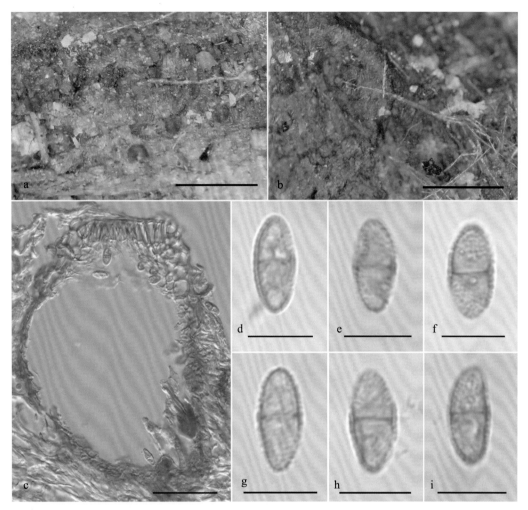

图版 101　刺孢乳突赤壳 *Thelonectria spinulospora* Z.Q. Zeng & W.Y. Zhuang（HMAS 290897）

a, b. 自然基物上的子囊壳；c. 子囊壳纵切面；d–i. 子囊孢子。标尺：a, b = 1 mm；c = 50 μm；d–i = 10 μm

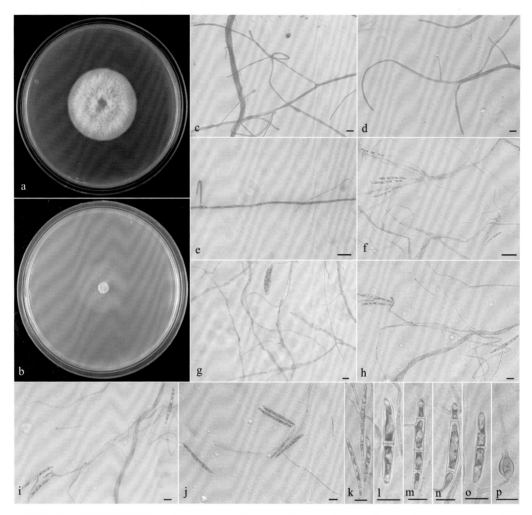

图版 102　刺孢乳突赤壳 *Thelonectria spinulospora* Z.Q. Zeng & W.Y. Zhuang（CGMCC 3.24133）

a, b. 在培养基上 25℃培养 14 d 的菌落形态（a. PDA，b. SNA）；c–e. 分生孢子梗；f–j. 分生孢子梗和大型分生孢子；
k–o. 大型分生孢子；p. 厚垣孢子。标尺：c–p = 10 μm

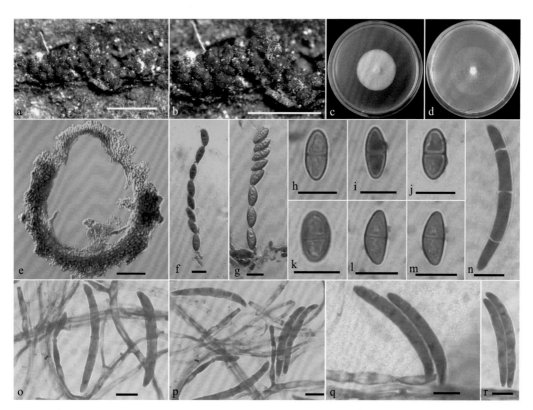

图版 103　平截乳突赤壳 *Thelonectria truncata* C.G. Salgado & P. Chaverri（HMAS 273755）

a, b. 自然基物上的子囊壳；c, d. 在培养基上 25℃ 培养 7 d 的菌落形态（c. PDA，d. SNA）；e. 子囊壳纵切面；f, g. 子囊和子囊孢子；h–m. 子囊孢子；n, r. 大型分生孢子；o–q. 分生孢子梗和大型分生孢子。标尺：a, b = 1 mm；e = 50 μm；f–r = 10 μm

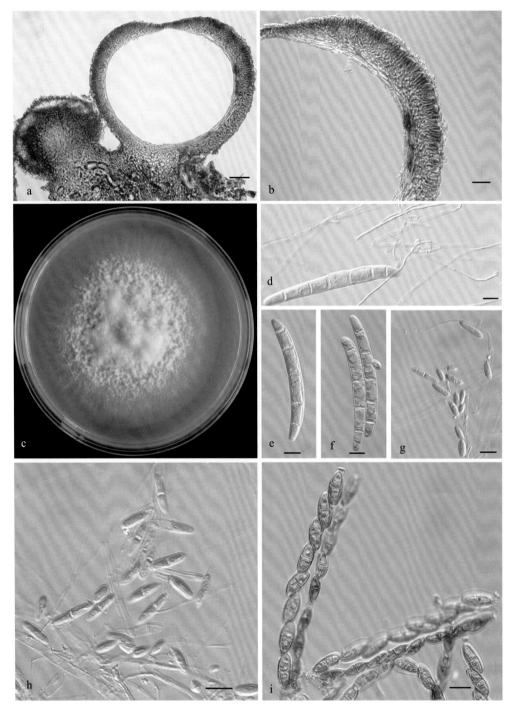

图版 104　云南乳突赤壳 *Thelonectria yunnanica* Z.Q. Zeng & W.Y. Zhuang（HMAS 183564）

a. 子囊壳纵切面；b. 子囊壳壁结构；c. 在 PDA 培养基上 25℃ 培养 7 d 的菌落形态；d–f. 大型分生孢子；g, h. 分生孢子
梗和小型分生孢子；i. 子囊和子囊孢子。标尺：a, b = 50 μm；d–i = 10 μm

(Q-5099.01)

ISBN 978-7-03-076922-0

9 787030 769220 >

定价: **298.00** 元